2014年版

第三版

焊工技术问答

HANGONG JISHU WENDA

张信林　张佩良　编著

中国电力出版社

CHINA ELECTRIC POWER PRESS

内 容 提 要

本书是原电力工业部建设协调司组织编写的，该书出版二十五年来，受到广大焊工的欢迎。这次修订继承了原书的基本风貌，增补了近十余年火力发电设备应用的新型钢材和焊接新技术的内容，增加了相关规程的新增内容。并以第一章、第二章、第三章、第五章和第十章为修订重点，与第二版相比，内容更充实，实用性更强，且体现了"以人为本"的基本理念，为焊工充实专业知识和提高自觉参与管理意识，将起到一定作用。

本书除供广大焊工自学用外，还可作为焊工培训和焊工比赛的辅助材料，同时，也可供其他从事焊接工作人员参考。

图书在版编目（CIP）数据

焊工技术问答/张信林，张佩良著. —3 版. —北京：中国电力出版社，2005.11（2014.10 重印）
ISBN 978-7-5083-3455-4

Ⅰ. 焊… Ⅱ. ①张…②张… Ⅲ. 焊接-问答 Ⅳ. TG4-44

中国版本图书馆 CIP 数据核字（2005）第 075608 号

中国电力出版社出版、发行

（北京市东城区北京站西街 19 号　100005　http://www.cepp.sgcc.com.cn）
北京丰源印刷厂印刷
各地新华书店经售

＊

1981 年 10 月第一版
2005 年 11 月第三版　　2014 年 10 月北京第十一次印刷
787 毫米×1092 毫米　32 开本　14.25 印张　295 千字
印数 237181—238180 册　　定价 45.00 元

第一版前言

　　焊接工作是工程建设的重要工艺，直接关系到工程质量和设备的安全运行。随着生产技术的日益发展，对焊接工作的要求也越来越高。

　　由于目前焊接工作还多以手工焊接为主，焊接质量主要取决于焊工的技术水平。因此，焊工必须加强焊接理论知识的学习和操作技能的训练，并要进行一定的培训，以巩固和提高焊接技术水平。电力工业部于1979年颁发了《电力生产与火电建设工人技术等级标准》，明确了对二至八级焊工技术评定和培训的要求。为了加强焊工的培训，满足焊工学习的需要，依据电力工业部和第一机械工业部工人技术等级标准对二至八级焊工应知应会的要求，我局组织编写了《焊工技术问答》一书。参加本书编写工作的有：电力工业部第二电力建设工程局王炳煜、武汉水利电力学院钱昌黔、天津电力建设公司齐绪伯等同志。初稿完成后，曾广泛听取焊工意见，并经两次审稿会审查，最后由钱昌黔同志修改定稿。

　　本书可供电力工业部门二至八级焊工学习，也可供其他工业部门焊工学习参考。

电力工业部电力建设总局

1981 年 3 月

第二版前言

《焊工技术问答》一书，自1981年出版以来，深受各焊接培训中心和广大焊工的欢迎，发行逾20万册，对焊工培训起到了积极有力的作用。近年来由于焊接新设备、新材料、新工艺的不断出现和焊接有关标准的变动，该书的内容已不能完全满足焊工技能培训和自学的需要，必须进行修改和增补。

为了做好该书的修编再版工作，部建设协调司委托天津电力局焊培中心承担这一工作。该培训中心成立了以赵树华为组长的修编小组，参加该书修编工作的有张信林、尚承伟、左义生、胡庆等。全书修编后邀请电力工业部曹阳、李卫东等10多位焊接专家审稿，最后由赵树华、张信林高级工程师定稿。

本书出版后，可作为焊工上岗、转岗、定级、晋级培训考核的辅助教材，也可供初级、中级、高级焊工自学之用。

由于参加修编人员水平所限，错误之处在所难免，恳请广大读者批评指正。

电力工业部建设协调司

1997年6月

第三版前言

原电力建设总局于 1981 年组织编写的《焊工技术问答》一书，经 1997 年修订，已逾 8 年，为适应电力工业大型火力发电设备用钢的变化和焊接技术的发展，以及相关标准的修订，在对该书进行全面分析后，从生产需要出发，紧密结合实际，现又进行了第二次修订。

本次修订重点为材料、工艺和技术标准等三个方面。为提高焊工自觉遵守工艺纪律和理论指导实践的意识，切实保证焊接质量，增加了新型钢材特性、应用范围、焊接特点和工艺要求等内容。同时，对新颁发的《焊接技术规程》和《焊接工艺评定规程》在修订中考虑的一些因素和较难理解的问题，作了较为全面的介绍和说明。

本书由张佩良、张信林高级工程师修订，书稿完成后，邀请了闵金财、冯才根、刘振清、张桂云等专家进行审定。

本书具有简明实用的特点，除供广大焊工自学应用外，亦可作为焊工、焊接质检人员、焊接热处理人员培训的辅助教材。同时，也可作为焊工技术比赛和焊接工作相关人员参考。

由于修编者的水平和经验有限，本书难免存有疏漏或谬误之处，敬希读者指正。

修审组

2005 年 5 月

目　　录

第一章

焊接基本知识

第二章

金属材料

第三章
焊 接 材 料

第 四 章

焊接设备及工具

第五章

焊接与气割工艺

一、金属材料的焊接性和焊接工艺评定 ·············· 170

12

第六章
焊接接头的热处理

17

第七章
焊接应力与变形

18

第八章

焊接缺陷和质量检验

第九章

焊接安全技术

第十章

电力焊接技术标准

27

第 一 章

焊 接 基 本 知 识

一、焊 接 及 其 分 类

1. 金属的连接方法有几种？

金属的连接方法分两大类，即可拆连接和不可拆连接。包括螺栓连接、铆钉连接、黏接和焊接等四种。

其中，螺栓连接为可拆连接，其余三种均为不可拆连接。

2. 什么叫焊接？与铆接相比有何优缺点？

焊接是利用加热、加压或两者兼用，并用填充材料（也可以不用），使两焊件达到原子间结合，从而形成一个整体的工艺过程。

与铆接相比，它的主要优点是可节省大量金属材料，节省工时，设备投资低，密封性好。主要缺点是应力集中比较大，有较大的焊接残余应力和变形，存在产生焊接缺陷的可能性，接头性能不均匀和止裂性差等。

3. 焊接方法分为哪几类？

按采用的能源和工艺特点，焊接分为熔化焊、压力焊和钎焊三大类，每类又分为各种不同的焊接方法(见图 1-1)。

至于金属热切割、喷涂、碳弧气刨等均是跟焊接方法相近的金属加工方法，通常也属于焊接专业的技术范围。

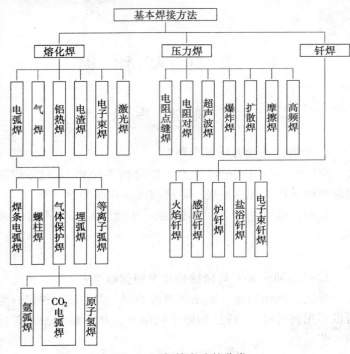

图 1-1 焊接方法的分类

4. 什么叫熔化焊？

利用热源，将两个焊件局部加热到熔化状态，再冷凝成一个整体的工艺过程，叫熔化焊，简称熔焊。

熔化焊包括电弧焊、气焊、铝热焊、电渣焊、电子束焊、激光焊等。

5. 什么叫电弧焊？它包括哪几种方法？

电弧焊是利用电弧作为热源的熔焊方法，简称弧焊。电弧焊分：焊条电弧焊、螺柱焊、气体保护焊、埋弧焊和等离子弧焊等。

6. 什么叫焊条电弧焊？其特点及应用范围怎样？

焊条电弧焊是手工操作电焊条，利用焊条和焊件两极间电弧的热量来实现焊接的一种工艺方法，（见图1-2）。

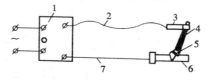

图1-2 焊条电弧焊示意图

1—电焊机；2—软电缆；3—焊钳；4—焊条；
5—电弧；6—焊件；7—地线

焊条电弧焊的特点是设备简单，操作灵活方便，焊接可达性好，可进行全位置焊接，焊缝的力学性能好，但生产率不高。

焊条电弧焊可应用于钢板≥0.5～150mm的各类接头和堆焊，铝、铜及其合金板厚≥1mm的对接焊，铸铁补焊，硬质合金的堆焊等。

7. 什么叫螺柱焊？

螺柱焊是指将螺柱一端与板件（或管件）表面接触，通电引弧，待接触面熔化后，给螺柱一定压力完成焊接的方法。

8. 什么叫气体保护焊？它分为哪几种？

气体保护焊（简称气电焊），是用外加气体来保护电弧及熔池的电弧焊。

按保护气体分，有氩弧焊、原子氢焊和二氧化碳气体保护焊等。

（1）氩弧焊 是以氩气作为保护介质，以可熔的焊丝或

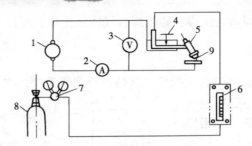

图 1-3　手工钨极氩弧焊示意图

1—直流电焊机；2—电流表；3—电压表；4—气阀；
5—焊炬；6—流量计；7—减压器；8—氩气瓶；9—钨极

不熔化的钨棒作电极进行焊接的一种工艺方法（见图1-3）。

氩弧焊可用来焊接碳钢、合金钢、有色金属等。

（2）原子氢焊　是利用氢气的高温化学反应热和电弧的辐射热进行焊接的一种工艺方法。

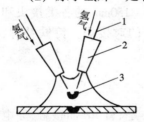

图 1-4　原子氢焊示意图

1—钨极；2—喷嘴；
3—扇形电弧

在焊炬上有两个喷嘴，喷嘴中各置一根钨棒作电极，两电极间的夹角可以调节，在两电极间形成扇形电弧；同时通以氢气，即可进行焊接（见图 1-4）。

（3）二氧化碳气体保护焊是利用二氧化碳气体作为保护介质的电弧焊。该方法不仅适用于焊接碳钢和合金钢，而且还可用于磨损零件的堆焊和铸钢件缺陷的补焊。

9. 什么叫埋弧焊？其特点及应用范围怎样？

埋弧焊是指电弧在焊剂层下燃烧进行焊接的一种工艺方

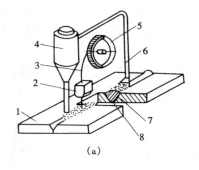
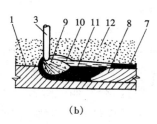

（a） （b）

图 1-5 埋弧焊示意图

（a）埋弧焊过程；（b）焊缝形成

1—焊件；2—送丝装置；3—焊丝；4—焊剂漏斗；

5—焊丝盘；6—焊剂回收装置；7—渣壳；8—焊缝；

9—电弧；10—熔渣；11—熔池金属；12—焊剂

法（见图 1-5）。

埋弧焊的特点是：电弧在焊剂层下燃烧，无弧光、保护完善、能量损失小，生产率高、焊缝成型好、接头力学性能高，一般为自动或半自动焊，但它只能在平焊位置施焊。

该法一般适用于厚钢板结构、大型容器和大直径管道的焊接。

10. 什么叫等离子弧焊?

等离子弧焊是利用等离子弧作热源进行焊接的一种工艺方法（见图 1-6）。电弧通过水冷喷嘴孔道，受到机械压缩、热收缩和磁收缩

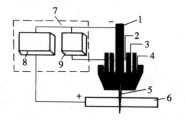

图 1-6 等离子弧焊示意图

1—电极；2—离子气；3—冷却水；

4—保护气；5—等离子弧；6—焊件；7—控制箱；8—等离子弧电源；

9—启动电源

效应的作用，迫使弧柱截面缩小，电流密度增大，弧柱电离度提高，从而获得更为集中，温度达 10000～30000℃的等离子弧。

等离子弧焊主要用于碳钢、普低钢、耐热钢、不锈钢、铜及其合金、镍及其合金、钛及其合金等的焊接。

11. 什么叫气焊?

气焊是利用可燃气体与氧混合燃烧时形成的高温火焰进行焊接的工艺方法。

可燃气体有乙炔、液化石油气、天然气、煤气、氢气等。因乙炔在纯氧中燃烧时，放出的热量最多，火焰温度最高，故使用最为普遍。该种气焊称为氧－乙炔焊，俗称气焊（见图1－7）。

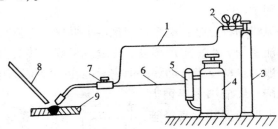

图1－7 氧－乙炔焊示意图

1—氧气胶管；2—减压器；3—氧气瓶；4—乙炔发生器；5—回火防止器；6—乙炔胶管；7—焊炬；8—焊丝；9—焊件

气焊一般适用于薄钢板、有色金属材料、铸铁件等的焊接。

12. 什么叫铝热焊?

铝热焊是指将留有适当间隙的焊件接头装配在特制的铸

型内，当接头预热到一定温度后，采用把铝粉与氧化铁进行的放热反应形成的高温液态金属注入铸型内，使接头金属熔化实现焊接的一种工艺方法。

该法主要用于钢轨的焊接。

13. 什么叫电渣焊？它分为哪几种？

电渣焊是利用电流通过熔渣产生的电阻热，熔化母材和填充金属进行焊接的一种工艺方法（见图1-8）。电渣焊可分为丝极电渣焊、板极电渣焊、熔嘴电渣焊三种。

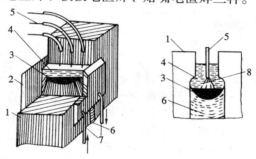

图1-8　电渣焊示意图

1—焊件；2—冷却滑块；3—金属熔池；4—渣池；

5—电极；6—焊缝；7—冷却水管；8—熔滴

电渣焊主要用于大厚度结构的焊接。

14. 什么叫电子束焊？

电子束焊是利用在真空或非真空中，用聚焦的电子束流轰击焊件接缝处所产生的热量熔化金属，进行焊接的一种工艺方法（见图1-9）。

电子束能量密度很高，约为电弧焊的 5000～10000 倍。

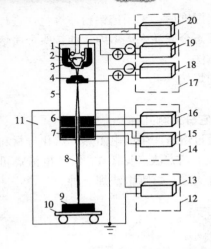

图1-9 电子束焊示意图

1—灯丝；2—阴极；3—聚束极；4—阳极；5—电子枪；6—聚焦透镜；7—偏转线圈；8—电子束；9—焊件；10—工作台；11—真空室；12—真空系统；13—真空机组；14—控制系统；15—偏转电源；16—聚焦电源；17—高压电源系统；18—高压电源；19—偏压电源；20—灯丝电源

电子束焊能焊接形状复杂的焊件，并可以焊接特种金属和难熔金属（如铝、钛、锆、钽、钨）、高合金钢、不锈钢等金属材料。

15. 什么叫激光焊?

激光焊是利用聚焦的激光光束，对焊件接缝加热、熔化，进行焊接的一种工艺方法（见图1-10）。

激光光束的能量密度高，可达 $10^5 \sim 10^{13}$ W/cm^2（氩弧只有 1.5×10^4 W/cm^2），适用于微型、精密、排列非常密集，受热敏感的金属和非金属焊件的焊接。

16. 什么叫压力焊? 它有哪几种?

压力焊是指焊接过程中，必须对焊件施加压力（加热或不加热），以完成焊接的方法。

压力焊的方法有电阻焊（包括点、缝、对焊）、超声波焊、爆炸焊、扩散焊、摩擦焊、高频焊等。

17. 什么叫电阻点、缝焊?

电阻点焊是指把焊件装配成搭接接头，并压紧在两极之间，利用电阻热熔化母材金属，形成焊点的电阻焊方法［见图 1 - 11 (a)］。

电阻缝焊是指把焊件装配成搭接或对接接头并置于两滚轮电极之间，滚轮加压焊件并转动，连续或断续送电，形成一条连续焊缝的电阻焊方法［见图 1 - 11 (b)］。

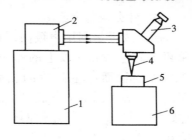

图 1 - 10　激光焊示意图

1—电源；2—激光器；3—聚焦装置；
4—聚焦光束；5—焊件；6—工作台

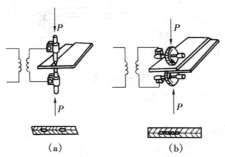

（a）　　　　　　（b）

图 1 - 11　电阻点、缝焊示意图

(a) 电阻点焊；(b) 电阻缝焊

18. 什么叫电阻对焊?

电阻对焊是指将焊件装配成对接接头，使其端面紧密接触，利用电阻热加热至塑性状态，然后迅速加顶锻力完成焊接的方法（见图 1 - 12）。

19. 什么叫超声波焊?

超声波焊是利用声极向焊件传递频率高达 16kHz 以上的超声波，使焊件接触面产生高速的相对摩擦，将金属表面的氧化膜破坏，并达到塑性状态，再加压使两焊件连接在一起的一种工艺方法（见图 1 - 13）。

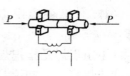

图 1 - 12　电阻对焊示意图

超声波焊适用于无线电元件、仪表、精密机械等薄、细有色金属的焊接。

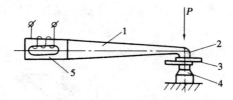

图 1 - 13　超声波焊示意图

1—变幅杆；2—声极；3—焊件；4—下声板；5—换能器

20. 什么叫爆炸焊?

爆炸焊是利用炸药的爆炸力，使焊件产生塑性变形而连接在一起的一种工艺方法（见图 1 - 14）。它是先将两焊件装配成一个倾斜角度，并在焊件的外表面放上炸药。爆炸后，在冲击波的作用下，使两板合拢并发生塑性变形而连接在一起。

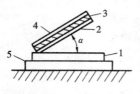

图 1 - 14　爆炸焊示意图

1—基板；2—复板；3—缓冲层；4—炸药；5—基础

爆炸焊特别适用于不锈复合

钢板的焊接，并有效地用于钛、铝、铜以及铜合金等的复合板制造。

21. 什么叫扩散焊?

扩散焊（常称真空扩散焊）指焊件紧密贴合，在真空或保护气氛中，在一定温度和压力下保持一段时间，使接触面之间的原子相互扩散完成焊接的一种压力焊方法。

扩散焊适用各种金属面和金属与非金属间的小件焊接。

22. 什么叫摩擦焊?

摩擦焊是两个焊件结合面作相对高速旋转，借摩擦热使接触部分达到塑性状态，再加压而连接在一起的工艺方法（见图 1 – 15）。

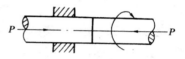

图 1 – 15　摩擦焊示意图

摩擦焊已广泛应用于各种钢的对接、铜—铝的对接。

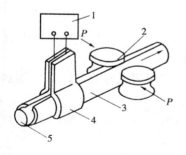

图 1 – 16　高频焊示意图

1—高频电源；2—压力辊；3—管坯；
4—感应器；5—阻抗器

23. 什么叫高频焊?

高频焊是利用频率高于 100kHz 的交流电形成的集肤效应热使焊件表层加热到熔化或塑性状态，再加压使其连接在一起的工艺方法（见图 1 – 16）。

高频焊适用于焊接异型断面中空管类零件，如汽车散热器水管等。

24. 什么叫钎焊？试说明其特点及适用范围。

钎焊是利用熔点稍低于母材的钎料和母材一起加热，使钎料熔化并通过毛细管作用原理，扩散和填满钎缝间隙而形成牢固接头的一种焊接方法。

它的特点是：由于钎焊时加热温度较低，母材不熔化，所以钎料、母材的组织和力学性能变化不大，应力和变形较小，接头平整光滑，且工艺简单等。目前，钎焊工艺在航空航天、电子仪表、电热器件、机械制造以及电冰箱等行业中获得广泛应用。

钎焊适用各种金属的搭接、斜对接接头的焊接。

25. 钎焊是如何分类的？

（1）按使用钎料分为：

1）软钎焊：是用熔点低于 450℃的钎料（铅、锡合金为主）进行焊接，接头强度较低。

2）硬钎焊：是用熔点高于 450℃的钎料（铜、银合金为主）进行焊接，接头强度较高。

（2）按工艺方法可分为：

1）火焰钎焊：使用可燃气体与氧气（或压缩空气）混合燃烧的火焰进行加热的钎焊。

2）感应钎焊：利用高频、中频或工频交流电感应加热所进行的钎焊。

3）炉钎焊：将装配好钎料的焊件放在炉中加热所进行的钎焊。

4）盐浴钎焊：将装配好钎料的焊件浸入盐浴槽中加热所进行的钎焊。

5）电子束钎焊：利用电子束产生的热量加热焊件所进

行的钎焊。

26. 什么叫喷涂？喷涂有哪几种方法？

喷涂指将金属粉末（或金属丝）加热至熔化或塑性状态（金属丝为熔化状态）后，喷射并沉积到处理过的工件表面上，从而形成牢固结合涂层的一种表面处理工艺。

喷涂工艺按热源性质分，有氧－乙炔火焰的喷涂、电弧喷涂、等离子弧喷涂三种方法。按喷涂材料性质分，有金属粉末喷涂和金属丝极喷涂两种方法。

27. 什么叫热切割？它有几种方法？

热切割是指利用热能使材料分离的方法。

目前热切割方法有 3 大类：即气割、电弧切割、特种热切割。

28. 什么叫碳弧气刨？其有何用途？

碳弧气刨指使用石墨棒或碳棒与工件间产生的电弧将金属熔化，并用压缩空气将金属残渣吹净，实现加工的方法。

碳弧气刨可用于铲清焊根，可开坡口，能提高工效 4～5 倍。碳弧气刨用于不锈钢和有色金属的切割和清理焊缝缺陷等。它的缺点是在气刨过程中，碳棒燃烧烟雾大，对操作者健康不利，需加强安全措施，如戴好防护用具、加强通风等。

二、焊 接 基 础

29. 什么叫焊接接头？它是怎样形成的？

由焊缝、熔合区、热影响区和母材金属组成的整体叫焊

图1-17 焊接接头
1—焊缝；2—熔合区；3—热影响区；4—母材

接接头（见图1-17）。

焊件在热能的作用下熔化形成熔池，热源离开熔池后，熔化金属（熔池里的母材金属和填充金属）冷却并结晶，与母材连成一体，即形成焊接接头。

30. 什么叫熔合区和熔合线？其性能有何特点？

熔合区指焊接接头中，焊缝向热影响区过渡的区域。熔合线指焊接接头横截面上，宏观腐蚀所显示的焊缝轮廓线。

熔合区是很窄的一段，该区内金属成分既不同于母材，又不同于焊缝，其组织晶粒十分粗大，冷却后得到过热组织，塑性、韧性极差，是焊接接头中的薄弱区，易产生裂纹。

熔合区有时也称为半熔化区或不完全熔化区。

31. 什么叫热影响区？对焊接质量有何影响？

在焊接过程中，近缝区的母材金属受到热能的作用，组织和性能均要发生变化，这部分母材金属称为热影响区。

焊接接头的质量不仅仅决定于焊缝区，同时也决定于热影响区，有时热影响区存在的问题比焊缝区更复杂（特别是合金钢的焊接），所以热影响区的组织和性能对焊缝的质量是非常重要的，要尽量获得较小的热影响区。

32. 什么叫同种钢焊接接头？什么叫异种钢焊接接头？

答：由两侧相同钢材（化学成分、力学性能和金属组织）和相近焊接材料，在一定工艺条件下形成的接头，叫同种钢焊接接头；而由两侧不同钢材或应用不同焊接材料，在一定工艺条件下，形成的接头，叫异种钢焊接接头。

33．简述两侧钢材相同，而焊接材料不同时，焊接接头状况？

答：采用焊接材料 A，两侧钢材均为 B，组成的焊接接头，其断面成分状况，如图 1-18 所示。

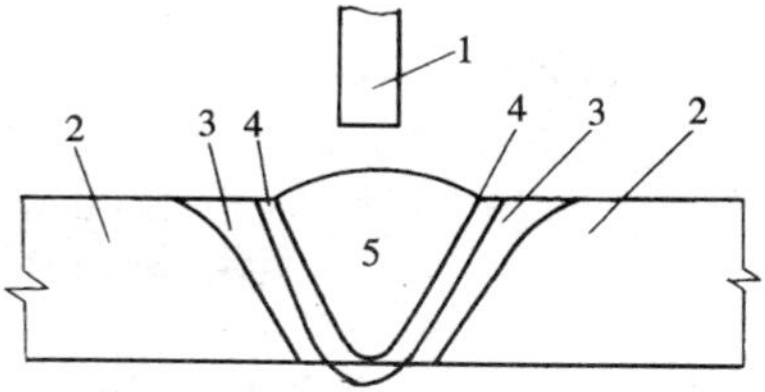

34．简述两侧钢材不同（化学成分、力学性能和金属组织），焊接材料也不相同时，焊接接头状况？

答：采用焊接材料 A，两侧钢材分别为 B 和 C 组成的焊接接头，

图 1-18　两侧钢材相同，焊接
材料不同，焊接接头断面状况
1—焊接材料成分 A；2—母材成分 B；
3—热影响区成分 B；4—熔合区成分
（A+B）+B；5—焊缝区成分 A+B

其断面成分，如图 1-19 所示。

35．异种钢焊接接头的特点是什么？

答：按焊缝区、熔合区和热影响区分别叙述。

（1）焊缝区

1）熔池温度高、体积小，焊接冶金反应强烈，金属在高温状态下，合金成分强烈烧损、蒸发、导致焊缝金属成分发生变化，并容易形成成分偏析。

2）熔池金属始终处于运动状态，不断有新的材料填入

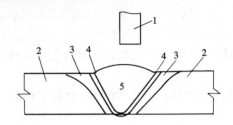

图 1-19　两侧不同钢材和不同焊材断面状况

1—焊接材料成分 A；2—母材成分一侧为 B；另一侧为 C；
3—热影响区成分，一侧为 B，另一侧为 C；4—熔合区成
分，靠 B 侧为 (B+A+C)+B，靠 C 侧为 (B+A+C)+C；
5—焊缝金属区成分 B+A+C

和母材金属熔合在熔池中参与反应，增加了冶金反应的复杂性，焊缝区组织成分变化较大。

（2）熔合区

1）熔合区宽度只有 0.1～0.15mm，处于固、液相共同段，增加了冶金反应的复杂性和明显的成分不均匀性，如成分差异较大时，易出现碳迁移现象，即成分含量低则出现脱碳层，而高侧出现增碳层。

2）结晶组织不均匀，存有粗大晶粒，容易产生焊接裂纹和脆性断裂，是焊接接头最薄弱地带。

（3）热影响区

1）由于晶粒粗细不等，具有性能不均匀性，因此，存在硬化、软化和脆化现象，是力学性能最差的部位，尤其塑性和韧性有明显下降。

2）由于组织和性能的多重性，是应力集中的部位，且应力应变分布不均匀，易产生焊接变形和残余应力。

36. 什么叫焊接热过程？其特点是什么？

焊接热过程是指被焊金属在热源作用下热量传播和分布过程。焊接热过程的特点是：

（1）焊接热过程的局部性，即工件在焊接时不是整体被加热，只是在热源作用下的附近区域被加热，因此加热极不均匀。

（2）焊接过程的瞬时性，即在很短的时间内把大量的热量由热源传递给焊件。

（3）焊接过程中的热源是相对运动的，因此焊接时工件受热区也不断变化，使得传热过程不稳定且复杂。

37. 焊接时焊接区的温度是怎样分布的？

焊接是一个局部加热过程，热源中心温度最高，局部母材温度超过了熔点，而四周温度急剧下降。如果热源向前移动，焊接区温度分布成为椭圆状（见图 1 - 20）。

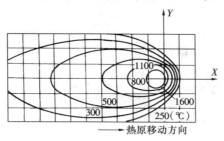

图 1 - 20　热源直线运动的焊接区温度分布

38. 什么叫焊接热循环？其主要参数有哪些？

焊接热循环指焊接过程中，在焊接热源作用下，焊件上

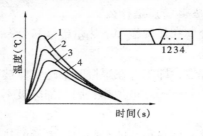

图 1 - 21 焊接热循环

某点的温度随时间变化的过程，其特征是加热速度很快，在最高温度下停留时间很短，随后各点按照不同的冷却速度进行冷却。例如对接接头热影响区各点的热循环曲线（见图 1 - 21）。

焊接热循环的主要参数有加热速度、最高加热温度、在相变温度以上停留的时间和冷却速度。

39. 什么叫焊接线能量？其计算公式怎样？

线能量是指熔焊时，由焊接能源输入给单位长度焊缝上的能量，用 q（J/cm）表示。其计算公式为

$$q = \frac{IU}{v}$$

式中　I——焊接电流，A；

　　　U——电弧电压，V；

　　　v——焊接速度，cm/s；

　　　q——线能量，J/cm。

40. 焊接线能量对接头性能有何影响？

焊接线能量综合了焊接电流、电弧电压和焊接速度三个工艺因素对焊接热循环的影响。线能量增大时，过热区的晶粒尺寸粗大，韧性降低；线能量减小时，硬度和强度提高，但韧性也会降低。

生产中根据不同的材料成分，在保证焊缝成形良好的前提下，适当调节焊接工艺参数，以合适的线能量焊接，可以保证焊接接头具有良好的性能。

41. 什么叫熔合比？

熔合比是指熔焊时，被熔化的母材在焊缝金属中所占的百分比（见图 1 – 22）。

$$熔合比 = \frac{F_B}{F_A + F_B}$$

式中　F_A——熔化的焊条量；

　　　F_B——熔化的母材量。

42. 什么是焊接冶金过程？它与金属冶炼有什么不同？

焊接冶金过程与金属

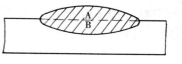

图 1 – 22　熔合比示意图

冶炼一样，通过加热使金属熔化，在金属熔化过程中，金属—熔渣—气体之间发生复杂的化学反应和物理变化。

与金属冶炼不同的是：金属冶炼时，炉料几乎同时熔炼，升降温度慢，冶炼时间长，冷凝时也是整体冷却并结晶；而焊接却是在焊件上局部加热，并且不断移动热源，热源中心与周围冷金属之间温差很大，冷却速度很快。因此焊接冶金是一个不平衡过程，它对焊缝的组织和性能都有很大的影响。

43. 什么叫熔池？熔池结晶有何特点？

熔池是指在焊接热源作用下，焊件上所形成的具有一定几何形状的液态金属部分。

熔池结晶特点：

(1) 由于熔池体积小，周围被冷却金属所包围，所以熔池冷却速度很快。

(2) 熔池中液体金属的温度比一般浇注钢水的温度高得多，过渡熔滴的平均温度约在2300℃左右，熔池平均温度在1700℃左右，所以熔池中的液体金属处于过热状态。

(3) 熔池中心液体金属温度高，而边缘凝固界面处冷却速度大，所以熔池结晶是在很大温度梯度（温差）下进行的。

(4) 熔池一般随电弧的移动而移动，所以熔池的形状和结晶组织受焊接速度的影响较大。同时，焊条的摆动、电弧的吹力、电磁力对熔池有强烈搅拌作用，熔池内的熔化金属是在运动状态下结晶的。

44. 液态金属是怎样进行结晶的？

液态金属冷却到熔点以下，首先在液体中形成一些微小的晶体（称为晶核），然后再以它们为核心，不断地向液体中长大，这种不断形成晶核和不断长大，最后全部转变为固态晶体的过程称为结晶。

45. 焊缝金属的结晶有哪些特征？

焊缝金属的结晶特征有：

(1) 熔合线上局部熔化的母材晶粒（称半熔化晶粒）成为熔池金属的结晶核心，形成焊缝金属与母材金属生长在一起的"联生结晶"，如图1-23所示。包围熔池的母材晶粒愈粗大，凝固后焊缝金属的晶粒也就愈粗大。

(2) 熔池体积小，散热快，结晶是从母材金属半熔化晶粒上生长，所以柱状晶较发达，而且柱状晶的生长方向基本上与熔池界面相垂直，一般不会像铸锭那样得到细晶带和等轴晶带。只有熔池的中心或"火口"处，由于液态金属都将处于凝固温度，而且杂质聚集，才有可能出现等轴晶。

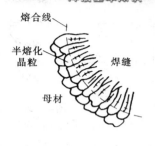

图1-23　联生结晶

（3）熔池金属在运动中结晶，晶粒在成长过程中有停顿现象（称断续结晶），产生层状组织，从焊缝的表面看呈鱼鳞纹。

46. 什么叫焊缝金属的一次结晶？

焊缝的一次结晶指热源离开后，焊接熔池的金属由液态转变为固态的过程。

焊接熔池的一次结晶和普通铸锭结晶一样，包括产生晶核和晶粒长大两个过程。

47. 焊缝的柱状组织是怎样形成的？

焊缝的结晶是从未熔的母材金属壁开始，并向散热的相反方向生长。当生长到一定大小时，由于两侧的晶体阻碍了它的发展，使焊缝金属成为柱状组织；并在焊缝中心区容易造成杂质的聚集（见图1-24）。

48. 什么叫焊缝金属的二次结晶？

答：焊缝金属一次结晶以后，继续冷却到相变温度（A_{C3}、A_{C1}）经过组织转变，称为二次结晶。二次结晶后的

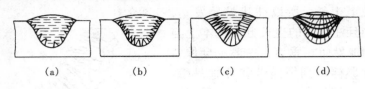

图 1-24 焊缝的结晶过程示意图

(a) 开始结晶；(b) 晶体长大；(c) 形成柱状晶；(d) 结晶结束

焊缝金属是常温时的实际组织。

三、焊接接头型式

49．常用的焊接接头型式有哪几种？

焊接接头型式可分为对接、搭接、T形接和角接等四种（见图 1-25）。

(1) 对接接头 两焊件同在一平面上焊接而成的接头〔见图 1-25（a）〕。

(2) 搭接接头 两焊件相互错叠，在焊件端头进行焊接的接头〔见图 1-25（b）〕。

(3) T形接头 两焊件相互垂直，在交角处进行焊接的接头〔见图 1-25（c）〕。

(4) 角接接头 两焊件边缘相互垂直，在顶端边缘上进行焊接的接头〔见图 1-25（d）〕。

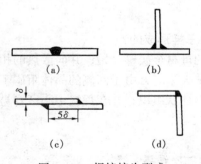

图 1-25 焊接接头型式

(a) 对接接头；(b) 搭接接头；

(c) T形接头；(d) 角接接头

50. 什么叫坡口？什么叫坡口面？什么叫坡口角度？

坡口指根据设计或工艺要求，在焊件的待焊部位加工成一定几何形状的沟槽。

坡口面指焊件上的坡口表面。

坡口角度指两坡口面之间的夹角。

51. 焊缝坡口形式有哪些？

各种焊接接头的坡口形式有：

（1）对接接头　I 形、单边 V 形、V 形、U 形、单边 U 形、K 形、X 形、双面 U 形等［见图 1 – 26（a）］。

（2）T 形接头　I 形、单边 V 形、K 形、双面 J 形等［见图 1 – 26（b）］。

（3）角接接头　单边卷边形、I 形、错边形、单边 V 形、V 形、K 形等［见图 1 – 26（c）］。

52. 坡口加工的方法有哪些？

坡口加工方法有氧 – 乙炔火焰或氧 – 液化石油气火焰切割、碳弧气刨、刨削、车削等。坡口加工以机械方法为宜。

53. 坡口、钝边和间隙各起什么作用？

坡口（见图 1 – 27）的作用是：（1）使热源（电弧或火焰）伸入根部，保证焊缝的透度；（2）可降低热规范，减小热影响区；（3）减少焊件的变形。

钝边的作用是防止根部烧穿。间隙的作用是在焊接打底焊道时，保证根部焊透。

若钝边和间隙的尺寸能很好的配合，即可保证焊缝的透度，又可避免烧穿、焊瘤和未焊透等缺陷。

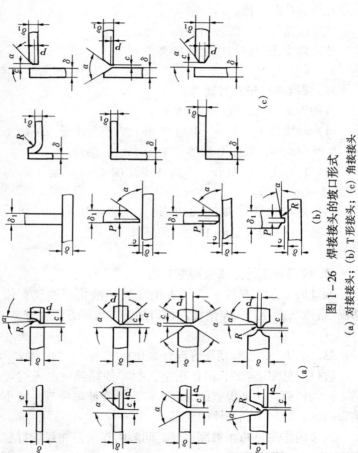

图 1-26 焊接接头的坡口形式

(a) 对接接头; (b) T形接头; (c) 角接接头

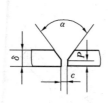

图 1-27　坡口
α—坡口角度；P—钝
边高度；c—间隙大小；
δ—板厚

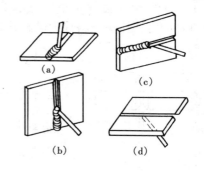

图 1-28　板型对接接头的焊件位置
(a) 平焊；(b) 立焊；(c) 横焊；(d) 仰焊

54. 焊件的空间位置有哪些?

焊件的空间位置有平焊、立焊、横焊、仰焊和斜焊等五种。

板型的对接接头有平焊、立焊、横焊和仰焊四种（见图 1-28）；板型的 T 形、搭接、角接接头有平角焊、立角焊和仰角焊三种（见图 1-29）。

管道的对接接头有全位置焊（吊焊）、横焊和斜焊（见

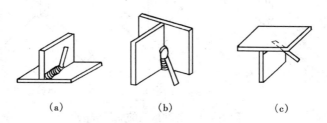

(a)　　　　　　(b)　　　　　　(c)

图 1-29　板型 T 形接头的焊件位置
(a) 平角焊；(b) 立角焊；(c) 仰角焊

图1-30）。全位置焊是指固定水平管的对接接头，横焊为垂直管的对接接头，斜焊为倾斜管的对接接头。

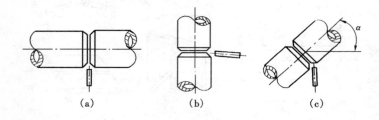

(a)　　　　　　(b)　　　　　　(c)

图1-30　管子的焊件位置
(a) 全位置焊；(b) 横焊；(c) 斜焊

55. 什么叫船形焊法？它有什么优点？

船形焊法是将搭接接头、T形接头和角接接头由原来放置的位置转45°角，形成船形位置的焊法（见图1-31）。其优点是：

（1）可以适当加大焊接电流，以增加焊缝的熔深，提高生产率；

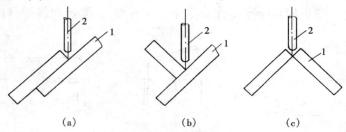

(a)　　　　　　(b)　　　　　　(c)

图1-31　各种接头的船形焊法
(a) 搭接接头；(b) T形接头；(c) 角接接头
1—焊件；2—焊条

（2）操作简便，焊缝成形美观；

（3）可以减少焊件的变形和避免焊接缺陷的产生。

56. 不同壁厚的管件对接时有什么要求?

管子或管件的对口一般应做到内壁齐平。不同厚度焊件对口时，其厚度差应按照下列方法进行处理：

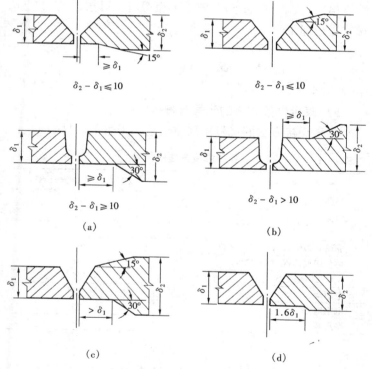

图 1-32 不同厚度部件对口时的处理方法

（a）内壁尺寸不相等；（b）外壁尺寸不相等；

（c）内、外壁尺寸均不相等；（d）$\delta_2 - \delta_1 \leqslant 5mm$

（1）内壁（或根部）尺寸不相等而外壁（或表面）齐平时，可按图 1 – 32（a）形式进行加工；

（2）外壁（或表面）尺寸不相等而内壁（或根部）齐平时，可按图 1 – 32（b）形式进行加工；

（3）内、外壁尺寸均不相等时，可按图 1 – 32（c）形式进行加工；

（4）当 $\delta_2 - \delta_1 \leqslant 5mm$ 内壁不相等时，可按图 1 – 32（d）形式进行加工。

四、焊 缝 代 号

57. 表示焊接方法的代号有哪些？

各种焊接方法的代号用阿拉伯数字来表示，见表 1 – 1。

表 1 – 1　　　　　各种焊接方法的代号

焊 接 方 法	代号（GB 5185—1985）
焊条电弧焊	111
埋弧焊	12
气焊	3
非熔化极气体保护焊（TIG）	141
熔化极气体保护焊（MIG）	131
CO_2 气体保护焊	135
电渣焊	72
电阻对焊	25
冷压焊	48

58. 什么叫焊缝代号？它由哪几部分组成？

焊缝代号是一种工程语言，能简单、明了地在图纸上说明焊缝的形状、几何尺寸和焊接方法。我国的焊缝代号是由国家标准 GB 324—1988 规定的。

焊缝代号一般是由基本符号和指引线组成，必要时还可以加上辅助符号、补充符号和焊缝尺寸符号。

59. 表示焊缝的基本符号有哪些?

基本符号是表示焊缝截面形状的符号，见表 1－2。

表 1－2　　　基　本　符　号

序号	名　称	示　意　图	符　号
1	卷边焊缝① （卷边完全熔化）		八
2	I 形焊缝		‖
3	V 形焊缝		V
4	单边 V 形焊缝		V
5	带钝边 V 形焊缝		Y
6	带钝边单边 V 形焊缝		Y

续表

序号	名称	示意图	符号
7	带钝边 U 形焊缝		Y
8	带钝边 J 形焊缝		ℙ
9	封底焊缝		◡
10	角焊缝		◺
11	塞焊缝或槽焊缝		⊓
12	点焊缝		○

续表

序号	名 称	示 意 图	符 号
13	缝焊缝		⊖

① 不完全熔化的卷边焊缝用 I 形焊缝符号来表示,并加注焊缝有效厚度 S。

60. 表示焊缝的辅助符号有哪些?

辅助符号表示焊缝表面形状特征的符号,见表 1-3。

表 1-3 辅 助 符 号

序号	名 称	示 意 图	符 号	说 明
1	平面符号		——	焊缝表面齐平 (一般通过加工)
2	凹面符号		⌣	焊缝表面凹陷
3	凸面符号		⌢	焊缝表面凸起

注 不需要确切地说明焊缝的表面形状时,可以不用辅助符号。

61. 表示焊缝的补充符号有哪些?

补充符号是为了补充说明焊缝的某些特征而采用的符号,见表 1-4。

表 1-4 补 充 符 号

序号	名 称	示 意 图	符 号	说 明
1	带垫板符号		▭	表示焊缝底部有垫板
2	三面焊缝符号		⊏	表示三面带有焊缝
3	周围焊缝符号		○	表示环绕工件周围焊缝
4	现场符号		⚑	表示在现场或工地上进行焊接
5	尾部符号		﹤	可以参照 GB 5185—1985 标注焊接工艺方法等内容

62. 表示焊缝的尺寸符号有哪些?

焊缝的尺寸符号见表 1 – 5。

表 1 – 5　　　　　　　　焊 缝 尺 寸 符 号

符 号	名 称	示 意 图
δ	工件厚度	
a	坡口角度	
b	根部间隙	
p	钝 边	
c	焊缝宽度	
R	根部半径	
l	焊缝长度	

续表

符 号	名 称	示 意 图
n	焊缝段数	$n = 2$
e	焊缝间距	e
k	焊角尺寸	k
d	熔核直径	d
S	焊缝有效厚度	S
N	相同焊缝数量符号	$N - 3$
H	坡口深度	H

符　号	名　　称	示　意　图
h	余　高	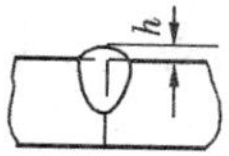
β	坡 口 面 角　度	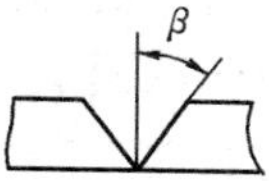

63. 指引线由哪几部分组成？用指引线怎样标注焊缝？

指引线一般由带有箭头的指引线（简称箭头线）和两条基准线（一条为实线，另一条为虚线）两部分组成，如图 1-33 所示。

指引线的箭头线所指是焊缝的实际位置，基准线的实线指焊缝的箭头侧，虚线指焊缝的非箭头侧。

图 1-33　指引线

如果焊缝在接头的箭头侧，则将基本符号标在基准线的实线侧。

如果焊缝在接头的非箭头侧，将基本符号标在基准线的虚线侧。

标注对称焊缝及双面焊缝时，可不加虚线。

64. 焊缝尺寸符号的标注有哪些规定？

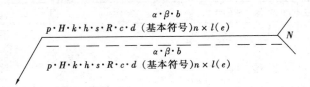

图 1-34　焊缝尺寸的标注原则

焊缝尺寸符号的标注原则如图 1-34。

(1) 焊缝横截面上的尺寸标在基本符号的左侧；

(2) 焊缝长度方向尺寸标在基本符号的右侧；

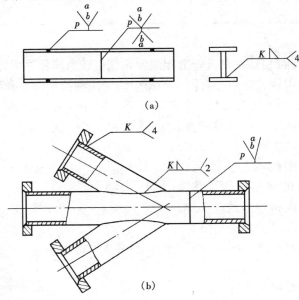

(a)

(b)

图 1-35　焊接工作图

(a) 工字梁焊接；(b) 管路焊接

（3）坡口角度、坡口面角度、根部间隙等尺寸标在基本符号的上侧或下侧；

（4）相同焊缝数量符号标在尾部；

（5）当需要标注的尺寸数据较多又不易分辨时，可在数据表面增加相应的尺寸符号。

65.怎样看焊接工作图？试举例说明。

例1：工字梁的焊接工作图［见图1-35（a）］。

腹板是由两块钢板开X形坡口对接而成，图示中符号为

上、下翼板都是由三块钢板开V形坡口对接而成，图示中符号为

腹板与翼板是由焊脚高度为K的角焊缝焊成，图示符号为：

例2：管路的焊接工作图［见图1-35（b）］。

主管是由两段开V形坡口对接而成，图示符号为

支管和主管是由焊脚高度为 K 的角焊缝焊接而成。有两个支管，故有两条这种焊缝，图示符号为

　　管子和法兰是由焊脚高度为 K 的角焊缝焊接而成。共有四个管头，故有四条这种焊缝，图示符号为

第二章

金 属 材 料

一、金属的基本知识

1. 什么是金属？纯金属与合金有什么不同？

金属富有金属光泽，可锻，具有良好的导电性和导热性，特别是随着温度的升高，其导电性降低，即具有正的电阻温度系数。可分为黑色金属（如铁、铬、锰）和有色金属（如铜、铝、铅等）。

纯金属为单一的金属元素，具有良好的导电性和导热性，但是强度较低，价格昂贵。故工业上大量使用的金属材料是合金，而不是纯金属。

合金是由两种或两种以上的金属元素，或金属元素与非金属元素组成的具有金属特性的物质。例如钢是铁碳合金；黄铜是铜锌合金等。

2. 什么是钢？它是怎样分类的？

钢是含碳量小于2.11%的铁碳合金。钢的分类方法很多，通常可按冶炼方法、化学成分、用途、金相组织等分类，见表2-1。

3. 钢、铸铁、纯铁有什么不同？

钢是含碳量小于2.11%的铁碳合金。

铸铁是含碳量大于2.11%的铁碳合金。

工业纯铁是含碳量小于0.008%的铁碳合金。

表 2-1　　　　　　　　　钢　的　分　类

分类方法	钢 的 类 别
冶炼方法	(1) 平炉钢；(2) 转炉钢；(3) 电炉钢
化学成分	(1) 碳素钢：低碳钢（$C < 0.25\%$） 　　　　　中碳钢（$C = 0.25\% \sim 0.60\%$） 　　　　　高碳钢（$C > 0.60\%$） (2) 普通低合金钢：在普通低碳钢内加入总量不大于 3% 的合金元素 (3) 合金钢：低合金钢（合金元素总含量 $< 5\%$） 　　　　　中合金钢（合金元素总含量 $5\% \sim 10\%$） 　　　　　高合金钢（合金元素总含量 $> 10\%$）
用　途	(1) 结构钢：建造用钢（$C < 0.25\%$）和机械用钢 (2) 工具钢：碳素工具钢、低合金工具钢、高速工具钢 (3) 特殊钢：不锈钢、耐热钢、磁钢等
组　织	(1) 珠光体钢 (2) 贝氏体钢 (3) 马氏体钢 (4) 奥氏体钢 (5) 铁素体钢

4. 什么叫沸腾钢、镇静钢？它们有什么不同？

沸腾钢：由于钢液脱氧不完全，有相当数量的氧残留在钢液中，钢液铸入锭模后，钢中的氧与碳会发生化学反应，析出大量的一氧化碳气体，引起浇铸时钢液的沸腾，故称为沸腾钢。

镇静钢：钢液在浇铸前用锰铁、硅铁和铝进行充分的脱氧，凝固时不析出一氧化碳，得到成分比较均匀，组织比较致密的钢锭，这种钢称为镇静钢。

沸腾钢的化学成分不均匀，强度低，抗蚀性差，但成本低，表面质量好，常用作型钢；镇静钢的成本较高，但化学成分均匀，质量较好，常用作锅炉钢管等。

5. 什么叫晶体？常见的金属晶体结构有哪几种？

晶体是由许多基本质点（原子、离子、分子等）在空间按一定规律作周期性的排列的固体物质。晶体的特点是：

① 原子按一定规律整齐排列；② 具有一定的熔点；③ 各向异性。例如单晶铜由于方向不同，其强度极限数值在 140~350MPa 范围内变化，延伸率在 10%~50% 范围内变化。人们对晶体并不生疏，食盐是晶体，水结成冰也是晶体，一切固态金属和合金都是晶体。

常见的金属晶体结构有三种：① 体心立方结构，如 α-铁、铬、钼、钒、钨等；② 面心立方结构，如 γ-铁、铝、铜、镍等；③ 密排六方结构，如锌、镁等，见图 2-1。

6. 什么叫 α-铁、γ-铁和 δ-铁？

纯铁在 912℃以下，铁原子排列成体心立方晶格，叫做 α-铁；在 912℃至 1394℃之间，铁原子排列成为面心立方晶格，叫做 γ-铁；在 1394℃以上，铁原子又重新排列成体心立方晶格，叫做 δ-铁。

7. 什么叫同素异构转变？

金属在结晶之后继续冷却时，还会发生晶体结构的转变，从一种晶格转变为另一种晶格（即原子排列方式发生改变），这种转变叫做同素异构转变。

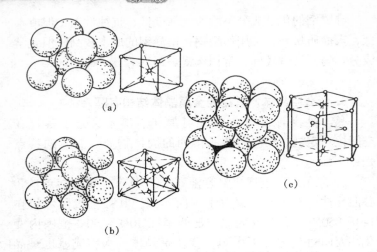

图 2-1　金属的晶体结构

（a）体心立方结构；（b）面心立方结构；（c）密排六方结构

正是由于纯铁（钢）能发生同素异构转变，才有可能对钢进行各种热处理来改变其组织和性能。

8. 什么叫晶粒、晶界、晶粒度和本质晶粒度？

金属结晶后形成外形不规则的晶体叫做晶粒。晶粒与晶粒之间的交界叫做晶粒间界，简称晶界（见图 2-2）。

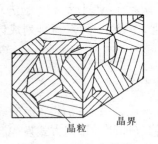

图 2-2　晶粒和晶界

晶粒度（又称实际晶粒度）用来表示实际晶粒大小的尺度，共分 8 级，1～4 级为粗晶粒钢；5～8 级为细晶粒钢。

本质晶粒度指钢材加热到某一温度以上时，所得到的奥氏体晶粒的大小。它可理解为奥氏体晶粒在加热时长大的倾向。

9. 什么是本质细晶粒钢和本质粗晶粒钢?

本质细晶粒钢是加热到某一温度（上临界点）以上时，奥氏体晶粒不易随温度的升高而急剧长大的钢。

本质粗晶粒钢是加热到某一温度（上临界点）以上时，奥氏体晶粒随温度的升高而急剧长大的钢。

10. 为什么不同的钢奥氏体晶粒在加热时的长大倾向不同?

本质细晶粒钢，冶炼时除了加硅、锰外，还加铝脱氧，钢中残留有三氧化二铝和氧化铝等超显微夹杂，这些夹杂稳定性很高，分布于晶界，阻碍着晶粒的急剧长大。但这种机械阻碍作用不是永远有效的，当加热到较高温度（930～950℃）时，由于这些夹杂物显著聚集长大或者溶于奥氏体中，奥氏体晶粒便急剧长大，见图2-3。

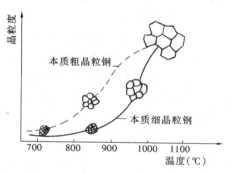

图2-3　本质晶粒度含义示意图

二、铁－碳合金状态图

11. 什么叫组元、相和相变？

组元是组成合金最基本的、独立的物质，元素、化合物都可成为组成合金的组元。由几个组元所组成的合金叫做几元合金。例如铁－碳合金是铁和碳两个组元组成的，又称二元合金。

相是合金中成分、结构及性能相同的组成体，如液相、固相、铁素体、渗碳体……等。相与相之间具有明显的界面。常温下的铁－碳合金是由铁素体（α－铁的固溶体）和渗碳体（Fe_3C 化合物）两相所组成。

相变是纯金属或合金的内部组织（主要是晶体结构）发生转变。例如铁加热到912℃时，由 α－铁转变为 γ－铁，晶体结构由体心立方晶格转变为面心立方晶格。

12. 合金的结构有哪几种？

合金的结构根据各元素相互作用的关系，可分为三种：

（1）固溶体（相互溶解）

组成合金的两组元不仅在液态时能相互溶解，而且在固态时仍能相互溶解，形成单相的晶体结构，称为固溶体。固溶体是由溶剂和溶质组成，其中含量较多的元素之原子称为溶剂原子，含量较少的元素之原子称为溶质原子。溶质原子分布于溶剂晶格中，根据溶质原子在溶剂晶格中所占据的位置不同，可分为置换固溶体和间隙固溶体，如图 2－4 所示。置换固溶体是溶质原子占据了溶剂晶格的一些结点，就好像这些结点上的溶剂原子被溶质原子所置换一样；间隙固溶体

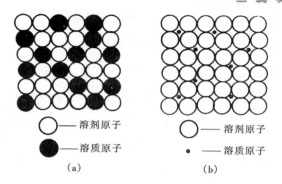

图 2 - 4　固溶体结构
(a) 置换固溶体；(b) 间隙固溶体

是溶质原子嵌入溶剂晶格的间隙之中。

(2) 金属化合物（相互化学反应）

金属化合物是合金组元间发生相互作用而生成的一种新相,具有一定程度的金属性质。它的晶体结构和性能完全不同于任一组元,一般可以用分子式来大致表示其组成。它是由金属键相结合,其组成的各元素的成分不是严格不变的,而是可在一个范围内变化。金属化合物一般具有复杂的晶体结构,熔点高,性硬而脆,例如渗碳体(Fe_3C)。金属化合物种类很多,常见的有正常价化合物、电子化合物和间隙化合物等。

(3) 机械混合物（机械混合）

机械混合物是由两种不同的晶体结构的晶粒彼此混合而成, 例如珠光体就是 α - 铁的固溶体（铁素体）和金属化合物（渗碳体）所组成的机械混合物。

13. 钢中的基本相有哪些?

钢中的基本相见表 2 - 2。

表 2－2　　　　　　钢 中 的 基 本 相

名　称	晶　格	定　义	状　态	特　　征
奥氏体 （A）	面心立 方晶格	碳和其他 元素溶解于 γ-铁中的固 溶体	碳原子以填 隙状态存在, 合金元素以置 换状态存在	（1）孪晶特征, 高温相。 当含有一定量扩大 γ 区元素后, 也可能在 室温下存在 （2）性韧而软, 顺磁性, HB 为 170～220
铁素体 （F）	体心立 方晶格	碳和其他 元素溶解于 α-铁中的固 溶体		（1）钢中铁素体数量随含 碳量增多而减少 （2）随冷却速度不同可能 形成多边形、点状、 针状等 （3）性韧而软, 有磁性, HB 为 90～210
马氏体 （M）	体心四 方晶格	碳和其他 元素溶解于 α-铁中的过 饱和固溶体	碳原子硬挤 塞在晶格改组 后的铁原子间	（1）针状特征, 针呈120°或 60°角相互定位, 但不 互相穿过。常与残余 奥氏体并存 （2）性硬而脆, 弱磁性, HB 为 650～760
渗碳体 （C）	斜方晶格	碳和铁的 化合物 Fe_3C	由铁 93.33% 与碳 6.67% 化 合而成, 是 3 个 铁原子与一个 碳原子合成的 密堆原子正交 体	（1）高碳相, 具有金属性 能。在亚共析钢中与 铁素体形成机械混合 物 （2）性硬而脆, 弱磁性, HB 大于 800

14. 钢中的机械混合物有哪些?

钢中的组织由四个基本相中的一个或几个机械混合而

成，如表 2 - 3 所示。

表 2 - 3 钢中的机械混合物

名 称	定 义	说 明
珠光体 (P)	铁素体与渗碳体的共析机械混合物	(1) 奥氏体缓冷到 A_{r1} ~ 650℃，转变成渗碳体呈片状的珠光体 (2) 淬火钢加热到 650℃ ~ A_{c1}，转变成渗碳体呈球状的珠光体
索氏体 (S)	细的铁素体与渗碳体的机械混合物	(1) 奥氏体过冷到 650 ~ 600℃，转变成细片状分布的索氏体 (2) 淬火钢加热到 400 ~ 650℃，转变成球状的回火索氏体
屈氏体 (T)	极细的铁素体与渗碳体的机械混合物	(1) 奥氏体过冷到 600 ~ 500℃，转变成极细片状分布的屈氏体 (2) 淬火钢加热到 250 ~ 400℃，转变成细粒状的回火屈氏体
贝氏体 (B)	铁素体与渗碳体的机械混合物	(1) 奥氏体过冷到 500℃ ~ M_s，转变成贝氏体。贝氏体可分为上贝氏体、下贝氏体和粒状贝氏体 (2) 贝氏体在回火过程中，上、下贝氏体能发生碳化物的析出和聚集；粒状贝氏体回火后，在光学显微镜下，外形变化不大，仍为粒状
莱氏体 (E)	大于 727℃是奥氏体和渗碳体的共晶体；小于 727℃是珠光体和渗碳体的共晶体	(1) 共晶生铁自液态冷却的产物，具有分布在渗碳体中特有的粒状或片状珠光体组织 (2) 是白口生铁的基本组织

15. 什么是铁–碳合金状态图?

铁–碳合金状态图是通过实验测定出来的,它表示了铁–碳合金在加热和冷却时的组织转变。实际上,现在用的铁–碳合金状态图含碳量(质量百分比)从 0 ~ 6.67%,是铁和渗碳体的状态图,如图 2–5 所示。铁–碳合金状态图是确定钢在热处理时的最高加热温度的重要依据。

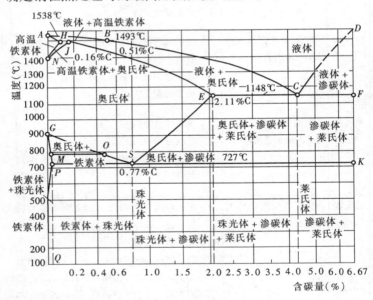

图 2–5　铁碳合金状态图

16. 铁–碳合金状态图中有哪些特性点?

特性点(见图 2–5)有:

A 点——纯铁的熔点,温度为 1538℃。

D 点——化合物 Fe₃C 的熔点,温度约为 1600℃。

C 点——共晶点，温度为 1148℃，含碳量为 4.3%。

E 点——碳在奥氏体中最大溶解度点，温度为 1148℃，含碳量为 2.11%。

G 点——γ - 铁转变为 α - 铁的同素异构相变点，温度为 912℃。

S 点——共析点，温度为 727℃，含碳量为 0.77%。

P 点——碳在铁素体中最大溶解度点，温度为 727℃，含碳量为 0.02%。

Q 点——碳在铁素体中溶解度点，温度为 0℃时含碳量为 0.008%。

17. 铁 - 碳合金状态图中有哪些特性线?

特性线（见图 2 - 5）有：

$ABCD$——液相线。

$AHJECF$——固相线。

ES——碳在奥氏体中溶解度曲线，又称 A_{cm} 线。

GOS——铁素体开始析出线，又称 A_3 线。

HJB——包晶线。

ECF——共晶线。

PSK——共析线，又称 A_1 线。

MO——铁素体的磁性转变线，又称 A_2 线。

18. 亚共析钢从液态冷却下来的结晶过程是怎样的?

亚共析钢从液态冷却下来的结晶过程见图 2 - 6。当温度在 t_1 以上时，合金全部为液相（L）。温度降到 t_1 以下时，开始从液相合金中析出奥氏体（A）晶体。温度在 $t_1 \sim t_2$ 之间，随温度的下降，液相逐渐减少而奥氏体逐渐增多，

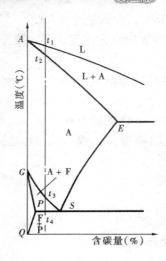

图 2-6　亚共析钢的结晶过程

在这个区域液相和奥氏体同时共存。温度降到 t_2 以下时，液相全部凝固为单相的奥氏体晶粒，温度在 $t_2 \sim t_3$ 之间为奥氏体区。温度降到 t_3 以下时，奥氏体发生同素异构转变，奥氏体部分地析出含碳量低的铁素体，在 $t_3 \sim t_4$ 区域里奥氏体和铁素体共存。当温度达到 t_4（共析温度），剩余的奥氏体全部发生共析转变，奥氏体转变为珠光体。从 t_4 一直到室温，其组织为铁素体（F）和珠光体（P）组成。

19. 什么叫临界点？试说明铁-碳合金各临界点的含义。

临界点是指组织（性能）转变开始或终了的温度，也称临界温度。例如 A_1、A_2、A_3、A_{cm}，加热时再加注脚 c 表示，如 A_{c1}、A_{c2}、A_{c3}、A_{ccm}；冷却时再加注脚 r 表示，如 A_{r1}、A_{r2}、A_{r3}、A_{rcm}。

A_{c1} 表示钢在加热时珠光体转变为奥氏体的临界点，又称下临界点。

A_{r1} 表示钢在冷却时奥氏体转变为珠光体的临界点。

A_{c2} 表示钢在加热时铁素体为铁磁性材料转变为非铁磁性材料的临界点。

A_{r2}表示钢在冷却时铁素体为非铁磁性材料转变为铁磁性材料的临界点。

A_{c3}表示钢在加热时铁素体全部溶入奥氏体的临界点，又称上临界点。

A_{r3}表示钢在冷却时奥氏体析出铁素体的临界点。

A_{ccm}表示钢在加热时渗碳体全部溶入奥氏体的临界点。

A_{rcm}表示钢在冷却时奥氏体析出渗碳体的临界点。

20. 什么叫过热度和过冷度?

A_1、A_3、A_{cm}为平衡相变温度，而 A_{c1}、A_{c3}、A_{ccm} 与 A_{r1}、A_{r3}、A_{rcm}为实际相变温度。

加热时，实际相变温度与平衡相变温度之差为过热度。如 $A_{c1} - A_1 = \Delta T$，则 ΔT 为过热度。

冷却时，平衡相变温度与实际相变温度之差为过冷度。如 $A_1 - A_{r1} = \Delta T'$，则 $\Delta T'$为过冷度。

21. 实际相变温度与加热和冷却速度有什么关系?

A_{c1}、A_{c3}、A_{ccm}为实际加热时钢的相变温度，它们不是固定不变的，而是随着加热速度增大而提高，即加热速度越大，则过热度越大。如果加热速度极其缓慢，那么 A_{c1}、A_{c3}、A_{ccm}就接近 A_1、A_3、A_{cm} 了。

同样，A_{r1}、A_{r3}、A_{rcm}为实际冷却时钢的相变温度，它们也随冷却速度不同而变化。冷却得越快，A_{r1}、A_{r3}、A_{rcm} 与 $A_1 A_3$、A_{cm}的温度差越大，即过冷度越大。只有在极其缓慢冷却时，才接近于 A_1、A_3和 A_{cm}。

22. 什么是奥氏体等温转变曲线图？它可分为哪几个区域？

奥氏体等温转变曲线图是奥氏体过冷到 A_{r1} 以下，在不同温度和时间下等温转变而得到各种组织的曲线图，如图2－7所示。曲线形状如拉丁字母中的 "C"，故又称"C－曲线"。图的横坐标（用对数坐标）表示时间，纵坐标表示温度。在图上除有 C 形曲线外，还有临界温度 A_1 线，马氏体转变开始线 M_s 和马氏体转变终了线 M_z。奥氏体等温转变曲线图可划分为四个区域：

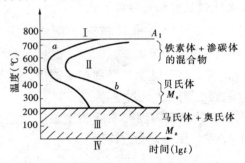

图2－7　奥氏体等温转变曲线图

区域Ⅰ：在 A_1 线以上，为稳定的奥氏体区域，即奥氏体不随时间发生变化。

区域Ⅱ：在 A_1 线与 M_s 线之间，它被奥氏体转变开始线 a 和转变终了线 b 分成三个部分。纵坐标与 a 线之间的部分，为不稳定的过冷奥氏体区域，奥氏体没有转变；曲线 a 与 b 之间是过冷奥氏体和奥氏体等温转变产物区（铁素体与渗碳体的机械混合物），随转变时间的增长，转变产物越来越多，到曲线 b，表示过冷奥氏体全部转变完毕；曲线 b 右边部分是奥氏体转变终了所生成的铁素体与渗碳体的各种机械混合物。

区域Ⅲ：在 M_s 和 M_z 之间，是马氏体和奥氏体共存区域，随着温度的下降，奥氏体逐渐转变为马氏体。

区域Ⅳ：在 M_z 线以下，马氏体转变终了，是马氏体和残余奥氏体区域。

23. 什么是连续冷却转变曲线图?

钢从奥氏体化温度以各种不同速度冷却至室温时，记取转变开始与终了（以及一定转变量）时的温度和时间，便可得到奥氏体连续冷却转变曲线图，又叫 C·C·T 曲线图，见图2-8。

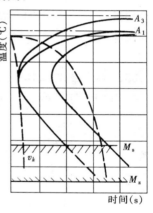

图2-8 亚共析钢连续
冷却转变曲线
v_K—临界冷却速度

钢种及奥氏体化条件不同时，连续转变曲线的形状以及在温度－时间坐标中的位置可能有很大的变化，但转变的基本规律大致相同。它与等温转变曲线相比，连续冷却转变曲线都处于等温转变曲线的右下方。说明连续冷却转变时的转变温度较低，过冷奥氏体的孕育期较长。

连续冷却转变曲线与焊接关系非常密切，焊接的冷却过程都是在一定条件下连续冷却的，可利用连续冷却转变曲线来判断焊接接头各部分的组织变化。

24. 什么叫临界冷却速度?

钢在连续冷却时，冷却速度越快，则过冷度越大。如果冷却速度使奥氏体不可能发生向珠光体类组织的转变，而过冷到连续冷却转变曲线的下部区域，奥氏体转变为马氏体。这种获得马氏体转变的最低冷却速度称为临界冷却速度。

从连续冷却转变曲线图来看，与连续冷却转变曲线(开始转变线)的鼻部相切的 v_K 即为临界冷却速度(见图2-8)。

一般来说，所有合金钢的临界冷却速度都小于碳钢的临界冷却速度，有的（如2铬13）甚至能在空气中冷却，得到马氏体组织。

25. 45号钢连续冷却时的组织转变怎样?

45号钢的连续冷却转变曲线（见图2-9）。当进行退火

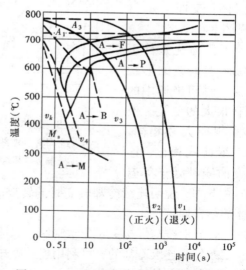

图2-9　45号钢的连续冷却转变曲线图

（v_1 冷却速度）或正火（v_2 冷却速度）时，奥氏体中先形成铁素体，其余奥氏体转变为珠光体，最后得到铁素体加珠光体组织。当以 v_3 和 v_4 速度冷却时，得到铁素体加珠光体加贝氏体加马氏体的混合组织。当以大于 v_K 速度（淬火）冷却时，则得到马氏体加残余奥氏体组织。

26. 12铬1钼钒钢连续冷却时的组织转变怎样？

12铬1钼钒钢的连续冷却转变曲线见图 2 - 10。当以 v_1 速度冷却时，得到 85% 的铁素体和 15% 的珠光体；当以 v_2 速度冷却时，得到 60% 铁素体、30% 珠光体和 10% 的贝氏体；当以 v_3 速度冷却时，得到 40% 的铁素体、8% 的珠光体，其余为贝氏体；当以 v_4 速度冷却时，得到 10% 的铁素体以外，其余均为贝氏体和马氏体；当以 V_5 速度冷却时，得到少量贝氏体外，其余均为马氏体；当以大于 v_K 的速度冷却时，则得全部马氏体和少量残余奥氏体组织。

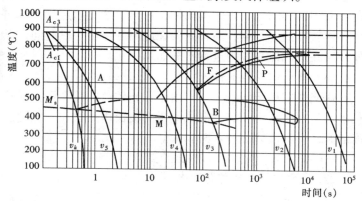

图 2 - 10   12铬1钼钒钢连续冷却转变曲线图

27. 亚共析钢在加热时的组织是怎样转变的?

亚共析钢在退火、正火和淬火时,都要加热到上临界温度以上,使其奥氏体化。奥氏体的形成也是一个成核和长大的过程。

(1) 珠光体向奥氏体转变

当加热到 A_{c1} 时,首先奥氏体晶核在珠光体内的铁素体与渗碳体片的相界面上产生,并开始长大。它的长大过程是依靠珠光体内的铁素体继续向奥氏体转变和渗碳体不断固溶于奥氏体而进行的,一直到珠光体完全消失为止。

(2) 铁素体向奥氏体的溶解

随着温度不断的上升,铁素体逐步向奥氏体转变,直到温度达 A_{c3},铁素体才全部转变为奥氏体。

(3) 奥氏体的均匀化

奥氏体刚形成时,其碳浓度是不均匀的,即原先渗碳体片存在的区域之碳浓度比原先铁素体片存在的区域要高。因此,要想得到均匀一致的奥氏体,加热温度要超过珠光体向奥氏体转变的终止点,而且还要在此温度停留一段时间,以便使碳在奥氏体晶粒内进行扩散而均匀化。

(4) 奥氏体晶粒的长大

珠光体向奥氏体转变时,由于珠光体片间很细密,成核很多,故在刚转变完时,形成大量的奥氏体小晶粒。但随温度的升高,奥氏体晶粒不断长大。

28. 合金钢的奥氏体化有些什么特点?

合金钢的奥氏体化和碳素钢一样,也有三个阶段:成核、长大和均匀化。但是由于合金元素的存在,使其与碳素钢奥氏体化又有不同的特点。

（1）奥氏体的形成

合金元素可扩大或缩小奥氏体相区。如镍、锰等元素可扩大奥氏体相区，达到一定数量可使钢在室温下仍保留奥氏体组织；如硅、铬、钼、钛、钨等元素可缩小奥氏体相区，达到一定数量时可使钢在任何温度下都不转变成奥氏体。

合金元素将改变珠光体向奥氏体转变的临界点，并且使它在一个温度范围内进行转变。如镍、锰、铜等元素降低 A_1、A_3 点；而硅、铝、钼、钨、钒、钛、铌等元素则升高 A_1、A_3 点。

合金元素将影响奥氏体的形成速度。如镍、钴等元素增大碳在奥氏体中的扩散系数，使奥氏体转变加快；另外，如铬、钼、钨等元素降低碳的扩散系数，使奥氏体化转变缓慢。

（2）奥氏体的均匀化

合金钢中奥氏体均匀化的时间要比碳素钢长得多。因为合金元素的原子在奥氏体中的扩散速度只有碳原子的千分之几或万分之几；同时，合金碳化物又难溶于奥氏体，所以使奥氏体均匀化的时间延长。

29. 钢冷却时怎样从奥氏体转变为珠光体？

在 C 曲线上部，过冷奥氏体向珠光体转变。首先在奥氏体晶界上通过碳原子聚集，出现渗碳体的核心，并继续长大，结果使其相邻的奥氏体含碳量降低，含碳量低的奥氏体通过晶格改组，转变为铁素体。因为铁素体几乎不溶解碳，所以它的形成和长大促使多余的碳被排挤出来，又使铁素体相邻的奥氏体含碳量增高，为形成渗碳体创造了条件，如此相互交替形成珠光体组织。

在高温区域的转变范围内，当奥氏体过冷度小，即转变温度较高时，得到片层较粗的珠光体；若转变温度愈低，则转变时形成的渗碳体核心越多，转变的速度越大，其结果使铁素体和渗碳体的片层越薄，分别称为索氏体、屈氏体。

30. 钢冷却时怎样从奥氏体转变为贝氏体？

在 C 曲线鼻子下半部，过冷奥氏体向贝氏体转变。首先在奥氏体晶界或晶内，含碳量较低的地方形成铁素体晶核，并继续长大；同时过饱和的碳不断地扩散到奥氏体中去，并以碳化物的形式沉淀析出，形成铁素体和渗碳体的混合物，即贝氏体。

在中温转变范围内的上部，形成上贝氏体；在转变范围的下部，形成下贝氏体。上贝氏体多半是铁素体在奥氏体晶界上成核，然后向晶内成排地长大，渗碳体呈微粒分布在片间，形成羽毛状；下贝氏体多半是铁素体在奥氏体晶内成核并长大，碳化物颗粒在铁素体片内沿一定方向沉淀析出，形成竹叶状。

在低碳、中碳合金钢中还有一种发生在中温转变范围较高温度的转变产物，称为粒状贝氏体。它的组织是由块状铁素体及由铁素体基体所包围的小岛状组织（富碳奥氏体）所组成。这些富碳奥氏体在随后的转变过程中将发生转变或保留下来。

31. 钢冷却时怎样从奥氏体转变为马氏体？

在 M_s 以下温度范围内，过冷奥氏体向马氏体转变。由于温度很低，碳原子的扩散极为困难，已不能发生扩散型转变，只能引起晶格改组，由面心立方晶格的 γ - 固溶体转变

为体心立方晶格的 α－固溶体。奥氏体中的碳全部留在 α－固溶体内，造成碳原子过饱和状态，使体心立方晶格变成体心正方晶格。碳在 α－铁中的过饱和固溶体称为马氏体。

马氏体转变的过程，是依靠新的马氏体一片一片地形成，而不是依靠已形成的马氏体片长大。马氏体的数量随温度下降而增加，但不能进行到底，马氏体总是与残余奥氏体并存。

三、金属的性能

32. 金属材料的物理性能包括哪些?

金属的物理性能包括：密度、熔点、导电性、导热性、热膨胀性、磁性等。

密度是单位体积金属的质量。单位是 g/cm^3。密度大于 5 的金属（如钢为 7.8），称为重金属；小于 5 的金属（如铝为 2.7），称为轻金属。

熔点是金属或合金从固态变为液态时的温度。

导电性是金属能导电的性能。与导电性相反的性能是电阻。银的导电性最好，若作为 100，则铜为 94，铝为 55，铁为 2，钛为 0.3。

导热性是金属能传导热量的性能。一般情况下，导电性好的金属，导热性亦好。导热系数的单位为 $W/(m^2 \cdot K)$。

热膨胀性是金属受热后要胀大的性能，通常用线膨胀系数表示，单位为 $mm/(mm \cdot ℃)$。

磁性是金属能吸引铁粉的性能。所有金属都有一定的磁性，只有强弱不同之分。按磁性大小，金属可分为铁磁性和弱磁性（又称无磁性）两大类。磁性可用磁场强度（单位

Oe）或磁感应强度（单位 Gs）表示。

33. 什么是金属材料的化学性能？

金属的化学性能是指金属抵抗各种介质（大气、水蒸气、有害气体、酸、碱、盐等）浸蚀的能力，又称为金属的耐腐蚀性能。它与金属的化学成分、加工性质、热处理条件、组织状态以及介质和温度条件等有关。耐腐蚀性能一般用腐蚀速度（mm/a）表示。

按腐蚀原理的不同，金属腐蚀可分为化学腐蚀和电化学腐蚀。金属与介质直接发生氧化反应而引起的腐蚀，称为化学腐蚀。例如锅炉受热面管子与高温烟气、水蒸气接触的过程中，对金属的表面产生强烈的氧化作用，腐蚀的结果，铁变成铁的氧化物或氢氧化物而失去金属性质。金属抵抗氧化腐蚀的性能称为抗氧化性。金属与电解液接触，产生电流，这种腐蚀过程，称为电化学腐蚀。

34. 金属材料的力学性能包括哪些？

金属材料的力学性能是指抵抗外力而不超过允许变形或不被破坏的能力，它包括强度、塑性、硬度、韧性和疲劳等。

（1）强度

强度是指材料在外力作用下，抵抗变形和破坏的能力。工程上常用的指标有屈服强度和抗拉强度。

屈服强度（R_e）：材料开始出现塑性变形时的应力，表示抵抗微量塑性变形的能力，单位为 MPa。

规定残余延伸强度（$R_{r0.2}$）：产生一定塑性变形（通常为 0.2%）时的应力。因为有一些材料开始出现塑性变形不很明显，不易确定开始塑性变形时的应力，故常用塑性变形为 0.2% 时的应力来表示。

抗拉强度（R_m）：材料抵抗外力发生破坏的最大应力，单位是 MPa。根据外力的不同，可分抗拉、抗压、抗弯、抗扭、抗剪等强度极限。

（2）塑性

塑性是指金属产生塑性变形而不破坏的能力。工程上常用的指标有：延伸率和断面收缩率。

断后延伸率（A）：试样拉断后伸长的长度与原有长度的百分比，单位为%。（它与试样尺寸有关，原 δ_5 和 δ_{10} 分别代表标距等于 5 倍和 10 倍直径时的延伸率）。

断面收缩率（Z）：试样拉断后缩小的断面积与原有断面积的百分比，单位为%。

（3）硬度

硬度是指金属抵抗硬的物体压入表面的能力，也就是对局部塑性变形的抗力。常用的硬度指标有：布氏硬度、洛氏硬度、维氏硬度三种。

布氏硬度 HB：测定压痕直径来求得的硬度，单位为 MPa，一般不标出单位（用钢球压头 HBS，用硬质合金球压头 HBW）。

洛氏硬度 HR：测定压痕深度来求得的硬度。根据使用的压头和载荷的不同，又分为 HRA、HRB、HRC。

维氏硬度 HV：测定压痕的对角线来求得硬度，单位为 MPa。

（4）韧性

韧性是指金属抵抗冲击力的能力，通常用冲击功 A_K 来表示，单位为 J。

（5）疲劳

疲劳是指金属在无数次重复和交变载荷下发生损坏的现象，通常用疲劳极限来表示。

疲劳试验用得较广的是弯曲疲劳，它规定在一定的循环次数下（对黑色金属为 10^7 次，对有色金属为 10^8 次）所测得的不发生破坏的最大应力作为弯曲疲劳极限（σ_{-1}）。

35. 金属的工艺性能包括哪些？

金属的工艺性能包括：铸造性、可锻性、焊接性、淬透性、切削加工性。

（1）铸造性

它决定于液态金属的流动性、收缩性和偏析的倾向。流动性是指液态金属充满铸型的能力；收缩性是指金属凝固时的体积收缩；偏析是指凝固后的化学成分和组织的不均匀程度。铸铁有良好的铸造性。

（2）可锻性

它是指金属承受压力加工产生塑性变形的能力。黄铜在冷状态下就具有好的可锻性，钢的可锻性也较好，铸铁则几乎没有可锻性。塑性好的金属就有较好的可锻性。

（3）焊接性

它是指在一定工艺条件下获得优质焊接接头的可能性。低碳钢具有良好的焊接性；随着含碳量的增加以及合金元素含量的增加，钢材的焊接性变坏。

（4）淬透性

它是指钢奥氏体化后，接受淬火的能力。它用淬透层的深度来表示。

（5）切削加工性

它是指接受切削加工的能力，也就是金属经过切削加工获得一定外形零件的难易程度。铸铁、铜（或铝）合金的切削加工性能比钢好。

36. 钢材的高温性能包括哪些?

钢材在高温时所表现出来的性能与室温时比较有很大的差别。钢材在高温下长期使用组织结构会发生变化，从而性能发生改变。钢材在高温时的性能包括蠕变极限、持久强度、抗高温氧化、组织稳定性、应力松弛、热疲劳、热脆性等。

（1）蠕变极限

金属在一定的温度和应力作用下，随着时间的增加，慢慢地发生塑性变形的现象，称为蠕变。蠕变极限是高温强度的主要考核指标，它有两种表示方法。一是在一定的工作条件下，引起规定变形速度的应力值。变形速度一般是 $1\% \times 10^{-5}/h$ 或 $1\% \times 10^{-4}/h$，相对应的蠕变极限为 $\sigma_{1 \times 10^{-5}}$ 或 $\sigma_{1 \times 10^{-4}}$，单位是 MPa。有时用 $\sigma^t_{1 \times 10^{-5}}$ 或 $\sigma^t_{1 \times 10^{-4}}$ 表示在某一温度 t 时的蠕变极限。二是在一定的工作温度下，规定使用时间内，使钢材发生一定量总变形时的应力值。一般工作时间规定为 10 万 h，因此，蠕变极限的确定以工作 10 万 h 总变形量为 1% 时的应力值，用符号 $\sigma_{\frac{1}{10^5}}$ 表示。

（2）持久强度

钢材在高温和应力的长期作用下抵抗破坏的能力。在锅炉设计中，以零件在高温下运行 10 万 h 断裂的应力作为持久强度，以 σ_{10^5} 表示，单位是 MPa。有时用 $\sigma^t_{10^5}$ 表示某温度 t 时的持久强度。

（3）抗高温氧化

钢材在高温和一定介质条件下，抵抗氧化腐蚀的能力。

（4）组织稳定性

钢在高温下长期使用，其组织结构要发生变化，如珠光体球化和石墨化等。组织的不稳定性会引起钢的力学性能变化。因此，在高温长期运行过程中保证钢的组织稳定性，是延长零部件使用寿命的重要措施。

（5）应力松弛

零部件在高温和应力状态下工作时，如维持总变形不变，随着时间的增加，零部件的应力逐渐地降低，这种现象叫应力松弛，简称松弛。锅炉、汽轮机的许多零部件，如紧固件、弹簧、汽封等处于松弛条件下工作，当这些零部件应力松弛到一定程度后，就会引起汽缸和阀门漏汽。

（6）热疲劳

零部件经过多次反复热应力循环后遭到损坏的现象，称为热疲劳。产生热疲劳的原因是由于零部件在工作过程中受到反复的加热和冷却，零部件的热胀冷缩受到阻碍而造成。

（7）热脆性

钢的冲击韧性由于高温和应力的长期作用而产生下降的现象，称为热脆性。

37. 蠕变极限和持久强度有什么不同？

蠕变极限是钢材在一定温度下和在规定的 10 万 h 内发生的总变形为 1% 的应力值，用符号 $\sigma_{\frac{1}{10^5}}$ 表示。

持久强度是钢材在一定温度下和规定工作 10 万 h 发生断裂的应力值，用符号 $\sigma_{10^5}^t$ 表示。

四、钢材的分类、牌号及用途

38. 什么是碳钢？怎样分类？

碳素钢（简称碳钢）是含碳为 0.02% ~ 2.11% 的铁碳合金。除碳以外，还存在一些其他元素，如硅、锰、硫、磷等。碳钢是工业上应用最广的金属材料，约占钢总用量的 90% 以上。

工程上将含碳量小于 0.25% 的钢称低碳钢；含碳量在 0.25% ~ 0.60% 的钢称中碳钢；含碳量大于 0.60% 的钢称高碳钢。还可按钢材的硫、磷含量分，硫含量小于 0.055% ~ 0.065%，磷含量小于 0.045% ~ 0.035% 的钢称为普通钢；硫含量小于 0.03% ~ 0.04%，磷含量小于 0.035% ~ 0.04% 的钢称为优质钢；硫含量小于 0.02% ~ 0.03%，磷含量小于 0.03% ~ 0.035% 的钢称为高级优质钢。

39. 碳钢的编号方法是怎样的？

（1）普通碳素结构钢

这类钢又称为普通钢，钢号表示方法由代表屈服强度的字母、屈服强度值、质量等级符号和脱氧方法符号等四部分顺序组成。

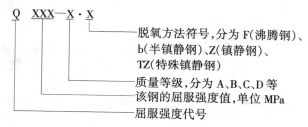

Q XXX—X·X

——脱氧方法符号，分为 F(沸腾钢)、b(半镇静钢)、Z(镇静钢)、TZ(特殊镇静钢)

——质量等级，分为 A、B、C、D 等

——该钢的屈服强度值，单位 MPa

——屈服强度代号

如 Q235——A·F 屈服强度为 235MPa 的 A 级沸腾钢。

Q255——B·Z 屈服强度为 255MPa 的 B 级镇静钢。

钢的质量等级中 A 级最低，D 级最高，通常应用较多的为 A、B 级。C、D 级中硫、磷量偏低，含碳量控制也比较严格。

(2) 优质碳素结构钢

优质碳素结构钢用两位数字表示钢号，两位数字表示平均含碳量的万分数。如 20 钢的平均含碳量为 0.20%。

(3) 碳素工具钢

碳素工具钢的编号是以"T"开头，后面的数字表示平均含碳量的千分之几，高级优质碳素工具钢，在钢号后面再标以"A"。如 T8A 表示平均含碳量为 0.8% 的高级优质碳素工具钢。

(4) 专用碳素钢

常在钢号的前面或后面加一汉语拼音字母。如 20g 表示 20 号锅炉钢，H08 表示碳平均含量为 0.08% 的焊条用钢，容器用钢加字母"R"，桥梁用钢加字母"Q"等。

40. 碳素钢新旧牌号怎样对照？

碳素钢新旧牌号对照见表 2 - 4。

表 2 - 4　　　　　　　　碳素钢新旧牌号对照表

GB700—1988 （新）	GB700—1979 （旧）
Q195　不分等级、化学成分和力学性能(抗拉强度、伸长率和冷弯)均须保证，但轧制薄板和盘条之类产品，力学性能的保证项目，根据产品特点和使用要求，可在有关标准中另行规定	1 号钢 Q195 的化学成分与本标准 1 号钢的乙类钢 B1 同，力学性能（抗拉强度、伸长率和冷弯）与甲类钢 A1 同（A1 的冷弯试验是附加保证条件）。1 号钢没有特类钢

续表

GB700—1988 （新）	GB700—1979 （旧）
Q215 A 级 　　　B 级 （做常温冲击试验，V 型缺口）	A2 C2
Q235 A 级 （不做冲击试验） 　　　B 级 （做常温冲击试验，V 型缺口） 　　　C 级 ⎫ 　　　D 级 ⎬ （作为重要焊接结构用）	A3 （附加保证常温冲击试验，U 型缺口） C3 （附加保证常温或 – 20℃冲击试验，U 型缺口） — —
Q255 A 级 　　　B 级 （做常温冲击试验，V 型缺口）	A4 C4 （附加保证冲击试验，U 型缺口）
Q275 不分等级，化学成分和力学性能均须保证	C5

41. 碳素结构钢的牌号及化学成分怎样？

碳素结构钢的牌号及化学成分见表 2 – 5。

42. 什么是普低钢？ 怎样分类？

含碳量低于 0.25% 的碳钢中，加入少量的锰、硅、钒、钛、稀土等合金元素 （其总含量一般不大于 3%） 的钢，称为普通低合金钢，简称普低钢。

普低钢可分为四类：强度钢、耐蚀钢、低温钢和耐热钢。其中以强度钢应用最广，这类钢的主要特点是强度高，塑性、韧性良好，焊接及其他加工性能较好，广泛用于压力容器、车辆、船舶、桥梁和其他各种金属结构。

碳素结构钢的牌号及化学成分

表 2-5

牌号	等级	化学成分 (%)					脱氧方法
		C	Mn	Si	S 不大于	P	
Q195	—	0.06~0.12	0.25~0.50	0.30	0.050	0.045	F、b、Z
Q215	A	0.09~0.15	0.25~0.55	0.30	0.050	0.045	F、b、Z
	B				0.045		
Q235	A	0.14~0.22	0.30~0.65①	0.30	0.050	0.045	F、b、Z
	B	0.12~0.20	0.30~0.70①		0.045		
	C	≤0.18	0.35~0.80		0.040	0.040	Z
	D	≤0.17			0.035	0.035	TZ
Q255	A	0.18~0.28	0.40~0.70	0.30	0.050	0.045	Z
	B				0.045		
Q275	—	0.28~0.38	0.50~0.80	0.35	0.050	0.045	Z

① Q235A、B 级沸腾钢锰含量上限为 0.60%。

43. 合金钢的编号方法是怎样的?

根据国家标准规定，合金钢是按钢的成分和用途，以数字、化学元素符号及汉语拼音字母结合的方法编号的。

（1）合金结构钢

这类钢的编号是以两位数字 + 元素符号 + 数字组成的（前面两位数字表示钢中平均含碳量的万分数；中间为元素符号，元素符号后的数字表示该元素在钢中平均含量的百分数）。合金钢中的合金元素往往有两个以上，按顺序列出，并遵循以下原则:

1）合金元素的平均含量小于 1.5% 时，钢中只注明元素，不标数字。如 15CrMo 表明该钢平均含碳量 0.15%，Cr、Mo 含量均小于 1.5%。

2）合金元素在钢中平均含量大于或等于 1.5%、2.5%、3.5%……时，在合金元素后面要相应标出 2、3、4……等数字。如 20Cr3MoWV 表明该钢平均含碳量为 0.2%，含 Cr 量为 2.5% ~ 3.5%，Mo、W、V 的含量均小于 1.5%。

3）两种钢的化学成分除一个主要元素的含量外，其余都基本相同，这个主要合金元素平均含量在两种钢中均小于 1.5%，含量较高者，后面应加"1"字，以示区别。如 12Cr1MoV 和 12CrMoV 钢的含铬量分别为 0.9% ~ 1.2% 和 0.4% ~ 0.6%。

（2）合金工具钢和特殊钢

这两类钢的编号基本相同，由一位数字 + 元素符号 + 数字组成。前面数表示钢中平均含碳量的千分数，又规定合金工具钢的含碳量超过 1.0% 时，含碳量略去不标，合金元素含量的表示原则同合金结构钢。

如 CrWMn 钢表示钢的平均含碳量为 0.1%，Cr、W、Mn

的含量均在 1.5% 以下。

又如 1Cr18Ni9Ti 表示钢的平均含碳量为 0.1%，Cr 的平均含量为 18%，Ni 的平均含量为9%，Ti 的平均含量小于 1.5%。

为区别钢的质量好坏，高级优质钢在钢号末尾加上"A"字，如 50CrMoA 即属于高级优质钢。

44. 什么叫合金元素？它们在钢中起什么作用？

碳素钢和合金钢中常存元素有锰、硅、硫、磷，为了改善钢的性能而特意增加元素的含量和种类，当元素的加入量超过表 2-6 的数值时，才作为合金元素。

表 2-6　　　　　　　作为合金元素的最小含量

元素	锰	硅	铬	钼	钒	铜	铌	镍	钛	硼	稀土
数量（%）	0.7	0.4	0.4	0.3	0.1	0.25	0.1	0.25	0.025	微量	微量

各元素在钢中的作用简述如下：

(1) 碳 (C)

碳是钢中的主要元素，随着钢中含碳量的增加，钢的常温强度增高，但塑性、韧性相应降低。碳对低合金耐热钢而言，含碳量增加对钢的高温性能有不利的影响，因为在高温长期使用过程中，以固溶体中析出的碳化物必然增多，从而使固溶体中的合金元素贫化，降低了热强性。

在耐热钢中，含碳量限制在 0.10%～0.35%，对于需要焊接的钢，由于含碳量的增加，会恶化钢的焊接性，故一般控制在 0.10%～0.25% 之内。

(2) 锰 (Mn)

目前使用的锅炉钢板中，几乎都含有锰。锰溶入固溶体提高钢的常温强度，它固溶强化铁素体和细化珠光体而提高钢的强度极限和屈服极限。锰也可使钢的高温短时强度有所提高，但对持久强度和蠕变极限没有什么明显的影响。

（3）硅（Si）

硅溶入铁素体中起强化作用，显著提高钢的常温强度。但是硅的主要作用是提高钢的抗氧化能力，它与铬共存时，能形成含铬、硅的氧化膜而显著提高钢在高温烟气下的抗氧化能力。

（4）铬（Cr）

目前使用的耐热钢中，几乎都含有铬。铬的主要作用是提高钢的抗氧化能力。含铬5％的钢可以在600～650℃下不起皮；含铬12％时，则在800℃下不起皮。铬对蠕变极限的影响不明显，弥散强化的效果不及钒。铬有热脆性，常加钼来防止。

铬可溶于铁素体中，也可以形成碳化物。铬的碳化物强度高，并有很高的抗蚀性。铬在铁素体中可以提高铁素体的强度，但作用很弱。

（5）钼（Mo）

目前使用的耐热钢中，几乎都含有钼，其含量一般小于1％。钼的主要作用是提高钢的热强性，是高温下固溶强化最有效的元素。但是，钼对钢的常温强度影响不大。

钼有石墨化倾向，可以加铬来防止，铬的脆化又利用钼来防止。因此，两者共存而制成一系列的铬钼钢，如12铬钼（12CrMo）、15铬钼（15CrMo）、10铬钼910（10CrMo910）、X12铬钼91（X12CrMo91）等。

（6）钒（V）

钒的主要作用是提高钢的热强性，其含量一般小于

0.3%。钒形成细小弥散的碳化物，在 650℃ 以下，有较高的稳定性，并可使其它元素如铬、钼、钨进入铁素体而强化。钒的作用效果由 V/C 值和热处理规范而定，$V/C = 4$ 是理论上最佳的比值。

(7) 钨 (W)

钨的作用与钼相似，主要提高钢的热强性，但其效果次于钼。近年来，钨钼复合用于耐热钢的有钢 102 等，其含钨量一般小于 0.6%。

钨在钢中形成特殊耐磨的碳化物，使钢在 550~600℃ 仍能保持极高的硬度，即钢的红硬性。是高速工具钢中的主要合金元素。

(8) 钛 (Ti)

钛的主要作用是提高钢的热强性。它是强碳化物形成元素，只与碳形成 TiC，TiC 在高温下极稳定，高于 1000℃ 时钛才缓慢溶入铁素体中。

钛加入钼钢中可以防止石墨化，加入 18-8 型不锈钢中可以固定碳，消除铬晶界贫化而防止晶间腐蚀。

(9) 铌 (Nb)

铌的作用与钛相似，它的碳化物在高温下极为稳定。铌加入低合金耐热钢中，一般小于 0.2%，能显著增加钢的热强性，特别是铌钒复合使用，效果更佳。

(10) 硼 (B)

硼的突出作用是显著提高钢的淬透性。在耐热钢中，微量的硼可以显著提高钢的热强性、持久塑性。近年来，含硼的耐热钢（如钢 102）中，硼的加入量不大于 0.008%。

微量的硼析集和吸附在晶界上，从而强化了晶界。

(11) 稀土元素 (Re 或 R)

稀土元素共有 17 个，它是一组活性极强的元素，加入钢中可以净化钢质和在钢中起合金化作用。

稀土元素可以提高钢的热强性、抗氧化性、持久塑性、冲击韧性和抗蚀性等。

（12）镍（Ni）

镍的主要作用是使钢获得奥氏体组织，从而提高钢的抗蠕变能力。为了使钢获得奥氏体，必须加入较多的镍，因此，含镍的耐热钢几乎都是高合金钢。

镍能提高钢的强度而不明显降低塑性和韧性。镍能促进石墨化，因此，珠光体耐热钢中一般不加镍。镍能提高钢的抗酸、碱、盐、大气腐蚀，但不能抗硝酸腐蚀和抗腐蚀疲劳。

（13）铜（Cu）

铜的主要作用是提高钢抗干燥大气腐蚀的性能，含量 0.2% ~ 0.5% 铜与磷复合使用时，效果更佳。

铜可提高钢的强度，略提高钢的抗氧化能力、疲劳极限和韧性。

45. 为什么钢材要控制硫、磷含量?

硫是钢中的有害元素，硫和铁生成的硫化铁（FeS）易于和 γ-铁形成低熔点（985℃）的共晶体，并分布在晶界。钢在热压力加工温度范围（1000 ~ 1200℃）时，共晶体就熔化了，这样导致钢材在高温下的破裂，称为"热脆性"。此外，硫在钢中还会降低钢的焊接性能和耐蚀性。所以普通碳素钢控制硫含量在 0.05% 以下，优质钢控制在 0.03% 以下。

磷在钢中也是有害元素，它能溶入铁素体中，使铁素体塑性下降，而使其强度、硬度增高。钢的塑性与韧性是随着温度下降而降低。含磷高的钢在低温时塑性与韧性接近于零，造成"冷脆性"。所以普通碳钢控制含磷量为 0.05% 以下；优质钢含磷量控制在 0.03% 以下。只有在某些特殊情况下，为了改善钢的切削加工性能，或者与铜配合，可提高钢的抗蚀性，这时才把磷作为合金元素加入钢中。

46. 什么是低合金耐热钢？它的性能怎样？

具有一定热稳定性和热强性，而合金元素总含量不超过5% 的钢，称为低合金耐热钢。热稳定性是指在高温下能够保持化学稳定性（即耐腐蚀、不起皮）；热强性是指在高温下具有足够的强度。

钢材的耐热性主要是通过合金化来达到。合金化就是在碳钢中，加入可以提高热稳定性和热强性的合金元素，最常用的合金元素是铬、钼、钒、钨、钛、铌、硼、硅、稀土等。加入的合金元素种类和含量不同，钢的组织和耐热性就不一样，其应用也就不同。

耐热钢具有好的高温性能，较高的化学稳定性，良好的组织稳定性。

47. 常用的耐热钢有哪些？

常用的耐热钢管有：15 铬钼，用于蒸汽温度为 510℃ 的高、中压蒸汽导管，管壁温度小于 550℃ 的过热器管和集汽联箱等；10 铬钼 910 钢（德国钢种），用于壁温小于 590℃ 的部件；12 铬 1 钼钒钢，用于壁温小于 580℃ 的过热器管或汽温为 540℃ 的蒸汽导管；Π11（12 铬 3 钼钒硅钛硼），用于壁温 600～620℃ 的过热器管、主蒸汽管；钢 102（12 铬 2 钼钨钒硼），用于壁温为 600～620℃ 的过热器管和再热器管。

常用的耐热钢板有：16 锰钢，用于小于 450℃的锅炉，低、中压容器，高压容器的层板和绕带等；15 锰钒钢，用于 520℃以下的中、高压锅炉汽包，石油、化工容器等；14 锰钼钒钢，用于 500℃以下的锅炉和石油、化工的高压厚壁容器。18 锰钼铌钢，用于 520℃以下的锅炉和石油、化工的高压厚壁容器等；14 铬锰钼钒硼钢，用于 400～560℃的高压容器等。

48. 电站设备应用 T/P23、T/P24 钢的意义是什么？

为提高火力发电设备的热效率和满足环保要求，电厂单机容量不断增大，运行参数不断提高，为适应这一条件，新型钢种已成为急需。

热效率的提高，温度影响要高于压力，而提高温度，又涉及到钢材的耐热性能，因此，对锅炉水冷壁、过热器小管、联箱、管道等部件的用钢，传统的材料已不适用，必须选取具有更高蠕变断裂强度，更强的抗氧化性和腐蚀性的新材料，同时，这种材料还应既满足高温条件下的使用性能要求，又能简化焊接工艺过程，保证焊接质量。

T/P24、T/P24 钢正是针对这一条件和需要而研制的新型钢种。

49. T/P23、T/P24 钢的主要特性是什么？

从钢材化学成分、力学性能、制造工艺特点和加工性能适应度介绍。

（1）钢材化学成分

1）T/P23 钢是在 T/P22 钢的基础上，通过降低含碳量和含钼量，添加 1.6% 的钨以及微量的钒、铌、氮、硼等元素改进成的。

添加钨是为了加强固溶强化作用，经过适当的热处理后蠕变断裂强度和许用应力有很大提高。降低含碳量是为了改善焊接性、降低焊态金属硬度，可降低预热温度和改善钢材的韧性。

2) T/P24 钢是在 T/P22 钢的基础上，通过降低含碳量和维持原含钼量，添加微量的钒、钛、硼等元素改进成的。

通过降低含碳量，可降低焊接热影响区硬度，改善焊接性。通过添加微量钒、钛、硼、氮等元素的弥散析出强化作用，可提高蠕变断裂强度。

3) T/P23、T/P24 钢化学成分和 T/P22 钢对照表，见表 2 – 7。

表 2 – 7　　T/P22、T/P23、T/P24 钢材化学成分和比较　　　　%

钢　材	C	Mn	P	S	Si	Cr	Mo	Ti
T/P22	0.05 ~ 0.15	0.30 ~ 0.60	≤0.025	≤0.025	≤0.50	1.9 ~ 2.6	0.87 ~ 1.13	—
T/P23	0.04 ~ 0.10	0.10 ~ 0.60	≤0.03	≤0.01	≤0.50	1.9 ~ 2.6	0.05 ~ 0.30	—
T/P24	0.05 ~ 0.10	0.30 ~ 0.70	≤0.02	≤0.01	0.15 ~ 0.45	2.2 ~ 2.6	0.90 ~ 1.10	0.05 ~ 0.10

钢　材	V	W	Nb	B	N	Ni	Al
T/P22	—	—	—	—	—	—	—
T/P23	0.20 ~ 0.30	1.45 ~ 1.75	0.02 ~ 0.08	0.0005 ~ 0.0006	≤0.030	—	≤0.03
T/P24	0.20 ~ 0.31	—	—	0.0015 ~ 0.0070	≤0.012	—	≤0.02

（2）钢材力学性能

T/P23、T/P24 钢力学性能和 T/P22 钢对照表，见表

2-8。

表 2-8　　T/P22、T/P23、T/P24 钢材常温力学性能和设计高温许用应力

钢材	标　准	屈服强度(MPa)	抗拉强度(MPa)	延伸率(%)	硬度(HB)	设计许用应力(MPa)(仅供参考)		
						550℃	600℃	620℃
T/P22	ASTM SA213/335	205	415	30	163	45	23	21
T/P23	ASTM SA213/335	400	510	20	220	87	56	(35)
T/P24	ASTM SA213	450	585	17	250	95	39	—

（3）制造工艺特点和加工性能适应度

1）制造工艺特点：①采用现代化钢熔炼工艺，残留的有害元素被严格控制，大大提高了钢材的纯净度和高温力学性能。②通过特殊的轧制和热处理工艺，进一步提高了冲击韧性和高温蠕变断裂强度。

2）加工性能适应度：①通过降低含碳量，降低了焊接接头焊缝区和热影响区金属硬度（＜HV350），改善焊接性能。②这类钢材的常温强度和硬度比较低，冲击韧性比较高，冷、热加工性能比较好，可以进行冷、热弯管和中频弯管加工。

50. T/P23、T/P24 钢的应用范围是什么?

（1）由于其蠕变断裂强度比较高，可降低管道和受热面管子的壁厚，减轻管道重量和运行热应力，有利于节约钢材和大大提高电站锅炉的安全使用寿命以及降低制造投资费用。

（2）根据这类钢材的特性，其更具备在工作温度和高温强度要求都比较高、抗蒸汽和烟气腐蚀环境下工作的能力，更适用于制造高温、高压条件下工作的超临界、超超临界电站锅炉的膜式水冷壁、过热器、集汽联箱和管道上。

（3）推荐的工作温度可达 575℃。

51. 什么叫耐候钢？

所谓耐候钢就是指耐大气腐蚀钢。耐候钢是在钢中加入少量的合金元素，如铜、铬、镍、钼、铌、钛、锆、钒等，使其在金属表面形成保护层，以提高钢材的耐候性能。其主要特点是：焊接性能好；强度高；表面可不使用涂料，耐大气腐蚀性好；适用代替露天使用的碳素钢件，如桥梁、锅炉部件等。

52. WB36 钢的特性和应用范围是什么？

我国 20 世纪 80 年代初在锅炉制造上应用过此钢种，WB36 钢由于加入了多种微量合金元素是一种细晶粒、高强度钢。WB36 钢的焊接性能比 BHW35 钢好，在电站汽包用钢中有以 WB36 钢代替 BHW35 钢的趋势。WB36 钢的力学性能好，其屈服强度为 ≥440MPa；抗拉强度为 610～780MPa；延伸率 ≥18%；冲击功 ≥31J。

WB36 钢目前多应用于电站设备主给水管道上，15NiCuMoNb5 钢即为 WB36 钢。

53. 什么是高铬热强钢？它的性能和用途怎样？

高铬热强钢是以 12% 铬为基的合金钢。它由于加入了强化元素，具有较好的组织稳定性和良好的工艺性能，可用于温度 600～620℃的高参数和超高参数的过热器管和蒸汽管道，如 X 20CrMoV121（德国）和 HT9（瑞典）。

54. 新型钢材研发和应用的目的是什么？

为提高火力发电机组效率、节约能源、保护环境，电站锅炉朝着大容量、高参数方向发展，而提高蒸汽温度在很大程度上取决于耐热钢的发展，过去锅炉高温段部件采用过奥氏体不锈钢，但因其价格昂贵、导热系数低、线膨胀系数大和有应力腐蚀裂纹倾向等缺点，不可能大量应用，急需开发适应高温蒸汽参数的锅炉用热强钢。

经过 30 多年的反复试验研究，目前推出了 9Cr－1Mo 钢改进型的 T/P91、T/P92 钢。当蒸汽温度超过 600℃、压力超过 25MPa 的大型火力发电厂，在许多不能使用较重厚壁管的情况下，T/P91、T/P92 新型钢种是最适当的选择，尤其 T/P92 钢更具有优越性。

55. T/P91 钢的特性是什么？

T/P91 钢是在 9Cr－1Mo 钢的基础上，研制改进而成的新型钢种，与 9Cr－1Mo 钢相比较，有二个不同特点：即在化学成分含量上与轧制工艺上有些不同。从化学成分看，T/P91 钢与 9Cr－1Mo 钢的差别，仅在于 C、S、P 含量的减少和作为微合金化元素微量增加了 Nb、V、N 等强烈形成碳化物元素；从轧制工艺看，采取了控轧、形变热处理和控冷等工艺手段。因此，两者强化机理有原则不同，9Cr－1Mo 钢主要是依靠固溶强化和沉淀强化取得高温和常温强度，而 T/P91 钢除了固溶强化和沉淀强化外，还通过微合金化和工艺控制，获得高密度位错和高度细化的晶粒，使其不但具有较高的蠕变断裂强度和冲击韧性，同时，其焊接性比 9Cr－

1Mo 钢也得到了极大地改善。

56. T/P92 钢的特性是什么?

T/P92 钢是在 T/P91 钢的基础上，通过化学成分更加严格地调整，将含碳量保持在一个较低的水平，加入钨（1.7%）、减少钼（0.5%）和增加微量的硼，以调整金属组织之间的平衡，而开发的新型钢种。在冶炼上，通过钼、钨等元素的固溶强化和钒、铌、碳的氧化物析出沉淀强化作用，钢材的蠕变断裂强度有显著改善。同时，在轧制上采取控轧、控冷和形变热处理等工艺手段，获得高密度位错和高度细化的晶粒，使其具有较高的蠕变断裂强度和冲击韧性。

57. T/P91、T/P92 钢的化学成分和力学性能怎样?

T/P91、T/P92 钢的化学成分，见表 2 - 9；力学性能和设计温度许用应力，见表 2 - 10。

表 2 - 9   **T/P91、T/P92 钢材化学成分表**   %

钢 材	C	Si	Mn	P	S	Ni	Cr	Mo
T/P91	0.08 ~ 0.12	0.20 ~ 0.50	0.30 ~ 0.60	≤0.020	≤0.010	≤0.40	8.00 ~ 9.50	0.85 ~ 1.05
T/P92	0.07 ~ 0.13	≤0.50	0.30 ~ 0.60	≤0.020	≤0.010	≤0.40	8.50 ~ 9.50	0.30 ~ 0.60

钢 材	W	Cu	V	Nb	Al	B	N
T/P91	—	—	0.18 ~ 0.25	0.06 ~ 0.10	≤0.04	—	0.03 ~ 0.07
T/P92	1.50 ~ 2.00	—	0.15 ~ 0.25	0.04 ~ 0.09	≤0.04	0.001 ~ 0.006	0.03 ~ 0.07

表 2-10   T/P91、T/P92 钢材常温力学性能和
设计温度许用应力表

钢材	标　准	屈服强度(MPa)	抗拉强度(MPa)	延伸率(%)	硬度(HB)	设计许用应力(MPa)(仅供参考)					
						538℃	550℃	566℃	593℃	621℃	649℃
T/P91	SA213-A335	415	585	20	250	112	123	89	66	48	30
T/P92	SA213-A335	440	620	20	250	126	132	119	94	70	48

58. T/P91、T/P92 钢的应用范围是什么？

在提高发电机组运行参数、提高热效率的燃煤电厂中，由于 T/P91、T/P92 钢等材料允许锅炉可以在较高温度、压力参数下运行，从而提高了热效率，故得到了广泛应用。

（1）T/P91、T/P92 钢可应用于锅炉的过热器、再热器等部件，T/P91 钢适用温度为 560℃；T/P92 钢适用温度为 580℃，最高为 600℃。T/P91、T/P92 钢也可应用于锅炉外部的蒸汽管道和联箱上，T/P91 钢应用温度可达 610℃；T/P92钢应用温度可达 625℃。

（2）T/P91、T/P92 钢与 P22 钢相比，由于具有较高的抗蠕变断裂强度和抗氧化性能，可使管道和联箱的壁厚大大减小（依温度不同，最高可减小 50%），除节约材料外，还可大大减小热应力和疲劳断裂现象，如设计参数得当，是当前替代 P22 钢、奥氏体不锈钢的最佳材料。

59. 电站常用钢材的金属组织转变温度为何？

经过相关资料的查询，现将电站常用钢材的金属组织转变温度列表，见表 2-11，供需用参考。

表 2-11　　　　　电站常用钢材金属组织转变温度表

钢　　材	加热（℃）		冷却（℃）		马氏体（℃）	
	A_{C1}	A_{C3}	A_{r1}	A_{r3}	M_s	M_f
20	735	855	680	835	—	—
16Mn	736	849 ~ 867	—	—	—	—
15MnV	700 ~ 720	830 ~ 850	635	780	—	—
12CrMo	720	880	695	790	—	—
15CrMo	745	845	—	—	—	—
WB36（15NiCuMoNb5）	725	870	—	—	—	—
12Cr₁MoV	774 ~ 805	882 ~ 914	761 ~ 787	830 ~ 895	—	—
T/P23	800 ~ 820	960 ~ 990	—	—	—	—
T/P24	800 ~ 820	960 ~ 990	—	—	—	—
12Cr₂MoWVB	812 ~ 830	900 ~ 930	736 ~ 785	836 ~ 854	—	—
T/P91	800 ~ 830	890 ~ 940	—	—	400	100
T/P92	800 ~ 835	900 ~ 920	—	—	400	100

60. T/P122 钢的特性和应用范围为何？

T/P122 钢最早的原型是德国含碳量为 0.12% 的 12% CrMoWV 钢，一般称为 X20 钢。T/P122 钢是在 T/P92 加钨钢种的基础上，通过提高铬的含量（11%）以改进材料的抗腐蚀性能而形成的新型钢材。其化学成分为：C0.07% ~ 0.14%，Si ≤ 0.5%，Mn ≤ 0.70%，P ≤ 0.020%，S ≤

0.010%，Ni ≤ 0.5%，Cr10.0% ～ 12.5%，Mo0.25% ～ 0.60%，W0.25% ～ 2.50%，Cu0.30% ～ 1.70%，V0.15% ～ 0.30%，Nb0.04% ～ 0.10%，Al ≤ 0.04%，B ≤ 0.005%，N0.04% ～ 0.10%。研制该钢材的主要目的是进一步提高钢材的工作温度。新型含铬 11% 的钢，由于含碳量约为 1%，具有良好的焊接性能，同时，为确保钢材的最佳抗蠕变断裂性能，添入了钒、铌、氮等元素，如日本的 HCM12A、美国 ASMEP122 等类型的钢材，都是循此而研制的。

由于此类钢材存在着形成 δ 铁素体敏感性问题，为此，在 T/P122 钢中加入了 1% 铜，以控制这种趋势。另外，有些 11% 铬钢中，还加入了 3% 钴，除控制 δ 铁素体敏感性外，还使该钢材比改进后的 9Cr 类钢材有更高的抗蠕变断裂性能。这类钢材不仅提高了抗热疲劳性能，也更适应苛刻的环保规定要求。钢材性能的改善和提高，允许电站能在更高温度下工作，充分提高其热效率，并降低二氧化碳排放量，是今后大型火力发电机组用钢应考虑的材料。

61. 什么是不锈钢？可分哪几类？

在腐蚀介质中具有高的抗腐蚀性能的钢，称为不锈钢。不锈钢具有抵抗空气、水、酸、碱溶液或其他介质腐蚀的能力。

不锈钢可分为铬不锈钢和铬镍不锈钢两大类。

（1）铬不锈钢

铬在不锈钢中的含量一般在 12% ～ 28% 之间，如 0 铬 13、1 铬 13、2 铬 13、3 铬 13、铬 17、铬 28 等。为了提高钢的性能，常加入少量其他合金元素，如铬 17 钛，铬 25 钛等。含铬 13% 的钢，800℃ 时仍具有良好的抗氧化能力，故铬 13 类钢可用来制造汽轮机叶片和阀门等。

（2）铬镍不锈钢

铬和镍配合使用，使钢得到均一单相（奥氏体）组织。具有较高的抗腐蚀能力。工业上应用最广的有 18 – 8 型铬镍不锈钢，即含铬为 18%，镍为 8%的钢，如 0 铬 18 镍 9、1 铬 18 镍 9 钛等；还有铬镍含量更高的并加有其他合金元素的钢种，如铬 18 镍 12 钼 2 钛、铬 25 镍 20 等。

62. 铸铁可分哪几类？它的应用情况怎样？

铸铁具有良好的铸造性、耐磨性、切削加工性、减振性等，而且价格低廉，所以是一种常用的金属材料。

根据碳在铸铁中存在的状态和形式不同，铸铁可分为白口铸铁、灰口铸铁、球墨铸铁及可锻铸铁。

（1）白口铸铁：其中碳几乎以渗碳体（Fe_3C）的状态存在，断口呈白亮色，白口铸铁性质脆硬、渗碳体硬度达 HB800，冷加工极为困难，焊接性能较差。

（2）灰口铸铁：碳以片状石墨存在，基体为铁素体、珠光体或铁素体加珠光体，具有良好的力学性能和切削加工性，是目前工业上应用最多的一种铸铁。

（3）可锻铸铁：是由白口铁经石墨化退火而得到。其中，大部或全部碳以团絮状的石墨存在。它的强度比灰口铸铁高，又具有良好的铸造性能。因此适于制造汽车、拖拉机的后桥壳、轮壳和曲轴、连杆等。

（4）球墨铸铁：其中大部或全部碳以自由状态的球状石墨存在。它的强度要比相同成分的灰口铸铁高 2 ~ 3 倍，可用于大功率柴油发动机的曲轴，燃气轮机的低压缸，中压阀门。

63. 常用的锅炉钢板有哪些？常用的锅炉钢管有哪些？怎样选用？

用于锅炉受压元件的钢板选用见表 2 – 12；

用于锅炉受压元件的钢管选用见表 2 – 13。

表 2 – 12　　　　　　　　　锅炉用钢板

钢的种类	钢　号	标准编号	适　用　范　围	
			工作压力（MPa）	壁温（℃）
碳素钢	Q235 – A, Q235 – B	GB700	≤1.0	①
	Q235 – C, Q235 – D	GB3274		—
	15，20	GB710，GB711 GB13237	≤1.0	—
	20R②	GB6654 YB（T）40	≤5.9	≤450
	20g 22g	GB713 YB（T）41	≤5.9③	≤450
合金钢	12Mng，16Mng	GB713 YB（T）41	≤5.9	≤400
	16MnR②	GB6654 YB（T）40	≤5.9	≤400

① 用于额定蒸汽压力超过 0.1MPa 的锅炉受压元件时，元件不得与火焰接触。

② 应补做时效冲击试验合格。

③ 制造不受辐射热的锅筒（锅壳）时，工作压力不受限制。

表 2 – 13　　　　　　　　　锅炉用钢管

钢的种类	钢　号	标准编号	适　用　范　围		
			用　途	工作压力（MPa）	壁温（℃）
碳素钢	10，20	GB8163	受热面管子	≤1.0	
			集箱、蒸汽管道		
	10，20	GB3087	受热面管子	≤5.9	≤480
		YB（T）33	集箱、蒸汽管道		≤430
	20G	GB5310	受热面管子	不限	≤480
		YB（T）32	集箱、蒸汽管道		≤430①

续表

钢的种类	钢　号	标准编号	适用范围		
			用　途	工作压力（MPa）	壁温（℃）
合金钢	12CrMoG	GB5310	受热面管子	不限	≤560
	15CrMoG		集箱、蒸汽管道		≤550
	12Cr1MoVG		受热面管子		≤580
			集箱、蒸汽管道		≤565
	12Cr2MoWVTiB	GB5310	受热面管子		≤600②
	12Cr3MoVSiTiB				

① 要求使用寿命在 20 年内，可提高至 450℃。
② 在强度计算考虑到氧化损失时，可用到 620℃。

64. 国内外常用钢管牌号有哪些?

国内外常用钢管牌号对照见表 2 - 14。

表 2 - 14　　　　　　国内外常用钢管牌号对照表

钢　种	中国	前苏联	德国	美国	日本
0.1C	10	10	St35.8		StB35
0.2C	20	20	St45.8		StB42
C - 0.3Mo			15Mo3		
C - 1/2Mo	16M	16Mo	16Mo5	P1	StBA12
1/2Cr - 1/2Mo	12CrMo	12MX		P2	
1Cr - 1/2Mo	15CrMo	15MX	13CrMo44	P12	StBA22
Cu - Ni - Mo		WB36		15NiCnMoN65	
$1\frac{1}{4}$Cr - 1/2Mo			22CrMo4	P11	StBA23
2Cr - 1/2Mo				T36	
$2\frac{1}{4}$/Cr - 1Mo		12X2M1	10CrMo910	P22、P23、P24	StBA24
2Cr - Mo - W - V - B	12Cr2Mo WVB				
3Cr - 1Mo				P21	
7Cr - 1/2Mo				P7	
9Cr - 1Mo			X10CrMoVN69 - 1 X10CrMoVN69 - 2	P9、P91、P92	StBA28
1/2Cr - 1/2Mo - V	12CrMoV	12XMφ	14CrMoV63		
1Cr - 1/2Mo - V	12Cr1MoV	12X₁Mφ	13CrMoV42		
1Cr - 1Mo - V		15X₁M₁φ			
2Cr - Mo - V - Si			10CrSiMoV7		
12 - Cr1MoV		Эи756	F11	C - 422	StBA26
"			F12	TAF、P122	HCM12A

续表

钢 种	美 国	瑞 典	波 兰	法 国	捷 克
0.1C	HFS23	2S	K10	A35	12021
0.2C	HFS27	4L7	K18	A45	12022
C－0.3Mo				1503	15021
C－1/2Mo		3M01	16M		
1/2Cr－1/2Mo				15CD2－05	15120
1Cr－1/2Mo	HF620	HT5	15HM	13CD4－04	15121
Cu－Ni－Mo	15NiCuMoNb5				
$1\frac{1}{4}$Cr－1/2Mo	HF621			15CD5－05	
2Cr－1/2Mo					
$2\frac{1}{4}$Cr－1Mo	HF622	HT8	10H$_2$M	15CD9－10	15313
2Cr－Mo －W－V－B					
3Cr－1Mo					
7Cr－1/2Mo					
9Cr－1Mo	91	HT7		Z10CD9 Z10CDVNb09 －01	
1/2Cr－1/2Mo －V					1512B
1Cr－1/2Mo－V			12HMF		
1Cr－1Mo－V					
2Cr－Mo－V－Si					
12－Cr1MoV					17121
〃		HT9			ARM－10

65. 为什么锅炉钢管要规定最高使用温度？

钢管的最高使用温度是由钢中合金元素的含量而定的。因为钢中的合金元素（如铬、钼、钒、硼、稀土等），可以提高钢的热强性和热稳定性，而保证了高温下钢管的性能。例如：从碳钢到低合金钢，合金元素加入量不大于5％，使用温度从 500℃ 提高到 570℃，增加了 70℃；若合金元素加入量从 5% 增至 15%，使用温度从 570℃ 提高到 650℃，又增加了 80℃。因此，合金元素含量已定的钢管，它的最高使用温度也就定了。

66. 锅炉高温零部件有哪些？通常选用什么钢材？

高温零部件包括：吊架、管夹、定位板等，它用来固定炉内的受压元件。吹灰器在 1000℃ 左右温度下工作，也算高温部件。

高温零部件在高温烟气中工作，例如过热器吊架在 900～1050℃ 左右的烟气中工作，并承受整个过热器组件的重量，因此，选用有一定高温强度的耐热不起皮钢来制造。零部件用钢及其应用范围见表 2 - 15。

表 2 - 15　　　　高温零部件用钢及其应用范围

钢　　号	技术标准	最高使用温度（℃）	应　　用
1Cr6Si2Mo 4Cr9Si2 1Cr18Ni9Ti	GB1221—1975	≤600 750～800 ≤800	定位板、省煤器管夹等 吊架 吊耳、吹灰管、吹灰器喷嘴及封板
2Mn18Al5SiMoTi	推荐钢种	≤850	管夹、定位板等
3Cr18Mn12Si2N 2Cr20Mn9Ni2Si2N	G B1221—1975	≤900 850～1100	过热器吊架、定位板等
1Cr25Ti 1Cr20Ni14Si2 1Cr25Ni20Si2		1000～1100 1000～1050 约 1000	吊架、吹灰器管等 吊耳、卡板、定位板、管夹等 吹灰器喷嘴

67. 电站用的铸钢件有哪些？应用范围怎样？

电站用的铸钢件主要有汽缸和阀门。它们在特定的温度和压力下工作，由于各部位厚度不均匀和结构形状复杂，在铸件内部产生温差应力和应力集中而形成裂纹。因此，铸件用钢要求有足够的抗热疲劳性能和良好的铸造工艺性能。

铸件用钢及其应用范围见表2－16。

表 2－16　　　　　铸件用钢及其应用

钢　号	最高使用温度（℃）	应　　　用
ZG25	≤400	汽缸、隔板、阀门
ZG35	室温	要求强度较高的一般构件
ZG22Mn	≤450	汽轮机的前汽缸、蒸汽室等
ZG20CrMo	≤510	汽轮机的前汽缸、蒸汽室、主汽阀、隔板等
ZG20CrMoV	≤540	汽轮机高、中压缸、喷嘴室、主汽阀等
ZG15Cr1Mo1V	≤570	
ZG15CrMoVTiB		
ZG1Cr14Ni14Mo2WNb	≤600	燃气轮机精铸静叶片

68. 汽轮机叶片常用钢种有哪些?

汽轮机叶片的作用是将高温、高压蒸汽的热能转变为机械能。处于拉应力、扭应力和弯曲应力下工作，由于气流脉动的影响而产生振动，使叶片承受交变载荷。在湿蒸汽区工作的叶片还会产生电化学腐蚀和水滴冲刷磨损。因此，叶片用钢要求良好的抗振性、耐蚀性、耐磨性和一定的强度、塑性、韧性，在温度高于400℃以上时，还要求良好的持久强度、持久塑性和蠕变极限等。叶片用钢及其应用范围见表2－17。

表 2-17　　　　　　　　叶片用钢及其应用范围

钢　　号	最高使用温度（℃）	应　　用
25Mn2V 20CrMo	≤450	中压汽轮机压力级叶片
15MnMoVCu 1Cr13 2Cr13		饱和蒸汽区的各级叶片 复速级及其他几级动、静叶片 后几级动叶片
1Cr11MoV	≤540	高压汽轮机复速级及高温区动、静叶片
1Cr12WMoV	≤580	
Cr12WMoNbVB	≤600	高压汽轮机喷嘴汽叶、动叶片和围带

69. 汽轮机转子、主轴的常用钢种有哪些?

转子、主轴是汽轮机中的重要部件之一。它在高速旋转下，承受弯矩和扭矩交变应力与热应力。

转子和主轴的材料要求优质和力学性能均匀一致，内部残余应力要小，并有足够的强度、韧性和塑性储备。在高温下工作时，还要求具有一定的持久强度、蠕变极限、抗氧化性和耐腐蚀性。

转子和主轴锻件分为九类。35 号钢和 45 号钢仅用于中压以下，强度要求较低的主轴；27 铬 2 钼 1 钒钢用于工作温度 535℃以下的高、中压整段转子；17 铬钼 1 钒钢用于 12.5 万 kW 和 30 万 kW 汽轮机低压焊接转子；18 铬锰钼硼钢用于工业汽轮机焊接转子；34 铬镍 3 钼钢和 26 铬 2 镍 4 钼钒钢用作大截面、高强度汽轮机低压整锻转子。5 万 kW 以下汽轮机主轴选用 34 铬镍 1 钼钢、34 铬镍 2 钼钢和 34 铬镍 3 钼钢等。

70. 工程上错用了钢材会产生什么后果？

错用钢材有两种情况：

（1）优材劣用　其后果，一般是造成浪费，如在室温下工作的零部件，用 20 钢就可以了，但错用了 12 铬 1 钼钒钢，两者屈服极限只差 10MPa，而价格相差很大。

另外，由于优材劣用，在选择焊接工艺时，不能满足优材的需要，也会造成优材劣用处焊接接头性能的低劣，甚至产生破断事故。

（2）劣材优用　其后果，一般是造成破断事故，如在 540℃下工作的零部件，应用 12 铬 1 钼钒钢而错用了 20 钢，由于 20 钢规定的最高使用温度为 500℃，它在 500℃以上即要开始剧烈的氧化而导致断裂。

焊 接 材 料

一、电 焊 条

1. 电焊条有什么作用？

电焊条（简称焊条）是在焊芯周围均匀地涂以一定厚度的药皮用于手工电弧焊的焊接材料（见图 3－1）。它的用途是作电极传导焊接电流和作焊缝的填充金属。

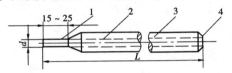

图 3－1　焊条

1—夹持端；2—焊芯；3—药皮；4—引弧端

2. 什么叫电焊条的偏心度？如何计算？

焊条的偏心度指焊条药皮沿焊芯直径方向偏心的程度。可按下式计算

$$偏心度（\%）= \frac{\delta_1 - \delta_2}{D} \times 100\%$$

式中　　δ_1——焊条任一断面处药皮层最大厚度；

　　　　δ_2——焊条同一断面处药皮层最小厚度；

　　　　D——焊条同一断面处药皮层外径。

3. 焊条为什么要涂药皮？

焊条药皮在焊接过程中有许多重要的作用：

（1）保证电弧稳定燃烧；

（2）保护熔化金属，防止空气侵入；

（3）可以在焊接过程中除氧、脱硫；

（4）向焊缝中渗入合金元素；

（5）使焊缝成形美观。

4. 焊条药皮中有哪些组成物？各起什么作用？

焊条药皮中的组成物及其作用是：

（1）稳弧剂：如碳酸钾、碳酸钠、长石、大理石、钠水玻璃和钾水玻璃等。作用是便于引弧和提高电弧燃烧的稳定性。

（2）脱氧剂：如锰铁、硅铁、钛铁、铝铁、石墨等。作用是减少焊缝金属的氧化物。

（3）造渣剂：如大理石、萤石、菱苦土、长石、花岗石、钛铁矿、赤铁矿、钛白粉、金红石等。作用是形成熔渣，保护熔池和已焊成的焊缝金属，防止有害气体的侵入，并对改善焊条的工艺性能、焊接冶金效果均有重大的作用。

（4）造气剂：如淀粉、木屑、纤维素、大理石等。作用是对焊接区形成封闭的气体保护层，以防止外界气体的侵入。

（5）合金剂：如锰铁、硅铁、钛铁、铬铁、钼铁、钨铁、钒铁、石墨等。作用是增补焊缝金属所需的合金成分。

（6）稀渣剂：如萤石、精选钛矿、钛白粉、锰矿等。作用是稀释熔渣黏度，增强熔渣的流动性。

（7）黏结剂：如钾水玻璃、钠水玻璃等。作用是将药皮牢固地涂覆在焊芯上。

5. 什么叫焊条的型号和牌号？

型号是国家标准对焊条的统一编号。主要特点是：

（1）区分各种焊条，熔敷金属的力学性能、化学成分、药皮类型、焊接位置和焊接电流种类。

（2）凡是标有型号的焊条，其技术要求、合格指标、检验方法等都应符合国家标准的规定。

（3）焊条的基本要求必须满足国家标准的规定。

牌号是焊条生产厂家对该厂生产的每种焊条标出的特定编号。主要特点是：

（1）区分不同焊条的熔敷金属的力学性能、化学成分、药皮类型和焊接电流种类。

（2）与型号相比，牌号中没有区分焊接位置的编号，但增加了特殊性能的符号（如超低氢、打底用、立向下用等）。

6. 结构钢焊条型号的编制方法怎样？

结构钢（碳钢及低合金钢）焊条型号编制方法如下：

碳钢焊条字母"E"表示焊条；前两位数字表示熔敷金属抗拉强度的最小值，单位为 MPa；第三位数字表示焊条的焊接位置，"0"及"1"表示焊条适用于全位置焊接，"2"表示焊条适用平焊及平角焊；第三位和第四位数字组合时表示焊接电流种类及药皮类型。

在低合金钢焊条型号编制中，又附加下列编制方法：后缀字母为熔敷金属的化学成分分类代号，并以短划"－"与前面数字分开，如还有附加化学成分时，附加化学成分直接用元素符号表示，亦以短划"－"与前面后缀字母分开。

编制方法举例如下：

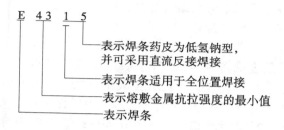

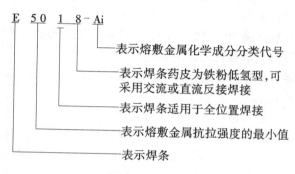

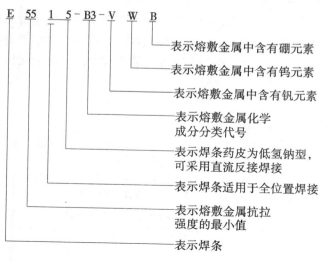

7. 不锈钢焊条型号是如何编制的？

不锈钢焊条型号编制方法如下：

(1) 字母"E"表示焊条；

(2) 熔敷金属含碳量用"E"后的一位或二位数字表示。具体含意为：① "00"表示含碳量不大于 0.04%；② "0"表示含碳量不大于 0.10%；③ "1"表示含碳量不大于 0.15%；④ "2"表示含碳量不大于 0.20%；⑤ "3"表示含碳量不大于 0.45%。

(3) 熔敷金属的含铬量以近似值的百分之几表示，并以短划"–"与表示含量的数字分开。

(4) 熔敷金属含镍量以近似值的百分之几表示，并以短划"–"与表示含量的数字分开。

(5) 若熔敷金属中含有其他重要合金元素，当元素平均含量低于 1.5% 时，型号中只标明元素符号，而不标注具体含量；当元素平均含量等于或大于 1.5%、2.5% ……时，元素符号后面相应标注 2、3、4 ……等数字。

(6) 焊条药皮类型及焊接电流种类在焊条型号后面附加如下代号表示：① 后缀 15 表示焊条为碱性药皮，适用于直流反接焊接；② 后缀 16 表示焊条为碱性药皮，适用于交流或直流反接焊接。

举例如下：

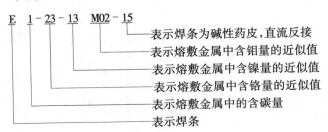

E 1 – 23 – 13 M02 – 15
表示焊条为碱性药皮,直流反接
表示熔敷金属中含钼量的近似值
表示熔敷金属中含镍量的近似值
表示熔敷金属中含铬量的近似值
表示熔敷金属中的含碳量
表示焊条

8. 焊条牌号是怎样编制的?

　　焊条牌号编制是在牌号前加汉字，表示焊条的大类；汉字后面的三位数字中，前面两位数字表示各大类中的若干小类，第三位数字表示焊条的药皮类型和使用的电流种类。牌号末尾的汉字表示特殊的性能和用途。

　　例如：

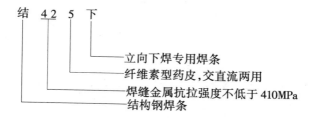

结　4 2　5　下
　　　　　　└── 立向下焊专用焊条
　　　　└── 纤维素型药皮,交直流两用
　　└── 焊缝金属抗拉强度不低于410MPa
└── 结构钢焊条

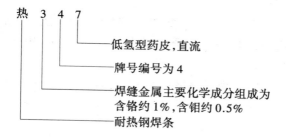

热　3　4　7
　　　　　└── 低氢型药皮,直流
　　　└── 牌号编号为4
　　└── 焊缝金属主要化学成分组成为
　　　　含铬约1%,含钼约0.5%
└── 耐热钢焊条

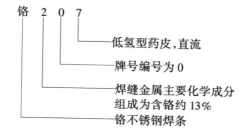

铬　2　0　7
　　　　　└── 低氢型药皮,直流
　　　└── 牌号编号为0
　　└── 焊缝金属主要化学成分
　　　　组成为含铬约13%
└── 铬不锈钢焊条

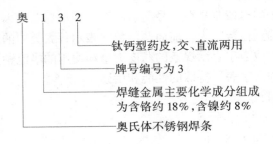

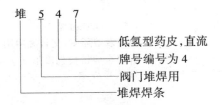

9. 焊条药皮有几种类型？对焊接电源有什么要求？

按药皮的组成物，药皮共分十类，以 0～9 数字表示，含义如下：

0——不属规定的类型，焊接电源不规定；

1——氧化钛型，药皮以金红石或钛白粉为主（如结421），交、直流两用；

2——钛钙型，药皮以氧化钛及钙或镁的碳酸盐为主（如结422），交、直流两用；

3——钛铁矿型，药皮以钛铁矿为主（结423），交、直流两用；

4——氧化铁型，药皮以氧化铁和锰铁为主（结424），交、直流两用；

5——纤维素型，药皮以纤维素为主（如结425下），交、直流两用；

6——低氢型，药皮以大理石、萤石和其他稳弧剂为主（如结426），交、直流两用；

7——低氢型，药皮以大理石、萤石为主（如热317），直流；

8——石墨型，药皮以石墨为主（如铸308），交、直流两用；

9——盐基型，药皮以氯化盐和氟化盐为主（如铝209），直流。

10. 什么叫酸性焊条和碱性焊条？它们有何区别？

含有较强氧化物（如二氧化硅、氧化钛等）药皮成分的焊条，叫酸性焊条；含有大量碱性物（如大理石、萤石）药皮成分的焊条，叫碱性焊条。它们的区别是：

酸性焊条工艺性能好，成形美观，对铁锈、油脂、水分等不敏感，吸潮性不大，用交、直流焊接电源均可；其缺点是脱硫、除氧不彻底，抗裂性差，力学性能较低。

碱性焊条抗裂性好，脱硫、除氧较彻底，脱渣容易，焊缝成形美观，力学性能较高；其缺点是吸潮性较强，抗气孔性差，一般只能用直流，但若在药皮中加入适量稳弧剂，则用交、直流均可。

11. 为什么碱性焊条又叫低氢型焊条？

酸性焊条药皮中用有机物作造气剂（如面粉、糊精等），氢气较多；而碱性焊条药皮中采用大理石，在电弧燃烧过程中被分解，放出二氧化碳作为造气剂，其含氢量很少，故它又叫低氢型焊条。

12. 焊条合金成分过渡到焊缝金属中去的方式有哪几种?

焊条中的合金成分过渡到焊缝金属中去的方式有两种:药皮过渡和焊芯过渡。

药皮过渡:采用低碳钢焊芯,而药皮中加入合金元素。这种方式对焊缝合金成分调整方便,生产成本低;但焊缝合金成分不均匀,合金烧损量较大,并且药皮原料加工较困难。

焊芯过渡:采用合金钢焊芯,而药皮中不加合金剂或少加合金剂。这种方式合金烧损少,焊缝成分均匀;但生产成本较高,焊芯品种繁多,供应较困难。

13. 电焊条是怎样分类的?

电焊条可分为 10 大类:

(1) 结构钢焊条,主要用来焊接低碳钢和低合金高强钢。

(2) 钼和铬钼耐热钢焊条,主要用于焊接珠光体耐热钢。

(3) 不锈钢焊条,主要用于焊接不锈钢和热强钢。

(4) 低温钢焊条,此类焊条的熔敷金属具有不同的低温工作能力,主要用于焊接各种在低温条件下工作的结构。

(5) 堆焊焊条,主要用于获得具有红硬性、耐磨性、耐蚀性的堆焊层。

(6) 铸铁焊条,主要用于补焊铸铁件。

(7) 镍及镍合金焊条,主要用于焊接镍及其合金,有时也用于堆焊、焊补铸铁、焊接异种金属等。

(8) 铜及铜合金焊条,主要用于焊接铜及其合金,异种金属、铸铁等。

（9）铝及铝合金焊条，主要用于焊接铝及其合金。

（10）特殊用途焊条。

14. 怎样正确选用焊条？

选用焊条的原则是：

对于结×××焊条，按钢材的强度等级选用。同种钢焊接按等强原则选用；异种钢焊接，按强度较低一侧的钢材选用。对易产生裂纹的钢（如中碳钢、铸钢等）宜选用碱性焊条。

对于热×××焊条，按钢材的化学成分和工件的工作温度选用。薄壁工件（如受热面管子），可选用碱性或酸性焊条。厚壁工件（如汽、水道管），应选用碱性焊条。同类异种钢焊接，按化学成分较低一侧的钢材选用。

对于奥×××焊条，用于焊接铬镍不锈钢时，按钢材的化学成分、不同工作温度下的腐蚀介质合理地选用；用于焊接复合钢板时，按基层过渡层和复合层分别选用。例如：18－8低碳钢复合，基层（碳钢）按强度选用，复合层按化学成分选用。

对于堆×××焊条，按堆焊层要求和工件的工作状况选用。

对于铸×××焊条，按铸铁件焊后是否要切削加工，以及修补件的使用要求选用。例如：灰口铸铁补焊后不要求加工，可选用铸208、铸607；若表面需加工，则选用铸308、铸408、铸508。对球墨铸铁和高强度铸铁选用铸117等。

15. 焊条的外观检查包括哪些内容？

焊条的外观检查包括：

（1）焊芯有无锈蚀痕迹；

（2）药皮涂敷是否均匀，有无鼓包、偏心和机械损伤；

（3）焊条由 1m 高处自由落至钢板上时，药皮应无脱落、裂纹现象。

16. 如何检查焊条药皮是否受潮？

检查焊条药皮是否受潮的方法如下：

（1）用手同时搓动几根焊条，若发生清脆的声音，则说明焊条药皮不潮；若发出低沉的"沙沙"声，则说明药皮受潮。

（2）受潮焊条的焊芯两端有锈，药皮上有白霜。

（3）将焊条夹在焊钳上使之短路几秒钟，若药皮有水蒸气出现，则说明焊条药皮受潮。

（4）将焊条慢慢弯成 120°角，若有大片药皮掉下或表面没有裂缝，则焊条药皮受潮。未受潮的焊条在弯曲时有脆裂声，继续弯到 120°角时，受拉的一面出现小裂缝。

（5）在焊接过程中，若焊条药皮成堆往下掉或产生水蒸气，同时有爆裂的现象，则说明焊条药皮受潮。

17. 焊条的工艺性能有什么要求？评定内容是什么？

对焊条工艺性能的要求是：

（1）引弧容易，电弧燃烧稳定，飞溅小；

（2）药皮熔化均匀，无块状药皮脱落；

（3）熔渣的流动性适中，均匀覆盖在焊缝金属表面，易于脱渣；

（4）焊缝成形美观。

焊条工艺性能评定的内容是：

焊条熔化工艺性能评定应按 JB/T 8423 规程进行，评定项目有：电弧稳定性、焊缝脱渣性、再引弧性能、焊接飞溅率、熔化系数、焊条熔敷效率、焊接发尘量和焊条耗电量等。

电弧稳定性中的灭弧和喘息次数、熔化系数、焊条熔敷效率、耗电量等均可采用相应仪器进行测定。

18. 怎样保管焊条？

焊条的保管要防止错用和浪费。

（1）焊条必须集中管理，建立专用仓库，专人负责；

（2）库内要干燥并通风良好，相对湿度要求60％以下；

（3）焊条应分门别类地置于货架上，并用标签注明焊条型号、牌号、批号、规格和数量；

（4）焊条合格证明书应妥善保存，以便备查；

（5）库内设有烘箱，以便分类烘焙，随用随烘；

（6）建立焊条领用制度和必要的台帐。

19. 存放焊条的库房条件和管理有哪些要求？

（1）库房存放条件

1）温度及湿度的规定：室内温度为5℃以上；相对湿度不超过60％。

2）对容易吸潮而导致失效的焊条，存放时应有防潮措施。

3）存放应按品种、型号、牌号、批号、规格、入库时间等分类码放，并有明显的标志。

（2）定期检查

定期对库房存放的焊条进行检查，并将检查结果作出书面记录，发现问题应会同有关部门及时处理。

（3）焊条出库

焊条出库时应按规定的制度登记发放，作好具有追溯性的记录，以备查阅。

20. 焊条存放的有效期是否有规定？

有规定。存放有效期为自生产日期起至使用时间是：

（1）酸性焊条及防潮包装良好的低氢型焊条为两年。

（2）石墨型焊条及其他焊条为一年。

21. 超期焊条应如何处理？

超期焊条应经有关职能部门鉴定后，根据具体情况分别处理。

（1）对于存放较好、表面检查无特殊迹象的超期焊条，一般先经外观检查及熔化工艺性能试验，正常者，再经断口和化学成分复验，如焊条熔化后熔敷金属内未产生影响质量的缺陷和化学成分正常者，可由焊接责任工程师确定其应用范围；如未达到这一要求者，应降级使用。

（2）对于严重受潮、变质的超期焊条，应经过有关职能部门进行必要的全面检验，根据结果作出降级或报废处理的决定，同时，对其使用范围进行严格控制。

22. 焊接材料为什么必须设专人管理？

为防止由于管理不善错用焊材而发生质量事故，确保焊材的正确和合理使用，对焊材的烘干、保管、发放和回收等工作均应设置专人管理。在专人管理的同时，焊接施工的各级管理人员亦应对焊材管理和使用进行必要的检查监督。

23. 对焊条的烘焙有哪些要求？

（1）焊条的烘焙温度和烘焙时间应严格地按照焊条说明书规定进行，常用焊条的烘焙温度和烘焙时间见表 3－1；

表 3－1　　　　　　常用焊条的烘焙规范

药皮类型	牌　号	结×××	热×××	铬××× 奥×××	堆×××	铸×××
钛钙型	×××2	150℃	150℃	150℃	150℃	
纤维素型	×××5	100~120℃				
低氢型	×××6 ×××7	300~400℃	350~450℃	250℃	250℃	150℃
石墨型	×××8	100℃				150℃

注　烘焙时间：低氢型为1h左右；其他型为1~2h。

（2）焊条的烘焙应按药皮类型分别烘焙；

（3）焊条不能多次反复地烘焙。

24. 焊条烘干时，应注意哪些问题？

（1）焊条烘干及保温时应严格按有关技术要求或制造厂提供的规范进行。

（2）烘干、保温的设施应有可靠的温度控制、时间控制和测量显示装置。

（3）焊条烘干时为有利于均匀受热和排除潮气，在烘干装置中应摆放合理。

（4）烘干时应注意防止因骤冷骤热而导致焊条药皮开裂或脱落。

（5）不同类型的焊条，除烘干规范相同、有明显区分标识者允许用炉烘干外，原则上应分别烘干。

（6）用于重要部件的焊条，反复烘干次数一般不应超过二次；用于一般部件的焊条，反复烘干次数最多不超过三次。

25. 焊条使用时，应注意哪些问题？

除验证焊条与部件要求相符外，还应注意：

（1）为保持焊条的干燥，对于碱性低氢型焊条，暴露于空气中的时间一般不得超过 4h，应置放于专用的保温筒内保存，随用随取。

（2）使用焊条应预估用量领取，尽量做到领用量差异不大，如有剩余应该回收，回收时应注意标记清楚、整洁、无污染，尤应注意各种焊条不得混淆在一起，并作登记。

26. 怎样计算焊条消耗量？

焊条消耗量可按下式计算：

$$Q = FL\gamma/K$$

式中　Q——焊条消耗量；

F——焊缝断面积；

L——焊缝长度（管口圆周长）；

γ——金属密度（焊芯）；

K——焊条利用率（%），碳钢、低合金钢为 50%，不锈钢为 57%。

27. 怎样估算钢板各种接头型式的焊条消耗量？

各种接头型式的焊条消耗量可按表 3-2 进行估算。

表 3－2　　　**每 10m 焊缝的焊条消耗量**　　　(kg/10m)

焊接接头型式	钢　板　厚　度　(mm)														
	4	5	6	8	10	12	14	16	18	20	22	24	26	28	30
	3.00														
	4.88	5.55	7.32	7.90											
			4.69	6.80	11.12	15.82	19.64	27.47	33.93	41.13					
			4.56	6.56	11.14	15.14	18.77	26.23	32.33	39.09					
						9.66	12.37	15.13	18.33	21.89	25.66	29.79	34.32	39.04	44.17
	2.25	3.17	4.23	6.67	11.27	15.22	19.73	24.8	30.43	36.63					
			5.12	7.68	12.16	16.82	24.16	33.24	38.15	46.69	55.57				

二、焊　丝

28. 焊丝起什么作用?

（1）只作填充金属：焊接时焊丝在外加热源作用下熔化成滴状，过渡到焊接熔池中，形成焊缝金属，如氧－乙炔焊、钨极氩弧焊等。

（2）作为电极和填充金属：在焊接过程中，焊件为一极，焊丝为另一极，用以传导电流，引燃电弧；同时填充熔池，形成焊缝金属。如焊条电弧焊、埋弧自动焊、电渣焊、熔化极气电焊等。

29. 焊丝是怎样分类的?

焊丝分类方法很多，但最常用的分类方法是按其适用的焊接方法分。

（1）按适用焊接方法分为埋弧焊焊丝、CO_2 焊焊丝、氩弧焊焊丝、电渣焊焊丝等。

（2）按其材质性质分为碳素结构钢焊丝、合金结构钢焊丝、不锈钢焊丝、有色金属焊丝和硬质合金焊丝。

30. 焊丝牌号是怎样编制的?

焊丝牌号的编制方法如下：

（1）焊丝牌号中第一个字母"H"表示焊接用焊丝。

（2）"H"后面的一位或两位数字表示该焊丝的含碳量。

（3）化学符号以其后面的数字表示该元素大致的百分含量，当合金元素含量小于 1% 时，该合金元素化学符号后面的数字可省略。

（4）结构钢焊丝牌号尾部标有"A"或"E"时，"A"表示优质品，说明该焊丝的硫、磷含量比普通焊丝低；"E"表示高级优质品，其硫、磷的含量更低。完整的焊丝牌号举例如下：

H08Mn2SiA （A 为优质，含 S、P≤0.030%）。

31. 什么叫药芯焊丝？其牌号是怎样编制的？

药芯焊丝是指由薄钢带卷成圆形钢管或异型钢管，同时在其中填满一定成分的药粉，经拉制而成的一种焊丝。

药芯焊丝牌号编制方法如下：

（1）药芯焊丝牌号的第一个字母"Y"表示药芯焊丝，第二个字母和后三位数字与焊条牌号编制方法相同。

（2）牌号中"–"后的数字表示焊接时的保护方法，见表 3–3。

（3）药芯焊丝有特殊性能和用途时，则在牌号后面加注起主要作用的元素或主要用途的字母（一般不超过二个字）。

表 3–3 保 护 方 法 表 示

牌　　号	焊接时的保护方法
YJXXX – 1	气保护
YJXXX – 2	自保护
YJXXX – 3	气保护、自保护两用
YJXXX – 4	其他保护形式

（4）举例

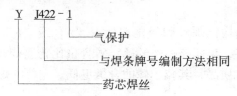

32. 碳钢焊丝中的化学元素有什么作用?

碳钢焊丝中各元素的作用是:

碳:是一个良好的脱氧剂,高温时与氧起化学反应生成一氧化碳和二氧化碳气体,从熔池中逸出,并将溶池周围的空气排开,以减少氧、氮对熔池的作用。但含碳量过高会使焊缝产生气孔,增加飞溅,降低塑性,增大热裂倾向。焊丝中含碳量一般为 0.08% ~ 0.15% 范围。

锰:是良好的脱氧剂和合金剂,它与硫化合成硫化锰,起到脱硫作用,从而减少因硫而产生的热裂倾向。锰作为合金元素掺于焊缝金属中,可提高焊缝的强度。焊丝中含锰量一般为 0.8% ~ 1.2%。

硅:是良好的脱氧剂,脱氧能力比锰强,可防止过烧。如含量过高,会增加飞溅,形成夹渣。焊丝中含硅量一般为 0.1% ~ 0.35%。

硫和磷:是有害的杂质,容易引起裂纹的产生。焊缝中含碳量越多,硫、磷的偏析越严重,裂纹倾向也越大。焊丝中硫、磷含量均小于或等于 0.03%。

33. 对气焊丝有哪些要求?

(1) 保证焊缝金属的化学成分和性能与母材金属相当;

(2) 焊丝表面光洁,无油脂、锈斑和油漆等污物;

（3）具有良好的工艺性能，流动性适中，飞溅小。

34. 耐热钢气焊所用焊丝应如何选择?

耐热钢气焊所用焊丝选择见表 3 – 4。

表 3 – 4　　　　　　焊 丝 选 择 表

母　材　钢　号	选用焊丝牌号
12CrMo	H08CrMo
15CrMo	H08CrMo、H13CrMo
12Cr1MoV	H08CrMoV
20CrMo	H08CrMoV
10CrMo910	H08Cr2Mo
12Cr2MoWVB	H08Cr2MoVNb
12Cr3MoVSiTiB	H08Cr2MoVNb

35. 常用的焊接用钢丝有哪些?

常用的焊接用钢丝及其化学成分见表 3 – 5。

36. 电力工业专用的氩弧焊丝是怎样编号的? 其化学成分如何?

（1）编号方法

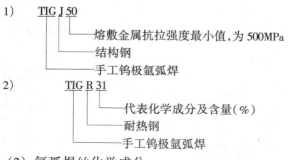

1)　TIG J 50
　　　　　　熔敷金属抗拉强度最小值,为 500MPa
　　　　　结构钢
　　　　手工钨极氩弧焊

2)　TIG R 31
　　　　　代表化学成分及含量(%)
　　　　耐热钢
　　　手工钨极氩弧焊

（2）氩弧焊丝化学成分

表 3-5 常 用 钢 丝

钢 种	焊丝型号	化 学 成		
		C	Mn	Si
碳 素 结构钢	H08	≤0.10	0.30～0.55	≤0.03
	H08A	≤0.10	0.30～0.55	≤0.03
	H08Mn	≤0.10	0.80～1.10	≤0.03
	H08MnA	≤0.10	0.80～1.10	≤0.03
	H15	0.11～0.18	0.25～0.65	≤0.03
	H15Mn	0.11～0.18	0.80～1.10	≤0.03
合 金 结构钢	H10Mn2	≤0.12	1.5～1.00	≤0.03
	H10MnSi	≤0.14	0.80～1.10	0.60～0.90
	H10MnSiMo	≤0.14	0.90～1.20	0.70～1.10
	H18CrMnSiA	0.15～0.22	0.80～1.10	0.90～1.20
	H30CrMnSiA	0.25～0.35	0.80～1.10	0.90～1.20
	H18CrMoA	0.15～0.22	0.40～0.70	0.15～0.35
	H12CrMo	≤0.12	0.40～0.70	0.15～0.35
	H12MoCr	≤0.12	0.40～0.70	0.15～0.35
	H12Mo	≤0.12	0.40～0.70	0.15～0.35
	HCr5Mo	≤0.12	0.40～0.70	0.15～0.35
	H08MnMoA	≤0.10	1.2～1.6	≤0.25
	H08Mn2MoA	≤0.10	1.4～1.7	≤0.25
	H08Mn2MoVA	≤0.10	1.4～1.7	≤0.25
	H10Mn2MoA	0.08～0.13	1.6～2.7	≤0.40
	H10Mn2MoVA	0.08～0.13	1.5～1.8	≤0.35
不锈钢	H0Cr14	≤0.08	0.30～0.70	0.30～0.70
	H1Cr13	≤0.15	0.3～0.6	0.3～0.6
	H2Cr13	0.16～0.24	0.3～0.6	0.3～0.6
	H0Cr18Ni9	≤0.06	1～2	0.5～1
	H1Cr18Ni9	≤0.14	1～2	0.5～1
	H0Cr18Ni9Si2	≤0.06	1～2	2.0～2.75
	H1Cr18Ni9Ti	≤0.10	1～2	0.3～0.70
	H1Cr18Ni9Nb	≤0.09	1～2	0.3～0.8
	HCr18Ni11Mo	≤0.05	1～2	0.3～0.7
	HCr22Ni15	≤0.12	1～2	0.5～1
	HCr25Ni13	≤0.12	1～2	0.3～0.7
	HCr25Ni20	≤0.15	1～2	0.2～0.5
	HCr15Ni13Mn6	≤0.12	5～7	0.4～0.9
	HCr20Ni10Mn6	≤0.12	5～7	0.3～0.7
	HCr20Ni10Mn6A	≤0.10	5～7	0.2～0.6
	HCrNi7Mn6Si2	≤0.12	5～7	1.8～2.6
	HCr25Mo2V2Ti	≤0.15	0.4～0.7	0.6～1
	HCr18Ni13Mo3MnSi	≤0.07	1～1.5	1～1.5

化 学 成 分 表

分 （%）

Cr	Ni	Mo	V
≤0.15	≤0.30		
0.10	0.25		
0.15	0.30		
0.10	0.25		
0.20	0.30		
0.20	0.30		
0.20	0.30		
0.20	0.30		
0.20	0.30	0.15～0.25	
0.80～1.10	0.30		
0.80～1.10	0.30		
0.80～1.10	0.30	0.15～0.25	
0.80～1.10	0.30	0.40～0.60	
0.45～0.65	0.30	0.40～0.60	
≤0.20	0.30	0.40～0.60	
4.0～6.0	0.30	0.40～0.60	
		0.30～0.50	
		0.45～0.65	
		0.45～0.65	0.05～0.12
		0.50～0.70	
		0.50～0.70	0.07～0.15
13～15	≤0.60		
12～14	≤0.60		
12～14	≤0.60		
18～20	8～10		
18～20	8～10		
18～20	8～10		
18～20	8～10		
18～20	9～11		
18～20	10～12	2～3	
19～22	14～16		
23～26	12～14		
24～27	17～20		
14～16	12～14		
18～22	9～11		
20～22	9～11		
18～21	6.5～8		
24～26	<0.6	2.4～2.6	2～2.5
16～19	11～14	2～3	

续表

钢　种	焊丝型号	化　学　成　分（%）		
		Ti	S	P
碳素结构钢	H08		0.04	≤0.04
	H08A		0.03	0.03
	H08Mn		0.04	0.04
	H08MnA		0.03	0.03
	H15		0.04	0.04
	H15Mn		0.04	0.04
合金结构钢	H10Mn2		0.04	0.04
	H10MnSi		≤0.03	0.04
	H10MnSiMo		≤0.03	0.04
	H18CrMnSiA		≤0.025	≤0.03
	H30CrMnSiA		≤0.025	≤0.03
	H18CrMoA		≤0.03	≤0.03
	H12CrMo		≤0.03	≤0.03
	H12MoCr		≤0.03	≤0.03
	H12Mo		≤0.03	≤0.03
	HCr5Mo		≤0.03	≤0.03
	H08MnMoA	0.05~0.15	≤0.03	≤0.03
	H08Mn2MoA	0.05~0.15	≤0.03	≤0.03
	H08Mn2MoVA	0.05~0.15	≤0.03	≤0.03
	H10Mn2MoA	0.05~0.15	≤0.03	≤0.03
	H10Mn2MoVA	0.05~0.15	≤0.03	≤0.03
不锈钢	H0Cr14		≤0.03	≤0.03
	H1Cr13		≤0.03	≤0.03
	H2Cr13		≤0.03	≤0.03
	H0Cr18Ni9		≤0.2	≤0.03
	H1Cr18Ni9		≤0.2	≤0.03
	H0Cr18Ni9Si2		≤0.2	≤0.03
	H1Cr18Ni9Ti	0.5~0.8	≤0.2	≤0.03
	H1Cr18Ni9Nb	Nb1.2~1.5	≤0.2	≤0.03
	HCr18Ni11Mo		≤0.2	≤0.03
	HCr22Ni15		≤0.2	≤0.03
	HCr25Ni13		≤0.2	≤0.03
	HCr25Ni20		≤0.2	≤0.03
	HCr15Ni13Mn6		≤0.2	≤0.03
	HCr20Ni10Mn6		≤0.03	≤0.04
	HCr20Ni10Mn6A		≤0.02	≤0.3
	HCrNi7Mn6Si2		≤0.03	≤0.5
	HCr25Mo2V2Ti	0.2~0.3	≤0.03	≤0.3
	HCr18Ni13Mo3MnSi		≤0.02	≤0.026

电力氩弧焊丝牌号化学成分，见表 3 - 6。

表 3 - 6 　　　　　　　氩弧焊专用焊丝化学成分

牌号	化 学 成 分 （%）								S	P
	C	Mn	Si	Cr	Mo	V	Ti	稀土 Re	不大于	
TIGJ50		1.20 ~ 1.50	0.60 ~ 0.85	—	—	—	0.03			
TIGR10	0.06 ~ 0.12	0.75 ~ 1.05	0.15 ~ 0.70	—	0.45 ~ 0.65		0.06	加入量 0.05	0.025	0.025
TIGR30				1.10 ~ 1.40		—				
TIGR31					0.95 ~ 1.25	0.20 ~ 0.35	0.03			
TIGR40				2.20 ~ 2.50		—	0.06			

注　1. TIGJ50 中，还含有 Al0.07% ~ 0.15%；Zr0.04% ~ 0.10%。
　　2. 另外还有应用于钢 102 的 TIGR34、∏11 钢的 TIG R41、9Cr - 1Mo 钢的 TIGR70 和 1Cr - Mo 钢的 TIGR82 等，由于用量较少未列入表中。如需要可向相关单位查询。

37. 试说明 CO_2 焊常用焊丝牌号组成和化学成分、力学性能？

CO_2 焊焊丝牌号组成如下：

ER × × - × × - ×

ER 表示焊丝；其后的 × × 表示熔敷金属抗拉强度最低值（MPa）；

再后面 × × 表示焊丝化学成分分类代号；最后面为其他附加的化学成分；所有数字均以"—"间隔。

常用 CO_2 焊丝化学成分、力学性能，见表 3 - 7。

表3-7 二氧化碳气保护焊焊丝化学成分及力学性能表

焊丝型号	化学成分（%）														力学性能			
	C	Mn	Si	P	S	Ni	Cr	Mo	V	Ti	Zr	Al	Cu	其他元素总量	σ_b (MPa)	$\sigma_{0.2}$ (MPa)	δ_5 (%)	A_{KV} (J)
ER49-1	≤0.11	1.80~2.10	0.65~0.95	≤0.030	≤0.030	≤0.30	≤0.20	—	—	—	—	—			≤490	≥372	≥20	≥47
ER50-2	≤0.07	0.90~1.40	0.40~0.70	≤0.025	≤0.035						0.05~0.15	0.02~0.12	0.05~0.15	≤0.50	≤0.50	≥500	≥420	≥22	≥27
ER50-3	0.06~0.15	1.00~1.50	0.45~0.75	≤0.025	≤0.035								—	≤0.50	≤0.50	≥500	≥420	≥22	不要求
ER50-4	0.07~0.15	0.90~1.40	0.65~0.85	≤0.025	≤0.035								—	≤0.50	≤0.50	≥500	≥420	≥22	不要求
ER50-5	0.07~0.19	1.40~1.85	0.30~0.60	≤0.025	≤0.035								0.50~0.90	≤0.50	≤0.50	≥500	≥420	≥22	≥27
ER50-6	0.06~0.15	1.50~2.00	0.80~1.15	≤0.025	≤0.035								—	≤0.50	≤0.50	≥500	≥420	≥22	≥27
ER50-7	0.07~0.15	1.50~2.00	0.50~0.80	≤0.025	≤0.035									≤0.50	≤0.50	≥500	≥420	≥22	≥27
ER55-D2-Ti	≤0.12	1.20~1.90	0.40~0.80	≤0.025	≤0.025			0.20~0.50		≤0.20			≤0.50	≤0.50	≥550	≥470	≥17	≥27
ER55-D2	0.07~0.12	1.60~2.10	0.50~0.80	≤0.025	≤0.025	≤0.15		0.40~0.60					≤0.50	≤0.50	≥550	≥470	≥17	≥27
ER69-3	≤0.12	1.25~1.80	0.40~0.80	≤0.020	≤0.020	0.50~1.00	—	0.20~0.55	—	≤0.20	—	≤0.10	≤0.35	≤0.50	≥690	610~700	≥16	≥35

38. 常用的埋弧焊丝有哪些类？

低碳钢和低合金钢埋弧焊丝有四类：

（1）低锰焊丝即含 Mn0.2% ~ 0.8%，如 H08A，常配合高锰焊剂，用于低碳钢和强度较低的低合金钢的焊接。

（2）中锰焊丝即含 Mn0.8% ~ 1.5%，如 H08MnA，H10MnSi 等，主要用于低合金钢的焊接，也可配合低锰焊剂用于低碳钢的焊接。

（3）高锰焊丝即含 Mn1.5% ~ 2.2%，如 H10Mn2，H08Mn2Si，主要用于低合金钢的焊接。

（4）Mn – Mo 系焊丝即含 Mn1%以上，含 Mo 为 0.3% ~ 0.7%，如 H08MnMoA，H08Mn2MoA，主要用于强度较高的低合金钢的焊接。

埋弧焊常使用下列牌号焊丝：H08A、H08MnA、H10Mn2、H08Mn2SiA、H10MnSi、H08MnMoA、H08Mn2MoA、H08Mn2MoVA。

39. 怎样鉴定焊丝的质量？

（1）外观检查：检查焊丝表面有无锈蚀、污物。

（2）工艺试验：在工艺性能方面进行试焊，要求是：

1）焊丝熔化时无过多的飞溅；

2）液态焊丝金属的流动性适当；

3）液态焊丝金属的润湿力强；

4）焊缝成形美观；

5）焊缝表面无裂纹、气孔、夹渣等缺陷。

40. 电站常用钢管的焊接材料怎样选用？

电站常用钢管的焊接材料选用见表3 – 8。

表 3-8　　　电站常用钢管选择焊接材料推荐表

钢 号	电焊条	气 焊 丝	氩弧焊丝	埋弧自动焊	
				焊 丝	焊 剂
20	结 427	H08MnReA	TIG-J50	H08MnA	431
15CrMo	结 507	H12MnA（Si）			
	热 307	H08CrMoA		H13CrMo	250
					350
12Cr1MoV	热 317	H08CrMoVA	TIG-R31	H08CrMoV	260
					350
10CrMo910	热 407	H08Cr2MoA	TIG-R40	H08CrMoV	260
		H08CrMoVA			350
钢 102	热 347	H08CrMoVNb			
Π11	热 417	H08Cr2MoVNb			

41. 怎样估算火电安装焊条（焊丝）的消耗量?

火电安装焊条（焊丝）的消耗可按表 3-9 估算。

表 3-9　　　火电安装焊条（焊丝）消耗参考定额　　　（t）

机炉容量		焊条（焊丝）消耗总数	碳钢焊条	合金钢焊条					焊 丝		
万 kW	t/h		结42×结50×	热317热407	热347新热417	热817热707	奥132奥307	H08MnReA	H08CrMoVA	TIG-J50 TIG-R31
5	220	30.3	28	1.2			0.2	0.5	0.2	0.2
10	410	43.4	40	2			0.3	0.5	0.2	0.3
12.5	400	57.7	53	2.5	0.2	0.4	0.4	0.5	0.2	0.3
20	670	68.4	62	4.5	0.4		0.3	0.5	0.3	0.4
30	935	93.5	80	7	0.4	2.5	1.4	1.2	0.5	0.5

注　1. 锅炉按燃煤机组考虑，燃油机组的焊条总数可减少 5%；
　　2. 按新建第一台机组考虑，如扩建第二台，碳钢焊条可减少 20% 左右；
　　3. 焊条用量包括机炉本体、附属设备、高压管道和厂区中、低压管道焊缝；
　　4. 本表消耗定额包括安装、加工配制的焊条在内，如需单独计算时，基建安装、加工配制可按钢材总数的 1.5% 考虑，土建用焊条可按钢材总数的 0.5% 考虑。

三、焊接用的气体

42. 焊接用的气体分哪几类？

焊接用的气体分为助燃气体、可燃气体和保护气体三类。

助燃气体：本身不能燃烧，但能帮助可燃气体进行充分燃烧，如氧气。

可燃气体：本身能够燃烧，如乙炔气、液化石油气、氢气、天然气、煤气等，其中使用最多的是乙炔气。

保护气体：作为保护介质的气体，如惰性的氩气、氦气；还原性的氢气和氮气；氧化性的二氧化碳气和水蒸气等。有时还将两种或两种以上的气体混合使用，如氩 + 氦、氩 + 二氧化碳等。目前常用的是氩气和二氧化碳气。

43. 氧气具有什么性质？怎样制取？

氧气是一种无色、无味、无臭、无毒的气体，在空气中占 21%。氧气不能自燃，但能助燃。

在一个大气压下，当温度低至 – 182.96℃，气态氧便变成浅蓝色易于蒸发的液态氧。

制取氧气的方法有化学法、水电解法和液化空气制氧法等三种，在工业上广泛采用的是液化空气制氧法。

44. 对焊接用的氧气有什么要求？

由于制氧过程中氧气中多少会含有一些其他气体杂质，如氮气等，氮气的存在会使火焰温度降低，并与熔化金属发生化学反应，形成氮化物，增加了焊缝的脆性。因此要求焊接用的氧气纯度不得低于98.5%。

45. 乙炔气具有什么性质？怎样制取？

乙炔是一种未饱和的碳氢化合物（C_2H_2），在常温和大气压力下，为无色的可燃气体。工业用的乙炔气中含有一定量的杂质，故有一股刺鼻的特殊气味。

乙炔气是由电石与水反应生成，可用乙炔发生器制得。

46. 乙炔气中含有哪些杂质？对焊接质量有什么影响？

乙炔气中的杂质有：

空气：一般含量为0.5%～1.5%，是乙炔发生器和管道中的残留物，进入焊缝金属中易生成气孔。

水蒸气：电石与水化学反应后，生成的乙炔气中混有一定的水蒸气。它要降低火焰温度，影响焊接的生产效率。

磷化氢：未经过滤的乙炔气中，含有磷化氢，含量为0.03%～1.8%（容积）。它使焊缝容易冷脆，并能使乙炔自燃。

硫化氢：未经过滤的乙炔气中，含硫化氢量为0.08%～1.5%（容积），使焊缝容易热裂。

丙酮蒸汽：瓶装乙炔气时，瓶内要放丙酮。每$1m^3$的乙炔气中就会含有45～50g的丙酮蒸汽，它对焊缝无有害的影响。

47. 焊接用的乙炔气在什么情况下需要过滤？它是怎样过滤的？

气焊焊缝中的硫、磷含量超过母材金属的硫、磷含量时,对所用的乙炔气体就需要预先进行过滤。

乙炔气的过滤方法是:将乙炔气通入乙炔过滤器(见图3-2)内(器中装有预先调配好的乙炔净化剂),与净化剂发生化学反应,净化后由过滤器出口送至使用地点。

乙炔净化剂是过滤乙炔气中硫化氢和磷化氢杂质的药剂,其过滤过程是利用无水铬酸将易于挥发的硫、磷化合物变成不易挥发的化合物——酸或盐而除去。

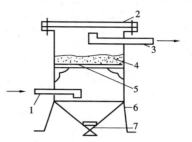

图3-2 乙炔过滤器
1—乙炔入口;2—法兰及盖板;
3—乙炔出口;4—乙炔净化剂;
5—筛板;6—支架;7—放水口

乙炔净化剂为橙黄色的粉末,其配方(%,质量百分比)是:

无水铬酸(CrO_3)	11~13
硫酸(H_2SO_4)	17~20
硅藻土	45~55
水	18~28

当乙炔净化剂由橙黄色变成绿色,表示已失效,不能再继续使用。

48. 电石有什么特性?

电石的学名叫碳化钙(CaC_2),是一种坚硬的块状物体,其断面呈深灰色或棕色。

电石是由氧化钙（生石灰）和碳在高温（1900～2300℃）下经化学反应而制得。

电石能与水反应生成乙炔气和电石灰浆（氢氧化钙），由于电石的化学性能极为活泼，甚至与空气中的水蒸气也能发生反应，故它的储存和运输都应遵守有关的安全规定。

49. 电石内含有哪些杂质？怎样评定电石的等级？

工业用的电石通常只含有70%的碳化钙，其他为24%的生石灰和6%的碳及硅酸盐等杂质。

电石的质量等级主要根据电石发气量确定，即每公斤电石所能生产出的乙炔气量。例如15～25mm大小的电石，每公斤能生产出280kg乙炔气，即为一级品；如生产出260kg乙炔气，即为二级品。

对电石的颗粒大小也有一定要求，一般为2～80mm，最好为15～80mm。

乙炔气中硫化氢和磷化氢的含量也是电石质量的一个指标，一般要求磷化氢含量不应大于0.06%（容积）、硫化氢含量不应大于0.1%（容积）。

50. 为什么分解电石时要有充分的水？

从理论上讲，1kg纯电石需要0.562kg水参与反应，从而获得372.5L乙炔气和1.156kg熟石灰。但实际上，由于生成乙炔气过程中放出大量的热，需要更多的水来进行冷却，否则由于乙炔发生器温度过高，会引起爆炸。所以实际需要的水比理论计算的要多得多。

51. 怎样估算电石的消耗量？

焊接时，一瓶氧气（6m³）需要 20kg 左右电石；切割时，一瓶氧气需要 6kg 左右的电石。

52. 氩气具有什么性质？怎样制取？

氩气为无色、无嗅的单原子惰性气体。它的电离势较高，不易被电离，故氩弧引燃较困难。氩气散热能力较差，在高温下不分解，也不发生吸热反应，故电弧热能损失少。氩气与金属不发生任何化学反应，又不溶解于金属中，故可用来作为保护介质。

氩气主要是由液化空气分馏制取的，从空气分离出来的氩气纯度一般可达 99.99%，能满足焊接工作的需要。焊接用的氩气大多装在钢瓶内供给使用。瓶外表涂以灰色标志，写有"氩"字样。在温度 20℃ 以下，满瓶压力为 15MPa。

四、其他焊接材料

53. 焊剂分哪几类？有什么用途？

焊剂是各种颜色的颗粒，粒度在 0.25～6mm 范围内，其作用与优质焊条的药皮相似。

按制造方法分，焊剂有熔炼焊剂和非熔炼焊剂（黏结焊剂和烧结焊剂）；按焊剂结构分，有玻璃状焊剂、结晶状焊剂和浮石状焊剂；按化学成分分，有无锰焊剂、低锰焊剂、中锰焊剂和高锰焊剂；按化学特性分，有酸性焊剂、碱性焊剂和中性焊剂。

54. 什么叫熔炼焊剂、黏结焊剂和烧结焊剂？

熔炼焊剂是将各种配料按一定比例放在炉内熔炼，然后经过水冷粒化、烘干、筛选而成的一种焊剂。

黏结焊剂是将一定比例的各种粉状配料加入适量黏结剂，经混合搅拌、粒化和低温（一般在400℃以下）烘干而制成的一种焊剂，旧称陶质焊剂。

烧结焊剂是将一定比例的各种粉状配料加入适量黏结剂，混合搅拌后经高温（400～1000℃）烧结成块，然后粉碎、筛选而制成的一种焊剂。

55. 焊剂的烘焙温度是多少？

焊剂使用前必须按出厂说明书进行烘焙，通常是在250℃温度下烘焙1～2h。

56. 怎样识别焊剂的牌号？

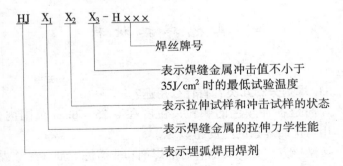

57. 怎样正确选用焊剂？

焊剂的选用要与焊丝相配合：

低碳钢：选用高锰高硅型焊剂配合低碳钢焊丝，如

H08A、H08MnA；低锰、无锰型焊剂配合低合金钢焊丝。

普低钢：强度级别为 35～40kg 的 16 锰、15 锰钒，可选用高锰、中锰型焊剂，配合 H10Mn2 和 Mn-Mo 焊丝；强度级别较高的普低钢，可选用低锰中硅、中锰高硅型焊剂配合合金钢焊丝。

耐热钢：可选用低锰中硅、低锰高硅或中锰中硅焊剂，配合合金钢焊丝。

各种高合金钢：选用碱度高的中硅、低硅型焊剂，以降低合金元素的烧损和补充合金元素。

58. 熔剂分哪几种？各有什么作用？

熔剂分两种：气焊熔剂和钎焊熔剂。它们的作用是：

（1）气焊熔剂（又称气剂）：氧-乙炔焊时作为助熔剂，主要在焊接过程中驱除氧化物，改善润湿性，并有精炼作用，促使获得致密的焊缝组织。按用途分有：不锈钢、耐热钢用的气剂 101；铸铁用的气剂 201；铜及其合金用的气剂 301；铝及其合金用的气剂 401。

（2）钎焊熔剂（又称钎剂）：钎焊时用的助熔剂，与钎料配合使用。它能改善焊料对母材的润湿作用，清除液体焊料及母材表面的氧化物，保护焊料及母材免于氧化。钎剂有银钎焊熔剂（如钎剂 10×）、铝钎焊熔剂（如钎剂 20×）。

59. 气焊熔剂应符合哪些要求？其牌号如何表示？

气焊熔剂应符合以下要求：

（1）气焊熔剂应具有很强的反应能力，以便能迅速熔解氧化物和高熔点的化合物。

(2) 气焊熔剂熔化后，黏度、流动性和密度都要小，以便熔化后渣容易浮于熔池表面上。

(3) 气焊熔剂不应对焊件有腐蚀作用，生成的渣应容易清除。

(4) 气焊熔剂应能够减少熔化金属的表面张力，使熔化的焊丝容易与焊件熔合。

气焊熔剂牌号的表示方法是：

(1) 牌号前字母"CJ"表示气焊焊剂。

(2) 牌号的第一位数字表示熔剂的用途类型。

(3) 牌号的第二、三位数字表示同一类型气焊熔剂的不同牌号。

举例：

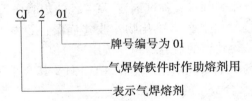

60. 钎焊熔剂的牌号如何表示？

钎焊熔剂的牌号表示方法是：

(1) 牌号前字母"QJ"表示钎焊熔剂。

(2) 牌号第一位数字表示钎焊熔剂的用途类型。

(3) 牌号的第二、三位数字表示同一类型钎焊熔剂的不同牌号。

举例：

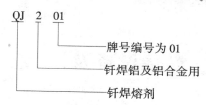

QJ 2 01

牌号编号为 01

钎焊铝及铝合金用

钎焊熔剂

61. 什么叫钎料？它分几类？牌号是如何编制的？

钎料指钎焊时用作形成钎缝的填充金属。

钎料通常按其熔点高低分成两大类：一类是熔点在450℃以上的称硬钎料，另一类是熔点低于450℃的钎料称软钎料。常见的钎料有铜锌钎料、铜磷钎料、银基钎料、锌基钎料、锡铅钎料及镍基钎料、锰基钎料等。

钎料牌号编制的方法如下：

（1）牌号前字母"HL"表示钎料。

（2）牌号的第一位数字表示钎料的化学组成类型。

（3）牌号的第二、三位数字表示同一类型钎料的不同牌号。

举例：

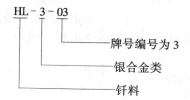

HL-3-03

牌号编号为 3

银合金类

钎料

62. 堆焊合金粉末分哪几种？有什么用途？

堆焊合金粉末按用途的不同，可分为镍基、钴基、铁基三种。

堆焊合金粉末目前主要用于等离子弧堆焊、氧-乙炔焰喷焊、气电堆焊及喷涂等。

焊接设备及工具

一、电工基础知识

1. 什么叫电?

自然界的一切物质都是由分子组成，分子由原子组成。原子又由带正电荷的原子核和带负电荷的电子组成。正常情况下，原子内的正电荷与负电荷是相等的，故不显电性。但在某种外力的作用下，原子会失去电子或得到电子，此时，该原子即呈现电性。失掉电子的原子叫正离子，获得电子的原子叫负离子，逸出原子以外的电子叫做自由电子。

2. 什么叫电流和电流强度?

自由电子有规则的运动，叫做电流。

电流强度（简称电流）表示电流的大小，在数值上等于一秒钟内通过导线某一截面的电荷量（电量）。即

$$电流强度 = \frac{电量}{时间} \quad 或 \quad I = \frac{Q}{t}$$

电流强度用 I 表示，单位为安［培］（A）。

3. 什么叫直流电流和交流电流?

（1）直流电流：大小和方向都不随时间变化的电流，如图 4-1（a）所示。

（2）交流电流：大小和方向均随时间的变化作周期性变化的电流，如图 4-1（b）所示。

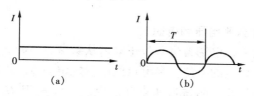

图 4-1　电流的种类与图形
（a）直流电流；（b）交流电流

4. 什么叫电流的周期和频率？什么叫工频、中频和高频？

周期是交流电流的大小和方向每重复一次所需的时间，单位为秒。

频率是交流电流的变化在一秒钟内重复的次数，单位是赫［兹］（Hz）。

我国发电厂生产的交流电，其频率均为 50Hz，故 50Hz 频率又称为工频。

频率为 500～10000Hz 时，称为中频。中频电源可用于熔炼、弯管和热处理。

频率为 10000～500000Hz 时，称为高频。高频电源主要用于表面淬火。

5. 什么叫导体、半导体和绝缘体？

能传导电流的物体，叫做导体。金属和电解液都是良好的导体。

不传导电流的物体，叫做绝缘体，如橡胶、木材、石棉等。

传导电流的能力介于导体和绝缘体之间的物体，叫做半导体，如硅、锗、硒、氧化铜等。

6. 什么叫电压和电阻?

电场中，电场力将单位正电荷从参考点移到某点所做的功，称为该点的电位，参考点的电位规定为零。电路中，某两点的电位差，叫做这两点间的电压。电压用 U 表示，单位是伏（V），高电压时用千伏（kV）。

电荷在导体中运动时，由于与其他电荷或原子核的碰撞、摩擦，而受到阻碍。这种影响电荷运动的阻力叫做电阻。电阻用 R 表示，单位是欧（Ω）。测量大电阻时用千欧（kΩ）或兆欧（MΩ）。

$$1k\Omega = 1000\Omega, 1M\Omega = 1000k\Omega$$

7. 什么叫欧姆定律?

欧姆定律是表示电路中电压、电流和电阻三者关系的定律，即电路中电流的大小，与电压大小成正比，与电阻大小成反比。用公式表示为：

$$电流(安) = \frac{电压(伏)}{电阻(欧)} \quad 或 \quad I(A) = \frac{U(V)}{R(\Omega)}$$

8. 什么叫电路? 有哪几种连接方法?

电路就是电流所流经的路径，是一个闭合回路。最简单的电路是由电源、负载和导线三个基本部分组成（见图4-2）。

（1）电源：供给电路中电流的能源，有直流电源（如蓄电池、直流发电机）和交流电源（如交流发电机）。

（2）负载：电流在电路中作功的地方，如电弧、电动机等。

（3）导线：连接电源和负载，形成闭合回路的导体。

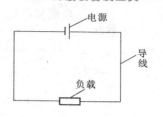

图4-2　电路

按连接方式分，有三种电路：串联电路、并联电路和复联电路（又称串、并联电路）。

（1）串联电路：凡是将几个负载的首尾相互依次连接，最后只剩一首一尾与电源相接的电路〔见图4-3（a)〕。其特点是：电路中的电流处处相同，而电压则等于各段电压之和，故串联电路可起分压作用。

（2）并联电路：凡是将几个负载相应的两端分别联在一起，然后与电源相接的电路〔见图4-3（b)〕。其特点是：各负载两端的电压相等，等于外加的电源电压，而总电流则等于各分电流之和，故并联电路可起分流作用。

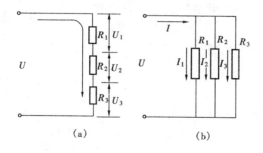

图4-3　电路
(a) 串联电路；(b) 并联电路

（3）复联电路：即串联和并联都有的一种复合形式。

9. 什么叫短路和断路？

当电源两端被电阻接近于零的导体接通，使电流由此捷路通过时，称为短路［见图 4-4（a）］。

当导线断开，使电流中断流动，称为断路［见图 4-4（b）］。

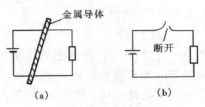

图 4-4 短路与断路

（a）短路；（b）断路

10. 什么叫电功、电功率？

电流通过负载时，将电能转变成其他能而做功，这种由电流所做的功叫做电功。公式表示为：

$$W = IUt$$

式中　W——电功；

　　　I——电流；

　　　U——电压；

　　　t——时间。

单位时间内电流所做的功，叫作电功率，简称功率。

$$P = IU$$

式中　P——电功率。

电功率常用单位为瓦［特］（W）。工业上还经常采用千瓦（kW）为单位。

11. 什么叫 1 度电？

功率为 1kW 的负载，使用 1h，所消耗的电量称为 1 度电或 1kW·h。

12. 什么叫电流的热效应？

电流通过物体时，为了克服物体内的阻力，部分电能将转变为热能，从而使物体的温度升高，这种现象称为电流的热效应。物体的电阻越大，消耗的电能越多，每秒钟所产生的热量就越高。公式表示为：

$$Q = I^2Rt$$

式中　Q——热量（J）；

　　　I——电流（A）；

　　　R——电阻（Ω）；

　　　t——时间（s）。

13. 什么叫磁性、磁场、磁力线和磁通量？

物体具有吸引铁屑的能力，叫磁性。磁性作用的范围，叫磁场。任何一磁铁均有两个磁极，一端叫北极，以 N 表示；另一端叫南极，以 S 表示。铁屑在磁场中，能够排列成闭合的回路，这种磁场作用，叫做磁力，表示磁力方向（铁屑排列方向）的线，叫磁力线。可以引用磁力线来表示磁场内磁场强度的分布情况，见图 4－5。两磁极端的磁力线密度最大，所以磁场最强。在磁场内，通过某一面积（垂直于磁力线）的磁力线数量叫磁通量，用 Φ 表示，其单位为韦[伯]（Wb）。磁铁的特性是同

图 4－5　条形磁铁的磁场

性相斥，异性相吸。

14. 什么叫磁化、剩磁？

能被磁铁吸引的材料，称为铁磁材料，当铁磁材料在外磁场的作用下，产生了磁性，称为磁化。

铁磁材料磁化后，当外磁场消失时，还存在着一定的磁性，称为剩磁。

15. 什么叫电流的磁效应？

通电导线的周围与磁铁一样，也存在着磁场，这种由电流产生磁场的现象叫电流的磁效应。

通电导线周围所产生的磁场方向可用右手定则来判断，见图 4 – 6。

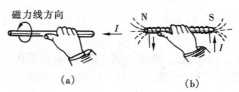

图 4 – 6　用右手定则判断磁场方向
(a) 直导线；(b) 螺旋导线

16. 什么叫电磁感应？

导体在磁场中作切割磁力线的运动，则在导线上会感应出电流来，这种现象叫作电磁感应。导线两端感应出来的电势叫感应电动势；若导线是闭合电路，则电路中就会产生感应电流。

感应电动势的方向可按右手定则来判断，见图 4 – 7。感应电流所建立起来的磁场方向与原磁场的方向始终相反。

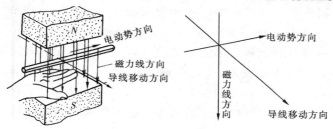

图4-7 电磁感应（右手定则）

17. 什么叫自感、互感？

将绕组接到交流电源上，绕组内部的磁通量随着电流的交变而变化，因而在绕组内产生感应电动势。这种因绕组本身电流的变化而在绕组内产生的感应电动势，叫做自感电动势，见图4-8（a）、（b）。这种现象称为自感。

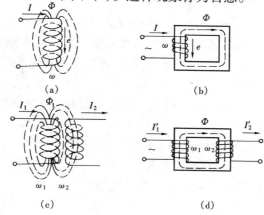

图4-8 自感与互感

（a）空心绕组电路的自感；（b）铁芯绕组电路的自感；
（c）空心绕组电路的互感；（d）铁芯绕组电路的互感

将两个绕组放得很近或同绕在一个铁芯上，如图 4-8 (c)、(d)，第一个绕组（ω_1）通电后产生磁通（Φ_{I}），其中一部分磁通通过第二个绕组（ω_2），当 ω_1 中的电流变化时，会引起通过 ω_2 中的磁通变化而感应出电动势。反之，当 ω_2 中的电流变化时，也会引起 ω_1 中的磁通变化而感应出电动势，叫做互感电动势。这种现象，称为互感。

二、电焊机及电焊工具

18. 电弧焊机分哪几类？

电弧焊机可按焊接电流种类和焊机结构分类。

（1）按焊接电流种类分，有直流电焊机和交流电焊机两类，而直流电焊机又可分为旋转式（焊接发电机）和整流式（焊接整流器、逆变焊机等）两种。

（2）按电焊机结构分，各类焊机又包括各种型式。

旋转式直流电焊机包括：三电刷裂极式、三电刷差复激式、间极磁分路式、它激式和平复激式等。常用的有 AX-320 型三电刷裂极式直流电焊机。

整流式直流电焊机包括：磁放式、动绕组式、动铁芯式、饱和电抗器式和晶闸管式等。常用的有 ZXG-300 型磁放大式硅整流电焊机和新推广使用的 ZX7-400ST 的逆变焊机。

交流电焊机包括：动铁芯式、动绕组式和同体式等。常用的有 BX1-330 型动铁芯式交流电焊机。

19. 电焊机型号是怎样标志的？

电焊机型号标志方法：

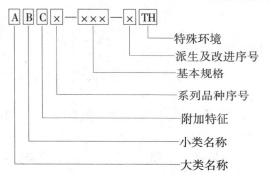

A B C × — ××× — ×TH
— 特殊环境
— 派生及改进序号
— 基本规格
— 系列品种序号
— 附加特征
— 小类名称
— 大类名称

电焊机的大、小类名称及其代表符号见表4-1。

表4-1   手弧焊机大小类及其代表符号

大类			小类			基本规格	举 例
名称	简称	代表符号	名称	简称	代表符号		
焊接发电机	发	A	下降特性 平特性 多用特性	下 平 多	X P D	额定电流值 (A)	AX-320 AP-1000
焊接变压器	变	B	下降特性 平特性	下 平	X P	额定电流值 (A)	BX1-330 BP-3×500
焊接整流器	整	Z	下降特性 平特性 多用特性	下 平 多	X P D	额定电流值 (A)	Z×7-400ST ZPG1-500

附加特征：如焊接发电机为柴油机拖动，焊接变压器为
铝绕组，焊接整流器为硅整流器等。

特殊环境：如高原用的焊机，热带用的焊机等。

20. 对电焊机有什么要求?

对电焊机的要求是：

（1）引弧电压（空载电压）既要利于引弧，又要保证焊工的安全。直流电焊机为55～90V，交流电焊机为60～80V。

（2）具有陡降的外特性曲线。曲线陡降，表明电弧长度变化时，焊接电流变化很小；短路时，限制短路电流不超过焊接电流的1.5倍。

（3）短路时，电弧电压等于零，恢复到工作电压（25～40V）的时间应不超过0.05s。

（4）具有足够的功率和一定的电流调节范围，以适应不同工况的需要。

（5）焊机结构轻巧、维修方便。

21. 什么是电弧的静特性？

电弧静特性是指电弧燃烧时，在电弧长度不变的条件下，电弧电压与电弧电流之间的关系，如图4-9所示。

焊条电弧焊时，常用的电流范围在电弧静特性曲线的水平段（图4-9中的b-c段），电流变化时，电弧电压几乎不变。电弧的长度发生改变时，则电弧静特性曲线的位置发生移动，而改变电弧电压值（见图4-10）。

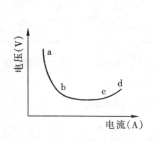

图4-9　电弧静特性

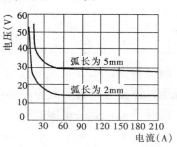

图4-10　弧长改变时
静特性曲线的变化

22. 什么是电焊机的外特性？与电弧静特性有什么关系？

电焊机的外特性是表示焊接电流与电弧电压之间的关系，见图4－11的曲线1。

由图4－11可见，电弧静特性曲线与电焊机的外特性曲线相交，有两个交点O和P。O为电弧引燃点，电弧开始引燃时，电压接近空载电压，电流很小，电弧不稳定。P为电弧稳定燃烧点，焊接过程中，电弧的长度不断变化，因此电弧的静特性曲线也随之变化，如图4－12所示，当曲线2变为曲线3时，P点移至P_1点，电弧电压上升，而焊接电流则由I_1变至I_2。电焊机的外特性曲线越陡，则焊接电流的变化就越小。

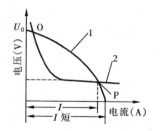

图4－11　电弧静特性与电
焊机外特性的关系

1—电焊机陡降外特性曲线；
2—电弧静特性曲线；U_0—
电焊机的空载电压；O—电弧引
燃点；P—电弧稳定燃烧点

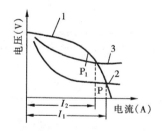

图4－12　弧长变化引
起焊接电流变化

1—电焊机外特性曲线；
2—电弧较短时的静特性
曲线；3—电弧较长时的
静特性曲线

23. 什么叫电焊机的动特性？其好坏取决于什么？

电焊机的动特性指电焊机适应焊接电弧变化的特性。

焊接过程中，电弧的引燃和燃烧时，当电极与焊件接触时会产生短路电流，而电极提起时又达到空载电压，熔滴过渡中也会产生这种频繁的短路和再引燃过程，因此电弧会产生变化。如果电焊机输出的电流和电压不能很快适应，电弧就不能稳定燃烧，甚至熄灭。电焊机适应这种变化的性能好坏取决于焊机的电感量，即感抗过大或过小都使电弧稳定性变差。

24. 电焊机的调节特性指什么？

电焊机的调节特性指选用不同的焊接工艺参数时，要求电焊机能够通过调节得出不同的电源外特性，因为当弧长一定时，每一条电源外特性曲线和电弧静特性曲线的交点中只有一个稳定工作点。

25. 电焊机的负载持续率（暂载率）怎样表示？

电焊机的负载持续率是用百分数表示电焊机的工作状态。

计算方法如下：

$$负载持续率(FS) = \frac{负载运行持续时间}{负载运行持续时间 + 空载(休止)时间} \times 100\%$$

我国规定手工电焊焊机的额定负载持续率为 60%。焊接时的额定电流是在额定工作持续率下所允许使用的最大焊接电流。

26. 如何识别电焊机铭牌？

每台电焊机上都有铭牌，在铭牌上都列有该台焊机的型号和主要参数：如输入的初级电压、相数、功率、发电机还列有接法、转数、功率。输出的次级，列有空载电压、工作电压、电流调节范围、负载持续率等内容。

27. BX1-330型交流电焊机的构造和工作原理怎样？

BX1-330型交流电焊机是一种常用的电焊机，其结构属于动铁芯漏磁式。空载电压60～70V，工作电压30V，电流调节有粗调和细调，调节范围为50～450A。

电焊机是由主铁芯、可动铁芯、初级线圈和次级线圈组成。初级线圈全部绕在主铁芯的一个柱上，次级线圈分两部分，一部分绕在初级线圈外面，另一部分绕在主铁芯的另一个柱上兼作电抗线圈，见图4-13。

BX1-330型交流电焊机的工作原理是：当初级线圈通入交流电流 i_1 时，即产生交变磁场，主磁通 ϕ_1 沿整个铁芯的回路闭合，在初、次级线圈中均感应出电势来。

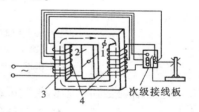

图4-13　BX1-330型交流电焊机的原理图

1—主铁芯；2—可动铁芯；
3—初级线圈；4—次级线圈

在未引弧时，电焊机处于空载状态，次级线圈没有电流通过，电抗线圈不产生压降，得到较高的空载电压，便于引弧。

引燃电弧后，次级线圈中便有电流通过，同时在铁芯内产生磁通，由于可动铁芯中的漏磁显著增加，次级线圈电压就下降，从而获得陡降的外特性。

短路时，由于很大的短路电流通过电抗线圈，产生了很大的电压降，使次级线圈的电压接近于零，从而限制了短路电流。

电流粗调有两档,是利用次级线圈接线板上的接线柱改变次级线圈的匝数来调节电流。当连接片在Ⅰ位置时,空载电压为70V,电流在 50~180A 内调节,见图 4-14(a);当连接片在Ⅱ位置时,空载电压为 60V,电流在 160~450A 内调节。

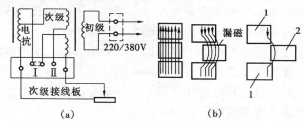

图 4-14　电流调节

(a) 粗调；(b) 细调

1—固定铁芯；2—可动铁芯

电流细调是利用手柄改变可动铁芯的位置，即改变漏磁的大小来调节电流。当铁芯向外移动时，漏磁减小，电流增大，见图 4-14 (b)，反之则电流减少。

28. 交流电焊机常见故障有哪些？怎样消除？

交流电焊机常见故障及其消除方法见表 4-2。

表 4-2　　　　交流电焊机常见故障及消除方法

故障	产　生　原　因	消　除　方　法
电焊机过热	(1) 电焊机过载	(1) 减少焊接电流
	(2) 变压器线圈短路	(2) 消除短路
	(3) 铁芯螺杆绝缘损坏	(3) 恢复绝缘

续表

故 障	产 生 原 因	消 除 方 法
电流忽大忽小	(1) 焊接地线与焊件接触不良 (2) 可动铁芯随电焊机的振动而移动	(1) 使接触良好 (2) 设法使之不移动
可动铁芯嗡嗡响	(1) 可动铁芯的制动螺钉或弹簧松动 (2) 铁芯活动部分的机构损坏	(1) 旋紧螺钉，调整弹簧拉力 (2) 检查修理移动机构
焊机外壳带电	(1) 初级或次级线圈、电源线、焊接线碰壳 (2) 地线接触不良或未接地	(1) 消除碰壳处 (2) 地线接触良好
焊接电流过小	(1) 焊接线太长，压降太大 (2) 焊接线圈成盘形，电感很大 (3) 电线接线柱或焊件接触不良	(1) 减短焊接线长度或加大直径 (2) 将电线放开 (3) 使接头处接触良好

29. 什么是旋转式直流电焊机？怎样调节焊接电流？

旋转式直流电焊机是用旋转线圈切割固定磁场的磁力线，产生交流电，然后用换向器变成直流电，供给焊接电弧用的一种专用焊接机具。

常用的有 AX – 320 型和 AX1 – 500 型。图 4 – 15 是 AX – 320 型旋转直流焊机外形图。

AX – 320 型直流电焊机调节焊接电流的方法有粗调和细调两种。

粗调是用电流调节手柄来改变电刷位置，共有三档，第一档电流最小，第三档电流最大。

图 4 – 15　AX – 320 型旋转式直流电焊机

细调是利用变阻器改变激磁线圈的电流大小来实现。细调时，手轮按顺时针方向转动，电流增大，逆时针方向转动，电流减少。

缺点是：耗电量大、噪声大、运输不便、铜耗及铁耗大等已被淘汰。

30. 旋转式直流电焊机常见故障有哪些？怎样消除？

旋转式直流电焊机常见故障及其消除方法见表4-3。

表4-3　　旋转式直流电焊机常见故障及其消除方法

故　障	产　生　原　因	消　除　方　法
电动机反转	三相感应电动机与网路接线错误	将三相中任意两线互换
启动后，电动机转速很低，有嗡嗡声	(1) 三相保险丝中有一相烧断 (2) 电动机的定子绕组断线	(1) 更换保险丝 (2) 消除断线
启动后，电刷有火花	(1) 电刷和换向器接触不良 (2) 电刷被卡住或松动 (3) 换向片间云母突出	(1) 清洁接触面 (2) 调整电刷在电刷架中的间隙 (3) 锯深云母槽，使云母低于换向器表面1mm
焊接电流忽大忽小	(1) 焊接地线与焊件接触不良 (2) 电流调节器的可动部分随电焊机的振动而移动	(1) 使接触良好 (2) 设法使之不移动
电焊机过热	(1) 电焊机过载 (2) 电焊发电机电枢线圈或换向器短路 (3) 换向器表面有污垢	(1) 减少焊接电流 (2) 消除短路 (3) 清洁表面

31. ZXG 型硅整流式直流电焊机的构造怎样？如何调节焊接电流？

ZXG 型系列电焊机常用的有 ZXG－300 和 ZXG－500 型两种，其中以 ZXG－300 型用得较多。它的空载电压 70V，工作电压 25～30V，电流范围 15～300A。ZXG－300 型是由三相降压变压器、三相磁放大器（饱和电抗器和硅整流器组）、输出电抗器、通风机组以及控制系统等组成。

调节在面板上的瓷盘电位器，改变磁放大器控制线圈中的直流电流大小，使铁芯中的磁通发生相应变化，即可调节焊接电流。

32. 什么叫逆变焊机？试说明其工作原理。

逆变焊机是一种采用了逆变技术的新型弧焊整流器。其工作原理如图 4－16 所示。

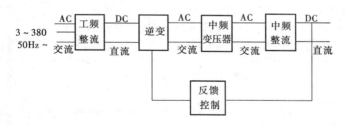

图 4－16　逆变焊机原理图

将输入的三相交流电进行整流供给逆变器进行变频，然后由中频变压器降压再整流、滤波输出直流。

33. ZX7－400 型焊机是如何调节电流的？

ZX7－400 型焊机的电流调节分为粗调和细调。粗调是通过调节功率转换开关，共有两挡：40～140A 为一挡，115～400A 为一挡。在调粗时，严禁带负载。细调是通过调电流控制旋钮，分为 10 等份，从最小到最大可调节。远离焊机时，可通过遥控器来进行细调。

34. 硅整流式电焊机常见故障有哪些？怎样消除？

硅整流式电焊机常见故障及消除方法见表 4-4。

表 4-4　　　硅整流式电焊机常见故障及消除方法

故　障	产　生　原　因	消　除　方　法
电焊机空载电压太低	(1) 网路电压低 (2) 变压器初级线圈匝间短路 (3) 磁力启动器接触不良	(1) 设法提高电压 (2) 消除短路 (3) 使接触良好
焊接电流调节失灵	(1) 控制线圈匝间短路 (2) 焊接电流控制器接触不良 (3) 控制整流回路元件击穿	(1) 消除短路 (2) 使接触良好 (3) 更换元件
焊接电流不稳定	(1) 主回路交流接触器或风压开关抖动 (2) 控制绕组接触不良	(1) 消除抖动 (2) 使接触良好
风扇电动机不转	(1) 保险丝烧断 (2) 电动机绕组断线 (3) 按钮开关触头接触不良	(1) 更换保险丝 (2) 修复或更换电动机 (3) 修复或更换开关
焊接电压突然下降	(1) 主回路全部或部分短路 (2) 整流元件击穿 (3) 控制回路断路	(1) 修复 (2) 更换 (3) 修复

35.各类电焊机有何优缺点？各适用于何种场合？

各类电焊机的优缺点及其应用范围见表 4 – 5。

表 4 – 5 　　　　　　电焊机的优缺点及其应用范围

名　称	优　缺　点	应　用　范　围
旋转式直流电焊机（焊接发电机）	优点：可以选择极性，电弧稳定，焊接电流稳定 缺点：噪声大，结构复杂，维修困难，易产生磁偏吹	用于手工电弧焊、氩弧焊、等离子弧焊和切割等
硅整流式直流电焊机（焊接整流器）	优点：噪声小，空载损耗小，可以选择极性 缺点：飞溅大，易损坏，焊接电流不稳定	用于手工电弧焊、氩弧焊、等离子弧焊和切割、碳弧气刨等
交流电焊机（焊接变压器）	优点：成本低，结构简单，重量轻，易维修 缺点：不能选择极性，电弧稳定性较差	用于手工电弧焊（用酸性焊条时）、氩弧焊（焊接铝母线）、埋弧焊等

36.如何正确选择电焊机？

电焊机选择根据以下方面进行：

（1）焊机种类。焊条电弧焊时，根据焊条药皮种类和性质选择。凡低氢钠型焊条选用直流焊机，酸性焊条可交、直流两用。

（2）焊机容量。焊条电弧焊时主要工艺参数是焊接电流，按照需要电流的大小，对照焊机型号规格选择即可。

（3）焊机外特性。手弧焊、手工钨极氩弧焊、埋弧焊都应选用下降特性焊机，其他焊接方法则根据负载特性来选择。

37. 埋弧焊机由哪些部分组成？如何分类的？

埋弧焊机由弧焊电源、自动焊接小车和控制箱组成。

埋弧焊机分类有：

（1）按用途分为通用和专用焊机。通用焊机适用于各种结构的对接、角接、环缝和纵缝等；专用焊机适用于焊接某些特定的结构或焊缝。

（2）按电弧自动调节的方法分为等速送丝式和均匀调节式焊机。等速送丝式适用于细焊丝或高电流密度的情况；均匀调节式适用于粗焊丝或低电流密度的情况。

（3）按行走机构形式分为小车式、门架式、悬臂式，通用焊机大都用小车式。

（4）按焊丝数目分为单丝、双丝和多丝焊机三类，国内目前生产应用的大多数为单丝式焊机。

38. MZ－1000 型埋弧焊机的设计原理和适用范围怎样？

MZ－1000 型埋弧自动焊机是根据对电流电压自动调节原理设计的，具有强迫调节系统的均匀调节式自动焊机。它适合焊接位于水平位置或与水平面倾斜不大于 15° 的各种有、无坡口的对接焊缝、搭接焊缝和角接焊缝等，并可借助转胎进行圆形焊件内、外环缝的焊接。

39. CO_2 气体保护焊机有哪几部分组成？有哪些型号？送丝方式有几种？

CO_2 气体保护焊机由焊接电源、送丝系统、焊枪、供气装置及控制系统等部分组成。

国产 CO_2 气体保护焊机、拉丝式半自动 CO_2 焊机有 NBC－160、NBC－200 型；推丝式有 NBC1－250、NBC1－300、NBC1－500－1 型；管状焊丝推丝式有 NBC1－400 型；自动 CO_2 焊机有 NZC－500、1000 型。

半自动焊的 CO_2 焊机送丝方式有三种：推丝式、拉丝式和推拉丝式。目前我国生产中最多的是推丝式送丝系统。

40. 试说明 CO_2 气体保护焊的焊接控制程序。

CO_2 气体保护半自动和自动焊的焊接控制程序(见图 4－17)。

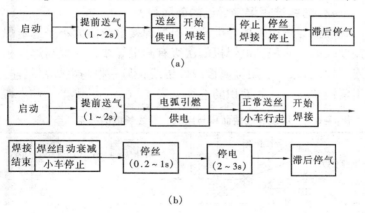

(a)

(b)

图 4－17 CO_2 气体保护焊焊接程序框图
(a) 半自动焊；(b) 自动焊

41. 电焊工具及辅助工具有哪些？怎样选用焊钳和护目玻璃？

电焊工具有电焊钳、面罩、黑玻璃等。

辅助工具有尖头锤、钢丝刷、代号钢印等。

电焊钳用来夹紧焊条和传导电流，根据焊接电流选用。常用的型号 G－352，重 0.5kg，可夹住 2～5mm 直径的焊条，安全电流为 300A。

护目玻璃用来保护眼睛，避免强光及有害紫外线的损害。

护目玻璃按颜色的深浅可分六号：7、8、9、10、11、12，号数越大，色泽越深。目前以墨绿色为多。选用时，可根据施焊人员的视力和环境条件进行选用。视力较好或光线充足处，最好用深色的；视力较差或暗处，可选用浅色的。

42. 怎样选用焊接导线的截面积？

焊接导线用来传导电流，根据焊接电流的大小来选定焊接导线的截面积。电焊机的次级有两根导线，一根与焊件相连（地线），一般用金属板或硬铝线；另一根与电焊钳相连，用紫铜丝软线，截面积的选择见表 4－6。

表 4－6　　焊接导线截面积与电流、导线长度的关系

截面$\frac{mm^2}{}$＼导线长度(m) 电流(A)	20	30	40	50	60	70	80	90	100
100				25				28	35
150		35			50	60		70	
200		35		50	60		70		
300	35	50	60		70			85	
400	35	50	60	70		85		95	
500	50	60	70	85		95		120	
600	60	70		85		95		120	

三、气焊设备及工具

43. 气焊设备由哪几部分组成?

气焊设备由氧气瓶、乙炔发生器（或乙炔瓶、液化石油气瓶）、焊炬以及减压器、橡皮胶管等部分组成。

44. 氧气瓶的结构怎样? 有哪几种规格?

氧气瓶是一种钢质圆柱形的高压容器，一般用无缝钢管制成，壁厚 5 ~ 8mm，瓶顶有瓶阀和瓶帽，瓶体上、下各装一个减震皮圈，见图 4 – 18。

瓶体表面漆天蓝色，用黑漆写有"氧"字。内装 15MPa 的氧气，出厂时水压试验压力是工作压力的 1.5 倍，即 15MPa × 1.5 = 22.5MPa，并规定每 3 年必须检查一次。

氧气瓶的规格有九种，容积(L)分别为:12、12.5、25、30、33、40、45、50、55 等。常用的是容积为 40L，瓶体外径 219mm，高 1370 ± 20mm，重 55kg。瓶内达 15MPa 时有 6m^3 的氧气。

45. 氧气瓶阀有哪几种?

氧气瓶阀是开闭氧气的阀门，阀体用黄铜制成，按结构分为活瓣式和隔膜式两种。瓶阀逆时针方向旋转为开启，

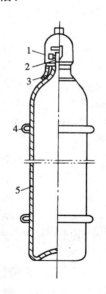

图 4 – 18 氧气瓶
结构

1—瓶帽; 2—瓶阀;

3—瓶钳; 4—防震圈
(橡胶制品); 5—瓶体

顺时针方向旋转为关闭。

活瓣式瓶阀（见图4－19）使用方便，可用手直接开启和关闭，用得较广。

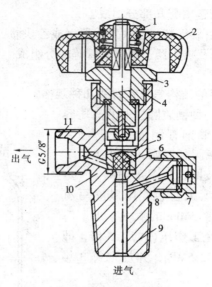

图4－19　活瓣式氧气瓶阀的构造

1—弹簧压帽；2—手轮；3—压紧螺母；4—阀杆；5—活门；6—密封垫料；7—安全膜装置；8—阀座；9—锥形尾；10—阀体；11—侧接头

46. 乙炔瓶的结构怎样?

乙炔瓶是一种钢质圆柱形的容器，一般用无缝钢管制成。瓶顶有瓶阀和瓶帽，瓶体表面漆白色，用红漆写有"乙炔"两字。内装1.5MPa的乙炔，出厂时水压试验压力是工作压力的2倍，即1.5MPa×2＝3MPa。

乙炔瓶内装有浸满丙酮的多孔性填料，乙炔溶解在丙酮内。多孔性填料是用活性炭、木屑、浮石和硅藻土等合成。

乙炔瓶阀是开闭乙炔的阀门，阀体用低碳钢制成，必须用方孔套筒扳手开启和关闭，逆时针方向旋转为开启，顺时针方向旋转为关闭。

乙炔瓶结构见图 4－20。

乙炔瓶的规格有 ≤ 25L、40L、50L、60L 几种。

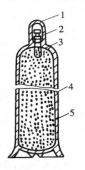

图 4－20
乙炔瓶
1—瓶帽；
2—瓶阀；
3—石棉；
4—瓶体；
5—多孔性填料

47. 常用减压器有哪些？有什么作用？

常用国产减压器有 YQY－1 型氧气减压器和 YQE－222 型乙炔减压器，其技术数据见表 4－7。

减压器的作用：（1）将瓶内气体从高压降低到工作压力。

（2）保护工作压力和流量基本稳定。

表 4－7　　　　　　减压器技术数据表

型　号	工作压力（MPa）		压力表规格（MPa）		公称流量（m³/h）	质量（kg）	备注
	输入 ≤	输出压力调节范围	高压表（输入）	低压表（输出）			
YQY－1	15	0.1～2.5	0～25	0～4	250	3.0	气瓶用
YQE－222	3	0.01～0.15	0～4	0～0.25	6	2.6	

48. 正作用式和反作用式减压器哪一种好？

弹簧式减压器可分正作用式和反作用式两种。

正作用式减压器中进入高压室的高压气体作用在活门下

面，有使活门开启的趋向。气体从高压室冲开活门，进入低压室，从出气口流出，见图4－21（a）。当瓶中高压气体的压力逐渐降低时，冲开活门的压力也相应减小，流出气体的压力也下降。因此正作用式有降压特性，见图4－21（c）。工作中气体压力下降，会影响焊接和切割的质量，故很少采用。

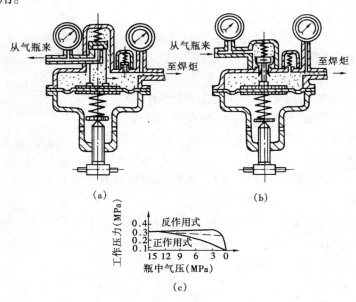

图4－21　减压器工作原理示意图
(a) 正作用式；(b) 反作用式；(c) 工作压力曲线

　　反作用式减压器中进入高压室的高压气体作用在活门上面，有使活门关闭的趋向。当弹簧顶开活门，气体从活门间隙中流入低压室，从出气口流出，见图4－21（b）。当瓶中高压气体的压力逐渐降低时，关闭活门的压力也相应减小，流出气体的压力逐渐上升。因此反作用式有升压特性，见图4-21（c）。工作中气体压力稍微上升，对焊接和切割的质量影响不大，故广泛采用。

49. YQY-1型氧气减压器的结构怎样？

YQY-1型是单级反作用式减压器，本体由HPb59-1黄铜制成，外壳漆成天蓝色。它的结构主要由本体、罩壳、调压螺丝、调压弹簧、弹性薄膜装置（由弹簧垫块、薄膜片、耐油橡胶平垫片等组成）、减压活门与活门座、安全阀、进出气口接头以及高压表、低压表等组成，见图4-22。

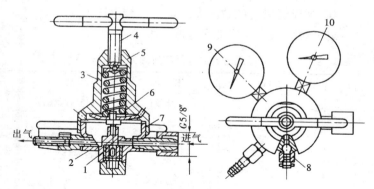

图4-22　YQY-1型减压器的构造

1—减压活门；2—活门座；3—调压弹簧；4—调压螺丝；5—罩壳；
6—弹性薄膜装置；7—本体；8—安全阀；9—低压表；10—高压表

YQY-1型减压器进气最高工作压力15MPa，工作压力调节范围为0.1~2.5MPa，高压表0~25MPa，低压表0~

4MPa，最大流量 8m³/h。安全阀在气体压力为 2.9MPa 时，开始泄气；压力为 3.9MPa 时完全打开。

50. YQE－222 型乙炔减压器的结构怎样？

YQE－222 型单级式乙炔减压器的结构和工作原理与 YQY－1 型氧气减压器相似。

YQE－222 型减压器的外壳漆白色，进气最高工作压力为 2MPa，工作压力调节范围为 0.01～0.15MPa，高压表 0～2.5MPa，低压表 0～0.25MPa，最大流量 9m³/h。安全阀在气体压力为 0.18MPa 时，开始泄气，压力为 0.24MPa 时完全打开。

51. 减压器常见的故障有哪些？ 怎样消除？

减压器的故障及其排除方法见表 4－8。

表 4－8 减压器的故障及其排除方法

故障	部 位	原 因	措 施
漏气	接头漏气	(1) 螺纹配合松动 (2) 垫圈损坏	(1) 拧紧螺丝 (2) 调换垫圈或加石棉绳
	安全阀漏气	(1) 弹簧变形 (2) 活门垫料损坏	(1) 调整弹簧 (2) 更换垫料
	罩壳漏气	(1) 盖子松动 (2) 薄膜损坏	(1) 拧紧丝扣 (2) 更换薄膜

故障	部　位	原　因	措　施
低压表不正常	自流（或称直风），即调压螺丝松开，低压表指针仍上升	（1）活门或门座上有污物 （2）活门座不平 （3）活门密封垫损坏 （4）副弹簧损坏或压紧力不足	（1）吹去或用0号、00号砂纸拭去污物 （2）用细砂纸磨平 （3）更换密封垫 （4）更换或调整弹簧长度
	调压螺丝旋紧到底，但低压表指针不升或升得很少	（1）调压弹簧损坏 （2）传动杆弯曲	（1）更换弹簧 （2）更换或校直传动杆
	工作过程中，气体供应不上或压力表指针颤动	减压活门冻结	热水解冻后，将水分吹干
	压力表有指示，但使用时突然下降	（1）瓶阀未开足 （2）活门密封不良	（1）开足瓶阀 （2）更换或清除污垢

52. 乙炔发生器可分哪几类?

乙炔发生器是用电石与水接触来制取乙炔气的设备。它可分为:

（1）按压力分，有低压（0.045MPa以下）和中压（0.045～0.15MPa）两种。

（2）按每小时内发气量分，有0.5m³/h、1m³/h、3m³/h、5m³/h、10m³/h五种。

（3）按装置结构分，有移动式和固定式两种。

（4）按电石与水接触的方式分，有排水式和联合式两种。

目前，常用的有 Q3 - 1 型排水式中压乙炔发生器、Q4 - 5 型和 Q4 - 10 型联合式中压乙炔发生器等三种。

53. 国产中压式乙炔发生器有哪些?

国产中压乙炔发生器的种类及技术数据见表 4 - 9。

表 4 - 9　　　　　　中压式乙炔发生器的技术数据

型　　号		Q3 - 0.5	Q3 - 1	Q3 - 3	Q4 - 5	Q4 - 10
结构型式		排水式	排水式	排水式	联合式	联合式
正常生产率（m³/h）		0.5	1	3	5	10
工作压力（MPa）		0.045 ~ 0.1	0.045 ~ 0.1	0.045 ~ 0.1	0.1 ~ 0.12	0.045 ~ 0.1
电石允许颗粒度（mm）		25 × 50 50 × 80	25 × 50 50 × 80	25 × 50 50 × 80	15 ~ 25	15 ~ 80
安全阀泄气压力（MPa）		0.115	0.115	0.115	0.15	0.15
安全膜爆破压力（MPa）		0.18 ~ 0.28	0.18 ~ 0.28	0.18 ~ 0.28	0.18 ~ 0.28	0.18 ~ 0.28
发气室乙炔最高温度（℃）		90	90	90	90	90
电石一次装入量（kg）		2.4	5	13	12.5	25.5
储气室的水容量（L）		30	65	330	338	818
发生器外形尺寸（mm）	长	515	1210	1050	1450	1700
	宽	505	675	770	1375	1800
	高	930	1150	1755	2180	2690
发生器（不包括水和电石）质量（kg）		40	115	260	750	980
位置形式		移动式	移动式	固定式	固定式	固定式

54. 对乙炔发生器有哪些要求?

对乙炔发生器的要求是:

(1) 按使用需要能自动调节发气量;

(2) 应有可靠的安全装置,如安全阀、防爆膜等;

(3) 乙炔发生器气室内的压力不得超过 0.15MPa;

(4) 不能使用含铜量超过 70% 的零件。

55. Q3 - 1 型移动式中压乙炔发生器的结构怎样?

Q3 - 1 型乙炔发生器是利用排水原理来调节压力的。它的优点是安全可靠,使用方便,压力稳定;缺点是不能用小块电石,易堵塞输气管。它主要由桶体、顶盖、储气桶、回火防止器和小车等组成,如图 4 - 23 所示。

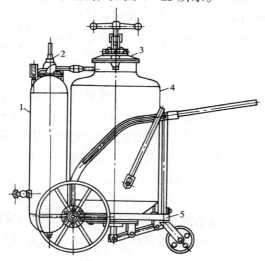

图 4 - 23 Q3 - 1 型乙炔发生器

1—储气桶;2—回火防止器;3—顶盖;4—桶体;5—小车

使用前，打开顶盖，旋开桶体溢水阀，注入清水，见水溢出为止；再旋开回火防止器和储气桶的水位阀，用漏斗或皮管注入清水直到水溢出为止。然后用升降调节杆将电石篮推起，装入电石后，立即关闭顶盖，并扣紧。

使用时，推动升降调节杆，使电石篮下降与水相遇，产生乙炔气。乙炔气聚集在发生器的内层锥形气室内，经过储气桶和回火防止器输出。当压力表指示到 0.045~0.1MPa 时，即可打开出气阀，乙炔气从出气口经橡皮胶管输至焊炬或割炬。

工作完毕后，先拉开排污拉杆，放掉电石污，然后取出电石篮，用清水冲洗干净。

桶体顶盖上装有安全膜（厚 0.06~0.1mm 铝片），压力升到 0.18~0.28MPa 时，安全膜破裂卸压。

回火防止器顶部装有泄压装置，乙炔压力超过 0.11MPa 自行泄压。

56. Q4-10 型固定式中压乙炔发生器的结构怎样？

Q4-10 型乙炔发生器的优点是安全可靠，压力稳定，装换电石时能连续产气；但发气室易过热，加水系统易堵塞。它主要由桶体、发气室、加水桶、乙炔洗涤器、进水操作杆等组成，如图 4-24 所示。

57. Q4-10 型乙炔发生器是怎样调节乙炔压力的？

Q4-10 型乙炔发生器是利用双挤压调压原理来调节压力的。

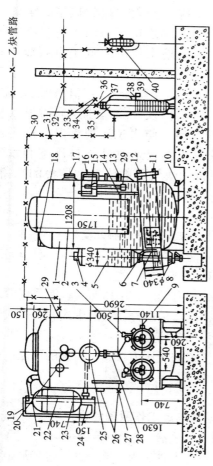

图 4-24 Q4-10型乙炔发生器的构造

1—发生器桶体；2—储气挤压室；3—温度计；4—卸压膜；5—发气挤压室；6—电石篮；7—发气室；8—排渣阀；9—进水管；10—排污阀；11—元宝螺丝；12—吹泄阀；13—给水三通阀；14—出气管；15—逆止阀；16—乙块洗涤器；17—乙块压力表；18—卸压膜；19—操作杆；20—安全阀；21—双通阀；22—水位指示器；23—加水桶；24—三通阀；25—乙块洗涤器盖；26—溢水阀；27—水位计；28—进水操作杆；29—乙块排气管；30—放泄阀；31—乙块管；32—单向阀；33—加水斗；34—加水阀；35—中心回火防止器；36—放泄阀；37—乙块排气阀；38—水位阀；39—逆止阀；40—回火防止器（岗位式）

当乙炔消耗量小时，储气室内的乙炔气增多，压力上升，直至压力升到 0.07MPa 后，就将储气室内的水压入储气挤压室，使水位下降到给水三通阀以下，中断向发气室供水。同时由于发气室乙炔压力的上升，将发气室内的水压入发气挤压室，使水位下降低于电石篮，此时电石脱离水面，停止产气，乙炔压力停止上升。当乙炔消耗量大时，压力下降，由于挤压室内气体的反作用，储气室内的水位上升，重新向发气室供水。同时发气挤压室中的水也回流到发气室，使水位迅速上升，产生乙炔。因此，联合式乙炔发生器是通过储气挤压室和发气挤压室的互相协调来保持乙炔气体的流量和压力的平衡。

58. 回火防止器有什么作用？可分哪几类？

回火防止器的作用是防止焊炬或割炬发生回火时引起乙炔发生器发生爆炸的一种安全装置。

回火防止器按压力分，有低压和中压两类；按作用原理分，有水封式和干式两类；按用途分，有集中式和岗位式两类；按结构分，有开式和闭式两类。

使用乙炔瓶时，由于乙炔气压力较高，回火的可能性很少，就不必装置回火防止器。

59. 中压水封回火防止器的工作原理怎样？

常用的中压水封回火防止器，如图 4-25 所示。

工作正常时，乙炔由进气管流入，推开并经过球形逆止阀，再经分气板从水下冒出而聚集在筒体上部，然后从出气管输出。

当发生回火时，倒燃的火焰从出气管烧入筒体上部，筒体内的压力立即增高，一方面压迫水面，通过水层使逆止阀关闭，进气管暂停供气；另方面，筒体顶部的防爆膜被冲破，燃烧气体就散发到大气，防止了回火。

这类回火防止器使用安全可靠，但逆止阀处容易积污，造成逆止阀关闭不紧而泄漏。因此必须定期进行清洗，同时要经常检查水位，绝不容许无水干用。

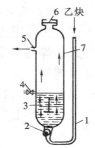

图 4-25 中压水封
回火防止器
1—进气管；2—球
形逆止阀；3—分
气板；4—水位阀；
5—出气管；6—防
爆膜；7—筒体

60. 中压防爆膜干式回火防止器的构造和工作原理怎样？

中压防爆膜干式回火防止器的构造见图 4-26。

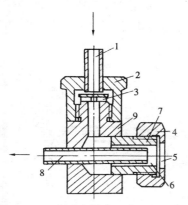

图 4-26 中压防爆膜干式回火防止器
1—进气管；2—盖；3—逆止阀；
4—膜盖；5—防爆膜；6—爆炸室；
7—膜座；8—出气管；9—阀体

其工作原理是：当回火发生时，燃烧的混合气体从出气管烧入爆炸室，压力增高，防爆膜瞬时即被冲破；同时由于阀体内腔的压力增高，使逆止阀关闭，暂停供应乙炔气，从而起到防止回火的作用。缺点是回火产生后，不能切断气源，需关闭乙炔总阀，更换防爆膜后才能继续使用。

61. 焊炬有什么作用？可分哪几类？

焊炬的作用是使可燃气体与氧气按一定比例混合形成合乎要求的焊接火焰。因此焊炬在使用中应能方便地调节火焰、重量轻、安全可靠。

按气体进入混合室的原理分，焊炬有等压式和射吸式两类；按尺寸和重量分，有标准、轻便和小型三类；按火焰数目分，有单焰和多焰两类；按使用方法分，有手用和机械两类。

目前国内用的焊炬均为射吸式。

62. 射吸式焊炬的工作原理怎样？

射吸式焊炬使用的氧气压力较高（0.1～0.8MPa），乙炔的压力较低（0.001～0.12MPa）。它通过混合室内喇叭口形状的喷嘴，利用射吸作用，使高压氧气与低压乙炔气混合，并以相当高的流速从焊嘴喷出，如图 4-27 所示。这种焊炬的适应性广，乙炔气压力大于 0.001MPa 就能保证焊炬的正常工作。

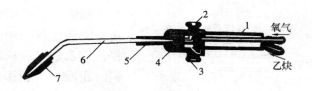

图 4-27　射吸式焊炬示意图

1—炬柄；2—氧气阀；3—乙炔阀；4—喷嘴；

5—混合室；6—喷管；7—焊嘴

63. H01 – 6 型射吸式焊炬的结构怎样?

国产的射吸式焊炬有 H01 – 6、H01 – 12、H01 – 20 和 H02 – 1 型四种，其中用得最广的是 H01 – 6 型焊炬。这种焊炬备有 5 个焊嘴，能焊接 2 ~ 6mm 厚度的焊件，使用的氧气压力 0.2 ~ 0.4MPa，乙炔气压力 0.001 ~ 0.12MPa。

H01 – 6 型焊炬由主体、气体调节阀、喷嘴、射吸管、混合气管、焊嘴、手柄、气管接头等组成，如图 4 – 28 所示。

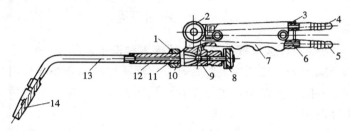

图 4 – 28　H01 – 6 型焊炬的构造

1—射吸管螺母；2—乙炔调节阀；3—乙炔进气管；4—乙炔接头；
5—氧气接头；6—氧气进气管；7—手柄；8—氧气调节阀；9—主体；
10—氧气阀针；11—喷嘴；12—射吸管；13—混合气管；14—焊嘴

主体由 HPb – 59 – 1 黄铜制成，混合气管与射吸管采用银钎料钎接，手柄是用电木粉（胶木）压制而成。

64. 割炬的作用和结构怎样?

割炬的作用是使可燃气体与氧气混合，形成一定形状的预热火焰；并能在预热火焰中心喷射切割氧气流，以便进行气割。

射吸式割炬的结构是以射吸焊炬为基础，增加了切割氧的气路和阀门。并采用专门的割嘴，割嘴中心是切割氧的通道，预热火焰均匀分布在它的周围，见图 4 - 29。

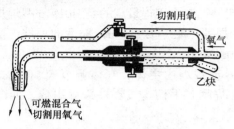

图 4 - 29 割炬示意图

65. 为什么氧气和乙炔气胶管不能混用？

国产氧气和乙炔气胶管都是用优质橡胶和麻织或棉织纤维制成的。但是两者的厚度和承受压力是不同的，所以两者不能混用。

氧气胶管能承受 2MPa 的压力，表面为红色，一般，内径为 8mm，外径为 18mm。

乙炔气胶管能承受 0.5MPa 的压力，表面为绿色，一般，内径为 8mm，外径为 16mm。

胶管首次使用前必须把管内壁的滑石粉吹干净。

66. 氧气站的平面布置和管道敷设有什么要求？

氧气站的平面布置见图 4 - 30。

对氧气站内设施的要求：

（1）站内氧气瓶的数量根据使用高峰确定。

（2）根据氧气瓶的数量可分成若干组，轮流向母管供气（见图 4 - 31）。

（3）氧气瓶和母管的接通有两种方式，一种是通过蛇形

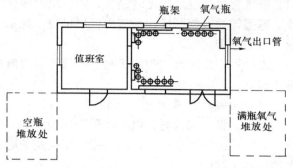

图 4-30 氧气站建筑布置图

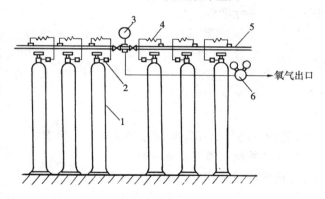

图 4-31 氧气集中供应示意图

1—氧气瓶；2—锁母；3—高压压力表；
4—钢制蛇形管；5—氧气母管；6—集中减压器

紫铜管（$\phi 18 \times 5mm$）和其两端的锁母（黄铜制成的，见图 4-31）；另一种是通过减压器和胶管。后者比前者安全简便，但每个瓶上均需装一个减压阀。

氧气管道敷设的要求：

（1）氧气管道均应采用无缝钢管，阀门及附件可选用可锻铸铁、球墨铸铁或钢制成，管道内径以 $\phi32\sim38mm$ 为宜，使用前应脱脂处理。

（2）由母管输出的氧气为高压时，在母管与引出管之间应装减压器。

（3）室外的氧气管若为地下敷设时，埋设深度为 0.7m 或冻土层以下。露天架设时，以不妨碍交通为准。

（4）氧气管道的连接必须采用焊接，敷设完毕后，应做整体严密性水压试验。

（5）氧气管道的表面应涂有防腐漆，地下敷设时，还应缠以玻璃布，外涂沥青。

（6）氧气管道的敷设应有一定的坡度，一般为千分之二。并装有疏水装置，管道应接地。

（7）每个支管上装一个小集气联箱，再从小集气联箱出口管的氧气阀接至使用地点。

67. 乙炔站的平面布置与管道敷设有什么要求？

乙炔站的平面布置见图 4－32。

对乙炔站的设施和管道敷设有如下要求：

（1）按乙炔气使用高峰确定设备容量和台数，一般为 2～4 台固定式乙炔发生器。

（2）乙炔管道应采用无缝钢管，内径不大于 50mm。阀门及附件可选用可锻铸铁、球墨铸铁或含铜量不超过 70% 的铜合金。

（3）室外的乙炔管，若地下敷设时，埋设深度应为 0.7m 或冻土层以下；露天架设时，不应妨碍交通。

（4）乙炔管道的连接必须采用焊接，敷设完毕后应做整

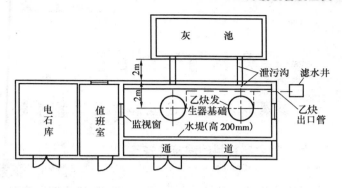

图 4－32　乙炔站建筑布置图

体严密性水压试验。

（5）乙炔管的表面应涂以防腐漆，地下埋设的管道还应缠以玻璃布，外涂沥青。

（6）乙炔站管道出口应设一滤水井，以便滤水。管道敷设时，应有一定的坡度，一般为千分之二，并相隔一定距离装设一滤水器（见图4－33），管道应接地。

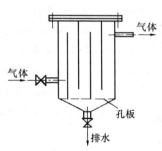

图 4－33　滤水器示意图

（7）每个支管上装一个小集气联箱，在联箱的每个出口处单独装回火防止器，然后接至使用地点。

（8）乙炔管道与氧气管道平行敷设时，两者相距不应少于 250mm。严禁与带电导线或高温管道平行敷设。

第 五 章

焊接与气割工艺

一、金属材料的焊接性和焊接工艺评定

1. 什么是金属材料的焊接性？

焊接性就是金属材料在一定的工艺条件下焊接时，能获得优质焊接接头的一种性能。如果一种材料只需用一般的焊接工艺就能获得优质接头，则该材料具有良好的焊接性；如果要用很特殊、很复杂的焊接工艺才能获得优质接头，则该材料的焊接性较差。

从广义来说"焊接性"这一概念还包括"可用性"和"可靠性"。焊接性取决于材料的特性和所采用的工艺条件。金属材料的焊接性不是静止不变的，而是发展的，例如原来认为焊接性不好的材料，随着科学技术的发展，有了新的焊接方法而变为易于焊接，即焊接性变好了。因此我们不能离开工艺条件来泛谈焊接性问题。

2. 焊接性包括哪些内容？

从焊接性概念可看出，它包括工艺焊接性和使用焊接性两部分。工艺焊接性主要解决结合性能问题，即不出现裂纹；使用焊接性则主要解决实际应用中是否符合使用条件问题，即符合使用性能的程度。

工艺焊接性通过焊接性试验实现，而使用焊接性则通过焊接工艺评定实现。

3. 为什么要对金属材料进行焊接性试验？

焊接性试验是产品设计、施工准备以及正确拟订焊接工艺的重要依据。

通过焊接性试验，可以知道金属材料在一定工艺条件下焊接后的情况，如焊接接头出现裂缝的可能性，即抗裂性好坏；焊接接头在使用中的可靠性，包括接头的力学性能和其他的特殊性能（耐热、耐蚀、耐低温、抗疲劳、抗时效）等。

焊接性试验有两种方法，一为以钢材的含碳量和合金元素的种类和含量折合成相当碳量（碳当量）评价焊接性，一般称为间接法；二为以利用试件采用拘束法或 Y 型坡口对接裂纹试验法，一般称为直接法。

4. 怎样以钢材的碳当量评价焊接性？

通常情况下，可根据钢材的含碳多少和合金元素的种类与含量来评价钢材的焊接性。含碳量多或含合金元素多，则焊接性较差，这是一种粗略的估计方法。可以通过碳当量的计算，根据钢材的化学成分对焊接热影响区淬硬性的影响程度来评价焊接时产生冷裂纹倾向。

碳钢和低合金钢常用的碳当量公式（国际焊接学会推荐的）是

$$C_{eq} = C + \frac{Mn}{6} + \frac{1}{5}(Cr + Mo + V) + \frac{1}{15}(Ni + Cu)$$

（元素含量%）

根据经验：

$C_{eq} < 0.4\%$时，钢材的淬硬倾向很小，焊接性好，焊接

时，不需要预热。

$C_{eq} = 0.4\% \sim 0.6\%$ 时，钢材的淬硬倾向逐渐增大，需要适当预热。

$C_{eq} > 0.6\%$ 时，淬硬倾向大，较难焊接，需要采取较高的预热温度和严格控制焊接工艺。

5. 什么是焊接性评价资料？包括哪些内容？由谁提供？

将工艺焊接性的评价结果进行综合、整理，作为指导编制焊接工艺设计的基础，即为焊接性评价资料。

焊接性评价资料一般应包括：钢材的技术参数、钢材焊接裂纹敏感性试验报告、研究报告和特殊条件下的应力腐蚀试验报告以及相关论文、焊接工程总结等。

焊接性评价资料，尤其是钢材的技术参数、钢材焊接裂纹敏感性试验报告和特殊条件下的应力腐蚀试验报告应由钢材供应部门提供。所有的焊接性评价资料应由施焊单位负责收集。

6. 什么叫焊接工艺评定？

焊接是一种复杂的工艺过程，影响其质量的因素很多，将众多因素合理地组合和正确地运用，才能焊接出符合生产需要的优质焊接接头。

一种拟定出的工艺能否保证产品技术条件，则需要验证，焊接工艺评定实质上，就是针对产品技术条件要求验证所拟定的焊接工艺的正确性，而只有经过验证合格的工艺，才能应用在生产实践中，才能保证焊接质量，避免返工。

7. 焊接工艺评定的目的是什么?

(1) 验证施焊单位所拟定的工艺方案是否正确,能否达到产品技术条件要求的质量标准,提供实施焊接工艺的可靠依据。

(2) 提供完整的焊接工艺数据,是编制焊接作业指导书的依据。

(3) 是焊接质量管理的关键环节,是衡量一个单位施焊能力和技术水平的重要标志。

8. 焊接工艺评定的前提条件是什么?

(1) 必须获得被评定钢材的焊接性评价资料,掌握钢材的焊接性,应在有针对性、有目的状态下进行。

(2) 清楚焊接接头使用性能要求,列出工艺评定对焊接接头所需要进行的考核项目和指标。

(3) 具备进行评定工作的条件,涉及的人力、物力、技术等条件,均应准备齐全。

9. 工艺评定应在何时进行?

焊接工艺评定应在分析焊接性评价资料的基础上,于下达评定任务书和制定工艺评定方案之后,正式施焊产品之前进行。

10. 焊接工艺评定的程序是什么?

焊接工艺评定程序,见图 5-1。

11. 进行工艺评定应遵守什么纪律?

应实事求是,不准弄虚作假,反对任何形式的违反规程规定的抄袭和挪用行为。

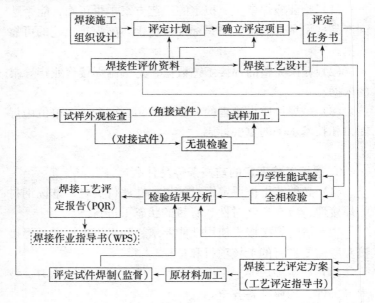

图 5-1 焊接工艺评定流程图

12. 电力工业中对焊接工艺评定的范围是如何规定的?

(1) 电力工业发电设备中需以焊接方法连接的任何钢材均应进行"评定"。

(2) 确定应用的焊接方法均应进行"评定"。

(3) 应用的各种焊接材料均应进行"评定"。

(4) 影响焊接接头力学性能的焊接工艺条件和规范参数均应进行"评定"。

13. 什么叫工艺评定参数?

凡对焊接工艺评定结果有影响的工艺条件、参数或因素，均叫评定参数。

14. 焊接工艺评定参数的关系应如何确定？

焊接工艺评定的评定核心是工艺，而工艺是否正确受诸多评定参数的影响，因此，在"评定"中对各项评定参数应加以分析，找出其中的主导者，并以其为准，摆正各项评定参数的位置和关系。

15. 焊接工艺评定的主体是什么？

焊接工艺评定主要是解决各种钢材在一定工艺条件下，经焊接后，其焊接接头能否满足使用条件（性能）的要求。因此，"评定"的主体是钢材，应以钢材的施焊工艺为核心确定各项焊接工艺条件和规范参数。

16. "评定"的首要因素是什么？各项评定参数应如何确定？

明确评定核心和主体后，首先应确定以何种焊接方法实现焊接过程，然后再以焊接方法为准，确定各项焊接工艺条件和规范参数，因此，焊接方法是诸项条件或因素的首要因素。

其他参数均以焊接方法为基础，按对使用性能影响程度，确定其性质或重要程度。

17. 评定参数共有几种类型？

按对评定结果影响程度，评定参数分为：重要参数、附加重要参数和次要参数等三种类型。

18. 什么叫重要参数？

凡影响焊接接头力学性能（缺口韧性除外）的焊接条件，均为重要参数。如焊接方法、填充金属电极、预热和焊后热处理等。

19. 什么叫附加重要参数？

凡影响焊接接头缺口韧性的焊接条件，均为附加重要参数。如焊接方法、焊接方向、热输入量和焊后热处理等。

20. 什么叫次要参数？

凡不影响焊接接头力学性能的焊接条件，均为次要参数。如接头型式、坡口种类及尺寸、背面清根和清理方法等。

21. 重要参数有变动时，有何规定？

重要参数是影响焊接接头力学性能的因素，故改变其中任何一项时，均应重作工艺评定。

22. 附加重要参数有变动时，有何规定？

附加重要参数是影响焊接接头力学性能中缺口韧性的因素，如改变原工艺中的一项或多项附加重要参数时，可在原工艺条件的基础上，将改变的附加重要参数加入，焊制一个长度足够切取缺口韧性的试件，作冲击试验即可。

23. 次要参数有变动时，有何规定？

由于改变任何次要参数对焊接接头力学性能没有影响，故有变动时，不必重新进行评定，只需修订作业指导书即可。

24. 电力工业焊接工艺评定根据什么标准进行？

为满足和适应火力发电设备工况条件和应用钢材、焊材的复杂性以及对焊接质量要求的严格程度，已经制订了许多具有行业特色的、有针对性的专门标准和规程。焊接工艺评定也依据电力工业焊接的特殊要求，制定了专门的焊接工艺评定标准，故电力工业应执行 DL/T868 焊接工艺评定规程，按其规定实施焊接工艺评定工作。

二、金属材料的焊接特点

25. 中碳钢焊接时有哪些特点？

由于含碳量增多，钢材的塑性变差，淬硬倾向增大，使中碳钢焊接性较差，焊接时易产生淬硬组织和冷裂，热裂倾向也较大，焊接接头的塑性及抗疲劳强度均较低。

焊接时，尽可能选用塑性较好的焊条，如碱性低氢型焊条；在不要求与母材等强度时，尽量选用强度等级较低的焊条；在不可能预热时，也可采用铬镍奥氏体不锈钢焊条。

中碳钢焊接时的预热温度，通常情况下，35、45 号钢可选用 150～250℃；含碳量再增高或工件刚性很大时，可提高到 250～400℃。

26. 低合金高强度钢焊接时有哪些特点？

低合金高强度钢是根据屈服极限分级的，不同级别的钢，其焊接特点不同。

（1） $\sigma_s = 300～400MPa$ 级的低合金高强度钢

一般以热轧和正火状态使用，母材组织为铁素体加珠光体。其碳当量一般在0.4%以下，焊接性优良，故不需要采取特殊工艺措施。只有在厚板、接头刚性大或在低温下焊接时，为防止冷裂纹，才需要适当控制焊接工艺。

（2）$\sigma_s = 450 \sim 550$MPa级的低合金高强度钢

正火后，母材组织为细晶粒铁素体加珠光体或贝氏体。其碳当量较高（$C_{eq} = 0.4\% \sim 0.6\%$），有较明显的淬硬倾向。这类钢的焊接工艺原则是适当调整焊接线能量和预热温度，以控制热影响区的冷却速度，保证其最高硬度不超过能避免冷裂缝的临界硬度值，一般为HV350～450。

（3）$\sigma_s = 600 \sim 1000$MPa级的调质钢

这类钢的焊接性较差，但当含碳量小于0.20%（如12镍3铬钼钒、12锰铬镍钼钒铜、14锰钼铌硼等）时，不仅具有高强度和高的塑性、韧性，而且还有较好的焊接性，不要求很高的预热温度（一般不超过200℃）。焊后不需要热处理，便可使焊接接头的力学性能达到或接近母材的水平。

焊接的原则是，保证奥氏体化的热影响区冷却速度足够高，以便获得低碳马氏体或下贝氏体组织；另外，为了避免产生冷裂缝，必须严格控制焊接的低氢条件。对焊条的水分、氢含量，以及工件表面的油污、水汽等都要严加控制；而且焊接时还要保持层间温度，以加速氢的扩散逸出。

但是过高的冷却速度会导致抗裂性和塑性下降，所以必须协调好焊件厚度、预热温度和焊接规范等参数之间的关系。

27. 珠光体耐热钢焊接时应考虑哪些问题？

珠光体耐热钢焊接时应考虑的问题有：

（1）防止冷裂纹产生

珠光体耐热钢属低合金钢，含有铬、钼、钒、钨、铌等。焊接时，如果冷却速度较大，则易形成淬硬组织，在有较大的拘束应力时，会导致裂纹的产生。合金含量越高，淬硬倾向越大。预热能使冷却速度减慢，故能防止冷裂纹的产生。

（2）使焊缝的化学成分与母材金属相一致

为了保证珠光体耐热钢的焊接结构能长期、可靠地在特定条件下工作，要求焊缝具有良好的抗氧化能力，较高的持久强度和蠕变极限；同时要求焊缝的性能和组织有足够的稳定性。焊接时，焊缝金属的化学成分应最大限度接近被焊钢材的成分，以保证高温下性能的一致。否则在长期高温运行条件下，焊接接头内的合金元素会产生扩散，特别是在熔合区的碳发生迁移，使接头的持久强度和塑性降低。

28. 怎样焊接 WB$_{36}$钢管？

WB$_{36}$钢又称 15NiCuMoNb$_5$ 钢，该钢种多以管子应用在电站中，由于其外径一般均大于 200mm、壁厚为 20～90mm，属大径厚壁管。该钢种通过 Ni、Cu、Nb 等元素含量的合理匹配和优化，以及较低含量的 C、S、P 等，不但性能优良，而且焊接性能较好，可采取正常工艺焊接。

焊接方法采用钨极氩弧焊、焊条电弧焊或两者组合，在合理选定焊接材料的条件下，均可获得优良的焊接接头。焊接材料的选定一般与其强度匹配即可，目前焊材选用国外者较多，焊丝应符合 AWS A5.28 ER80S－G 及欧洲 EN12070WMosi 标准；焊条应符合 AWS A5.5E9018－G（E9015－G）标准。

焊接工艺参数推荐如下：

（1）预热温度为 150 ~ 200℃；层间温度 ≤ 250℃；采用多层多道焊接。

（2）焊接规范参数：

氩弧焊：焊丝直径 $\phi2.4mm$，焊接电流 90 ~ 130A，电弧电压 10 ~ 15V。

焊条电弧焊：焊条直径 $\phi3.2mm$，焊接电流 100 ~ 140A，电弧电压 22 ~ 26V。

焊条电弧焊：焊条直径 $\phi4.0mm$，焊接电流 140 ~ 180A，电弧电压 22 ~ 27V。

焊接过程应控制热输入量，其线能量可在 12 ~ 30kJ/cm 间依据部件厚度合理选定，同时还应注意与焊后热处理合理配合。

（3）焊道设计：

按 DL/T869 焊接技术规程规定。

（4）焊后热处理：必须进行，规范为：

后热（去氢）处理温度为 250 ~ 300℃，保温 2 ~ 3h。

焊后（消除应力）热处理温度为 580 ~ 620℃，保温时间按每 25mm1h 确定。

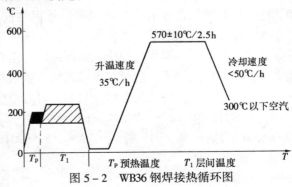

图 5 - 2　WB36 钢焊接热循环图

（5）WB36 钢焊接过程及焊后热处理的热循环，见图 5－2。

29. 怎样焊接 T/P23 钢管？

该类钢由于含碳量低，硫、磷杂质含量少，在高温条件下具有足够的蠕变断裂强度和焊缝金属硬度低于 HV350，焊接性能好，工艺上没有特殊要求。

（1）焊接方法选定

壁厚≤6mm 的小径薄壁管采用全氩焊接；

壁厚＞6mm 的小径管和大径厚壁管采用氩弧焊打底、焊条电弧焊填充和盖面。

（2）焊接材料选定

1）选定的焊丝、焊条应与母材匹配，并满足电站锅炉和管道设备制造的焊接技术要求。

2）焊丝、焊条的质量必须符合相关标准的要求，并应有成分、性能和相关工艺的完整资料。

3）推荐的焊接材料：

氩弧焊丝应符合 AWS A5.28ER90S－G 及欧洲 EN12070WZCrWV2 标准；

焊条应符合 AWS A5.5 E9015－G（E9018－G）及欧洲 EN1599 EZCrWY21.5B42H5 标准。

（3）焊接过程中，管内壁是否进行充氩保护，可视具体情况而定，为保证焊缝根层不致过分氧化和清洁，以采用充氩保护为宜

（4）预热、层间温度、焊后热处理规范

1）由于焊态金属硬度比较低，冲击韧性较好，小径薄壁管采用全氩弧焊接，焊前可不预热，焊后缓冷，也不必进

行热处理。

2）小径薄壁管当采用焊条电弧焊时，考虑到焊缝金属冲击韧性比较低，如有冲击韧性要求时，焊前可不预热，如需热处理者焊后进行 740℃/2h 的热处理。

3）为降低焊接应力和焊缝、热影响区硬度，可靠的防止冷裂纹，大径厚壁管推荐进行预热，温度为 150～200℃，同时，亦推荐进行焊后热处理，加热温度 740℃/2～6h（视壁厚而定）。

4）由于该类钢属贝氏体耐热钢，对焊接接头的冷却速度和层间温度要求不严格，层间温度可在 350℃以下，如需热处理者，焊后可冷却至室温后立即进行热处理。

（5）焊道设计

1）小径薄壁管最低应分二层焊接；大径厚壁管应采取多层多道焊接。

2）根层焊道厚度最低不小于 3mm，其他各层焊道厚度为焊条直径加 2mm。

3）多层多道焊接，其每层每道焊缝摆动幅度为焊条直径的 5 倍。表面层最后一道焊道在焊缝中间为"退火焊道"（水平固定焊位）。

（6）焊接规范参数

氩弧焊：焊丝直径 ϕ2.4mm，焊接电流 90～120A，电弧电压 10～16V。

焊条电弧焊：焊条直径 ϕ2.5mm，焊接电流 90～120A，电弧电压 22～26V。

焊条电弧焊：焊条直径 ϕ3.2mm，焊接电流 100～140A，电弧电压 22～26V。

焊条电弧焊：焊条直径 ϕ4.0mm，焊接电流 130～160A，电弧电压 22～26V。

30. 怎样焊接 T/P24 钢管?

T/P24 钢与 T/P23 钢比较,在化学成分上都有含碳量低和焊缝金属硬度低的特点,有良好的焊接性能,但 T/P24 钢比 T/P23 钢含铬量和含钼量高,而 T/P23 钢又比 T/P24 钢增加了 1.65% 的钨含量,因此,T/P24 钢在抗拉强度和许用应力上均高于 T/P23 钢,在物理性能和相变温度上又相近,所以,也是制造电站锅炉和管道的合适材料。

该钢材除在焊接材料选用上有区别外,在焊接方法和工艺上是相近的。焊接方法应用上与 T/P23 相同。焊接材料选用上,焊丝选用应符合 AWS A5.28ER90S - G 及欧洲 EN12070WZCrMOV$_2$ 标准;焊条选用应符合 AWS A5.5 E9015 - G(E9018 - G)及欧洲 EN1599 EZCrMoVNbB 21B 42H5 标准。

焊接规范参数及其他规定,可参照 T/P23 的推荐值。

31. T/P23、T/P24 钢与其他钢材的接头应如何焊接?

T/P23 钢、T/P24 钢与其他钢材的异种钢接头有如下类型,推荐方法如下:

(1) T/P23、T/P24 钢与 T/P22（10CrMo910）钢的焊接,可按 T/P22 钢的原则处理。

(2) T/P23、T/P24 钢与 T/P91、T/P92 钢的焊接,应按 DL/T752 火力发电厂异种钢焊接技术规程的规定进行。

(3) T/P23、T/P24 钢与 T/P304H、T/P347H 钢的焊接应选用:焊丝为不锈钢焊丝;焊条应选用镍基焊条。

32. 怎样焊接 12Cr2MoWVTiB 钢管？

12Cr2MoWVTiB 钢也叫 102 钢。其焊接性能良好，可采用全氩弧焊或氩弧焊打底、电焊盖面的工艺方法进行焊接，其要点：

(1) 焊接材料选择：氩弧焊打底时，选用国产 TIG - R34 氩弧焊丝，直径 $\phi 2.5mm$。氩气纯度要求在 99.95% 以上，打底层厚度 2.5 ~ 3mm。电焊盖面时选用 E5515 - B3 - VWB 焊条，使用前烘干，温度 350 ~ 400℃，保温 2h。

(2) 焊前预热：102 钢焊前需预热 250 ~ 300℃，小径管可不预热。

33. 马氏体耐热钢焊接时有哪些特点？

马氏体耐热钢包括含铬 5% ~ 9% 和含铬 12% 的高铬钢。该类钢具有空淬倾向，焊接性较差，焊后易形成硬度很高的马氏体和少量贝氏体组织，产生冷裂纹。为了防止焊接接头的硬化和产生裂纹，焊前一般必须预热到 200 ~ 400℃，焊后尚未完全冷却前应进行高温回火。焊后冷却速度也不宜过慢，否则在接头中会引起晶粒边界碳化物析出和形成铁素体，从而降低常温冲击韧性。

34. T/P91、T/P92 钢的焊接特点是什么？

T/P91、T/P92 钢的室温性能基本相近，同属低碳马氏体耐热钢，其焊接工艺的特点和焊接技术要求也基本相似。如果与过去常用的马氏体耐热钢（T9、F12 等）的焊接工艺相比，具有以下特点：

(1) 预热温度低

T/P91、T/P92 钢是低碳马氏体钢，允许在马氏体组织区焊接，故预热温度和层间温度可以大大降低。

（2）层间温度控制严格

由于 T/P91、T/P92 钢导热系数小，当焊接热量比较集中时，层间温度则高，必须采取低的焊接热输入量施焊，否则焊接接头的冲击韧性会大大降低。

（3）严格控制焊接热输入量

焊件输入热量越大，焊接接头的冲击韧性越低，必须采取小的焊接线能量，即小直径焊条、比较小的焊接电流、比较快的焊接速度，配合的比较低的层间温度。

（4）焊件必须冷却到马氏体转变温度以下，才能进行热处理

焊接接头在热处理之前一定要冷却到马氏体转变温度以下，这点必须特别重视，只有实现这一保证，才能使随后的热处理全部马氏体得到回火，同时，应特别认真地控制焊后热处理的加热温度和保温时间，才能改善焊接接头的冲击韧性。

35. T/P91、T/P92 钢应怎样焊接？

掌握 T/P91、T/P92 钢的焊接特点后，对焊接工艺推荐如下：

（1）焊接方法的选定：

壁厚≤6mm 的小径薄壁管采用全氩弧焊接；

壁厚＞6mm 的小径管和大径厚壁管采用氩弧焊打底、焊条电弧焊填充和盖面的组合焊接方法。

（2）焊接材料的选定：

1）原则及注意事项：

①选用的氩弧焊丝、焊条应与母材匹配，选用时应注意

化学成分的合理性，以获得优良的焊缝金属成分、组织和力学性能（含常温、时效后和高温力学性能）；

②焊缝金属的 A_{C1} 和 M_s 温度应与母材相当；

③焊接工艺性能良好；

④焊丝、焊条必须有质量证明书及使用说明书。首次使用的焊材，应要求供应商提供详细的性能资料及推荐的焊接工艺；

⑤作好电焊条保管、烘干和使用管理工作。

2）具体选用推荐意见：

①T/P91 钢：

焊丝应符合 AWSA5.28ER90S－B9 及欧洲 EN12070WCrMo91 标准；

焊条应符合 AWS A5.5 E9015－B9 及欧洲 EN1599 ECrMo91B 42H5 标准。

②T/P92 钢：

焊丝应符合 ASME SFA5.28 ER90S－G（～B9）及欧洲 EN12070WZCrMoWVNb90.51.5 标准；

焊条应符合 AWS A5.5 E9015－G（～B9mod）及欧洲 EN1599 EZCrMoWVNb911B42H5 标准。

（3）为防止根层焊缝金属氧化，钨极氩弧焊打底时，应在管子内壁充氩保护。充氩保护应持续 2～3 层。

（4）焊前预热温度：钨极氩弧焊 150～200℃；焊条电弧焊填充及盖面 200～250℃。层间温度 200～250℃。

（5）焊后热处理：

后热处理：当焊接过程中断或焊后不能及时进行热处理时，待焊口冷却至 80～100℃、恒定 1h 以上，立即进行后热处理，加热温度为 250～350℃，保温时间为 2～3h，覆盖保温材料缓冷。

焊后热处理：加热温度为 760 ± 10℃；保温时间 4 ~ 6h，以壁厚为准确定（按每 25mm 厚 1h 计算）；升温速度一般为 80 ~ 120℃/h，降温速度为 100 ~ 120℃/h。

（6）焊道设计：

小径薄壁管最低分二层焊接；大径厚壁管应采取多层多道焊接。

根层氩弧焊打底焊道厚度控制在 2.5 ~ 2.8mm；焊条电弧焊焊道厚度不超过 2.5mm。

多层多道焊接其每层每道焊缝摆动幅度为焊条直径的 4 倍。表面层最后一道焊缝中间为"退火焊道"（水平固定焊位）。

（7）焊接规范参数：

氩弧焊：焊丝直径 ϕ2.4mm，焊接电流 100 ~ 120A，电弧电压 10 ~ 16V。

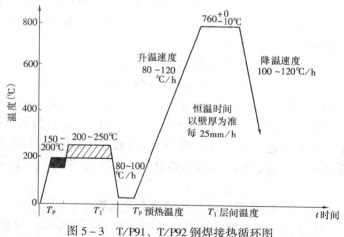

图 5 - 3　T/P91、T/P92 钢焊接热循环图

焊条电弧焊：焊条直径 ϕ2.5mm，焊接电流 90~110A，电弧电压 22~26V。

焊条电弧焊：焊条直径 ϕ3.2mm，焊接电流 100~130A，电弧电压 22~26V。

焊条电弧焊：焊条直径 ϕ4.0mm，焊接电流 130~180A，电弧电压 22~26V。

焊接过程应控制热输入量，其线能量 <25kJ/cm，同时，注意与焊后热处理规范合理配合。

（8）T/P91、T/P92 钢焊接过程及焊后热处理的热循环图，见图 5-3。

36. T/P91、T/P92 钢与其他钢材的接头应如何焊接？

（1）T/P91 与 T/P92 钢：可按同种钢焊接，预热温度 200℃，层间温度 200~250℃，焊后热处理 760±10℃，焊接线能量 <25kJ/cm。

（2）T91、T92 钢与 T122 钢：按 T91、T92 钢焊接工艺，预热温度 200℃，层间温度 250℃，焊后热处理 760±10℃，焊接线能量 <25kJ/cm。

（3）T/P91、T/P92 钢与奥氏体不锈钢焊接：

1）焊接采用镍基焊材，预热温度 200℃，层间温度 250℃，焊后热处理 760±10℃，焊接线能量 <25kJ/cm。

2）首先在 T/P91、T/P92 钢侧利用镍基焊材敷焊过渡层，紧接着进行焊后热处理 760±10℃，然后再行对接，仍采用镍基焊材，焊后不进行热处理。焊接线能量 <25kJ/cm。

37. F12 钢管焊接时对热规范有什么要求？

F12 钢主蒸汽管道焊接的热规范要求见图 5-4。厚壁管的根层当薄壁管处理，预热到 300～350℃（氩弧焊打底可不预热），其他各层预热到 400～450℃，焊接过程中一直保持预热温度。焊完后冷却到 100～150℃，保温 0.5～1h，待其组织基本转变完毕后，升温进行高温回火，回火温度为 760±10℃，回火的保温时间视壁厚不同按表 5－1 选择。回火后包石棉布自冷即可。

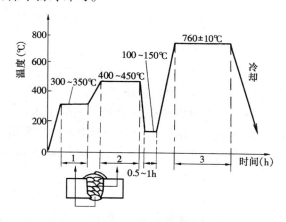

图 5－4　F12 钢主蒸汽管道焊接热规范
1—根层预热；2—层间温度；3—回火

表 5－1　　　　F12 钢焊后回火的保温时间

壁　　厚（mm）	≤15	16～30	31～50	50～80
保温时间（h）	≥2	≥3	≥4	≥5

38. 为什么 F12 钢管焊接时一直要保持预热温度？怎样保持？

F12 钢管的贝氏体组织开始形成温度约在 400℃左右，为了保证焊接过程中不发生相变（处于过冷奥氏体状态），

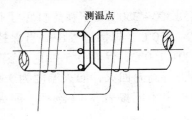

测温点

图 5-5　维持预热温度的装置

必须保持焊件预热温度的下限略高于贝氏体开始转变温度。但是也不得超过预热温度的上限，否则焊缝的冷却速度变慢，有可能析出铁素体。

焊完后，让整个焊缝同时冷却，其冷却速度控制在略大于临界冷却速度，得到马氏体组织。

为了保持预热温度，一般在管子的接口边缘装三只热电偶测温点（见图 5-5），利用感应圈加热来维持温度。在整个焊接过程中，专人观察仪表的指示，当低于 400℃，立即停止焊接，接通感应圈电源，将接口加热到 400℃以上，才能继续焊接；相反，当温度高于 450℃时，也要停止焊接，待温度下降到 450℃以下，才能继续焊接。

39. 为什么 F12 钢管焊后要冷到 100～150℃，才能进行回火处理？

F12 钢管焊后，接头冷却转变成马氏体组织，随后才能进行回火，获得回火索氏体组织，以保证焊缝和近缝区具有理想的性能。

如果焊后冷到室温，发生马氏体相变，其硬度可达 HV400～500，这种组织硬而脆，加上冷却过程中氢的析集，焊后残余应力的作用，有产生裂缝的危险。因此，对壁厚大于 6mm 的焊接接头不允许冷到 100℃以下才进行回火，但也绝不允许直接从预热温度（300～400℃）开始进行回火，因为，这时的过冷奥氏体还没有转变成马氏体，若就进行加热，其结果将得到粗大铁素体加碳化物的组织。

40. 铬镍奥氏体不锈钢焊接的工艺要点有哪些?

铬镍奥氏体不锈钢焊接的主要问题有热裂纹、脆化和晶间腐蚀，故焊接时工艺要点如下:

（1）焊条选择

1）超低碳不锈钢焊条，如 E00 – 19 – 10 – 16 等，含碳量极低，故抗晶间腐蚀性能较好。用在危险温度、强腐蚀介质下工作的设备。

2）含碳量 $\geqslant 0.04\%$，不含稳定剂的 18 – 8 型焊条，如 E0 – 19 – 10 – 15、E0 – 19 – 10 – 16 等。由于含碳 $\geqslant 0.04\%$，而且不含钛和铌等稳定剂，因此只能用于耐腐蚀要求不太高的焊件。

3）含有稳定剂铌的焊条，如 E0 – 19 – 10Nb – 16、E0 – 19 – 10Nb – 15 可与含有稳定剂钛的不锈钢配合使用，用于抗晶间腐蚀性能要求高的焊件。

（2）工艺措施

1）焊接电流要选得小些，一般比低碳钢要低 20%。

2）施焊时，焊条不作横向摆动，尽量减少母材过热。

3）焊缝尽量避免重复加热，不宜采用多层焊。

4）焊接时不得随意在钢板上引弧。

5）加速焊缝冷却，一般可采取空冷；特殊要求时，还可采取铜垫板、通水、通压缩空气等强制冷却。

（3）焊后热处理

铬镍奥氏体不锈钢焊后一般立即浇水，快速冷却。但为了提高材料的抗晶间腐蚀能力，也可采用加热到 850℃，保温 4h 的稳定化退火，或加热到 1050～1150℃，保温 1h 后浇水快冷，进行固溶处理。

41. 奥氏体钢与珠光体钢焊接时存在哪些问题?

奥氏体钢与珠光体钢焊接时，存在不少问题有待解决，其主要问题有：

（1）熔合区存在一个脆性交界层

焊接时，奥氏体焊缝金属与珠光体母材金属之间存在一个窄的低塑性带，宽度一般为 0.2~0.6mm，其化学成分和组织不同于焊缝，通常叫做熔合区脆性交界层。它的存在严重降低了接头的冲击韧性。选用高镍合金的焊条，可减少脆性交界层的宽度。

（2）熔合区的碳扩散

奥氏体钢与珠光体钢的接头在焊后热处理或在高温条件下工作时，其熔合区附近发生碳的扩散现象，结果在碳化物形成元素含量低的珠光体钢一侧产生脱碳层，而在相邻的奥氏体焊缝一侧产生增碳层。脱碳层由珠光体变成铁素体，晶粒长大而软化；增碳层的碳与铬形成碳化铬析出而硬化。

（3）熔合区的热应力

奥氏体钢热膨胀系数比珠光体钢大 30%~50%。这种异种钢接头在焊后冷却、热处理、生产运行中将产生较大的热应力，这是异种钢接头破坏的原因之一。采用线膨胀系数与珠光体钢较接近的镍基焊条或采用过渡层，可减少热应力。

42. 异种钢接头中的碳扩散与哪些因素有关?

碳扩散出现在异种钢接头中，特别在异类异种钢接头更为明显。它与下列因素有关。

（1）碳的原始浓度不同，碳从浓度高的一侧向浓度低的一侧扩散。

（2）形成碳化物的合金元素多少不同，碳从合金元素少的一侧向合金元素多的一侧扩散。

（3）合金元素与碳的亲合力大小不同，碳从亲合力小的一侧向大的一侧扩散。

（4）碳的扩散程度还取决于温度和时间。温度越高和时间越长，碳扩散层越宽。

异种钢接头中碳扩散是以上因素综合作用的结果。

43. 异种钢接头中的碳扩散有什么危害?

碳扩散的结果，使熔合区珠光体组织由于碳含量降低而变为铁素体组织，并且铁素体晶粒显著长大；增碳层中的碳化物也变得粗大，硬度非常高。使接头蠕变性能降低，在高温下长期使用后，在熔合区发生显微裂缝。

44. 常见的异种钢焊接时焊条怎样选择?

珠光体耐热钢与铬12%的马氏体热强钢焊接时，原则上选用与合金元素含量少的珠光体耐热钢一侧相配的焊条。

珠光体耐热钢与铬17%的铁素体钢焊接时，必须用奥氏体钢焊条。

珠光体耐热钢与铬镍奥氏体不锈钢焊接时，原则上选择含镍量较高的铬镍奥氏体钢焊条。

45. 灰口铸铁焊接时有哪些问题?

灰口铸铁焊接时存在的主要问题有：

（1）熔合区易产生白口组织

焊接时，近缝区母材受热温度 860℃ 以上，其中呈自由状态的石墨全部溶于 γ-铁中。当以 30～100℃/s 的速度急速冷却时，溶于 γ-铁中的碳来不及以自由状态的石墨形式析出，而以渗碳体出现。因而在熔合区内，易产生白口组织。

（2）产生热应力裂纹

热应力是在不均匀的加热及随后的冷却过程中焊件不能均匀地热胀冷缩所引起的应力。由于铸铁的强度低，塑性很差，在热应力作用下易形成裂纹。

46. 铸铁焊接有几种方法？各有什么特点？

铸铁的焊接有冷焊法、热焊法两种。

冷焊的特点：

（1）工艺简单，劳动条件好；

（2）焊前不预热，可降低生产成本；

（3）焊件在冷状态下焊接，受热小，熔池小，所以焊接不受焊缝空间位置的限制；

（4）接头的组织不均匀，白口较难避免，故机械加工困难。

热焊的特点：

（1）焊前需预热达 600～650℃，生产率较低；

（2）焊接时，熔化的金属量多，冷却时速度又慢，因此要预先在焊接处制备模子，防止熔化金属溢流，故只适于平焊位置焊接；

（3）对于大焊件，预热困难，甚至不能采用热焊；

（4）白口化不严重，焊后便于机械加工；

（5）焊缝的强度与基本金属相一致。

47. 铜及其合金焊接时有哪些特点?

铜及其合金的焊接特点:

(1) 铜的导热性和热容量大,焊接输入的热量宜大,必要时作适当的预热。

(2) 铜及其合金易产生冷裂缝,因铜的线膨胀系数大,焊后变形大,残余应力也大,故焊接时应采用窄焊道,焊后锤击细化晶粒,减少残余应力和变形。

(3) 铜及其合金易产生气孔,因铜在液态时能溶解大量的氢,在冷却过程中氢的溶解度降低,氢要析出;同时氢还能与氧反应,生成水汽 (H_2O),而引起气孔。因此在焊接过程中要设法减少氢的溶入,如焊件表面清理、焊条烘焙等。

(4) 铜及其合金易形成热裂纹,铜生成氧化亚铜,氧化亚铜与铜形成低熔点共晶,分布在晶界上而引起热裂纹。因此,焊接时需采用含有脱氧剂的铜及铜合金焊丝。

48. 铝及其合金焊接时有哪些特点?

铝及其合金的焊接特点有:

(1) 产生夹渣 铝极易氧化生成三氧化二铝薄膜,厚度 $0.1 \sim 0.2 \mu m$,熔点很高,达 2050℃,组织致密,在母材金属表面形成保护层,将阻碍母材金属的熔化和熔合,而且氧化膜比重大,不易浮出熔池而形成夹渣。

(2) 产生未焊透 铝的导热系数大,焊接时要采用能量集中的热源。热量不集中,将使热影响区增大,产生大的变形,并产生未焊透缺陷。

(3) 易烧穿 铝的高温强度低,焊接时须采用垫板或夹具。否则,由于强度不足,支持不住液体熔池金属的重量而破坏了焊缝的形成。

（4）易生成气孔　铝在液态时可吸收大量的氢，而在固态时几乎不溶解氢，在焊接熔池快速冷却和凝固过程中，氢易在焊缝中聚集而形成气孔。

（5）操作工艺困难　铝由固态转变为液态，无颜色变化。因此很难确定坡口处在什么时候已经熔化，造成焊接操作上的困难。

49. 铅焊接时有哪些特点？

铅的焊接特点有：

（1）易烧穿　铅的熔点很低（327℃），导热性差，因此，在焊接时要求热源温度低。否则易使金属过热而造成下塌或烧穿。

（2）易形成未焊透和夹渣　铅熔化后，表层极易氧化，生成一层氧化铅薄膜，熔点高达1525℃，妨碍了铅的熔化和熔合，造成未焊透和形成夹渣。

（3）防止铅中毒　铅的沸点低，只有1619℃。焊接时，铅蒸气与空气中的氧化合，生成有毒的氧化物。因此，焊接过程中要加强焊接区的通风，防止铅中毒。

（4）不易形成裂纹　铅的再结晶温度为15～20℃，焊后不会在热影响区内产生硬化；铅的塑性好，故焊接后不易产生裂纹。

50. 钛及其合金的焊接特点有哪些？

（1）钛（Ti）的化学活性大，在400℃以上的高温固态，特别是在熔化状态极易被空气、水分、油脂等污染，吸收氧、氮、氢、碳等杂质，使焊接接头的塑性和韧性显著降低，并易产生气孔，因此，焊接时，对熔池焊缝及温度超过400℃的热影响区都要严格加以保护。

（2）由于 Ti 的熔点高，热容量、导热性差，因此，焊接接头金属易产生晶粒长大倾向（特别是 β 钛合金）从而引起接头塑性降低，因此，对焊接线能量要严格控制，焊接时采用小电流、快焊速。

（3）在氢和焊接残余应力的作用下，可导致冷裂纹，所以要控制接头的含氢量，对复杂的结构焊后进行消除应力处理。

（4）Ti 的弹性模量比钢约小一半，因此，焊接变形大，矫正时也较困难。

51. 钛及其合金的氩弧焊工艺要点有哪些？

（1）焊前用丙酮认真清理焊件、焊丝，防止有害杂质进入焊接区。

（2）提高保护气体纯度，增强保护效果，控制有害气体的含量。

（3）正确选择焊丝，尽量选择与母材成分相当的焊丝，为满足高塑性要求，应选用纯钛焊丝，纯钛焊丝的强度较低。

（4）选择合适的焊接规范，在保证焊透的情况下，要小电流，快速焊。

（5）焊后需进行热处理。

三、焊条电弧焊工艺

52. 焊条电弧焊有什么特点？应用怎样？

焊条电弧焊是利用电能转变成热能进行熔化焊接的一种

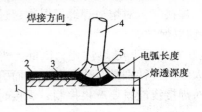

图 5-6　电弧焊过程示意图

1—焊件；2—渣壳；3—焊缝；4—焊条；5—熔池

工艺方法。它是用焊条和焊件作为电极，在两电极之间产生的电弧热量将焊体本身（母材金属）加热到熔化状态形成熔池；同时焊条熔化成熔滴向熔池过渡，冷凝后形成焊缝。焊缝表面覆盖了一层渣壳称焊渣，见图 5-6。其焊接接头的质量与电弧的稳定性、焊条质量以及焊工的技能好坏有关。

焊条电弧焊适应性广，可在室内、室外、野外、高空和各种位置施焊。设备简单，使用方便。最适合于焊接碳钢、低合金钢、不锈钢及耐热钢；也可用于高强钢、铸铁、有色金属等的焊接。

53. 焊接电弧由哪几部分组成？各部分产生的热量相等吗？

电弧由三部分组成，即阴极区、弧柱和阳极区。

阴极区在靠近阴极处，区域很窄，大约只有 10^{-5}cm 左右。在阴极表面有一个光亮的小斑点，称为阴极斑点。阴极电子发射以及正离子碰撞阴极均集中在那里，故该区温度高，达 $2200 \sim 3600$K。放出热量占 38%。

阳极区在靠近阳极处，长度约 $10^{-3} \sim 10^{-4}$cm，也有

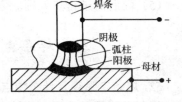

图 5-7　焊接电弧示意图

一个光亮的阳极斑点，电子在此将其动能和逸出功转给阳极，阳极区温度比阴极区更高，阳极斑点温度约 2600 ~ 4200K。放出热量占 42%。

弧柱位于阴极和阳极之间，其长度接近弧长。弧柱中心温度可达 5000 ~ 8000K，弧柱温度沿长度方向是均匀的；而沿径向从中心起温度降低很快。放出热量占 20%。

焊接电弧的构造见图 5 - 7。

54. 什么是正接法、反接法？怎样选用和鉴别？

直流电源有正、负两极，焊接时，有正、反接法之分。当电焊机的正极与焊件相接，称正接法；电焊机的负极与焊件相接，称反接法，见图 5 - 8。

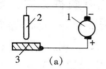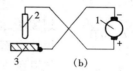

图 5 - 8　焊接的极性接法

(a) 正接法；(b) 反接法

1—直流电焊机；2—焊条；3—焊件

由于电弧的热量分布不同，正接时，焊件的温度较高，可以加快焊件的熔化速度和增大熔深。反接时，焊条的温度高，熔化快，有利于电弧稳定燃烧。

可根据焊条的性质和焊件所需的热量来选用正接法和反接法。如用碱性低氢型焊条焊

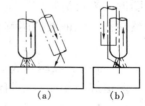

图 5 - 9　引弧

(a) 划擦法；(b) 敲击法

接时，选用反接法；焊接厚板时，一般采用正接法；而焊接铸铁、有色金属和薄板时，则采用反接法。

正、反接法的鉴别很重要，可在焊接过程中观察电弧的燃烧特性来判断。例如，用碱性焊条焊接时，电弧燃烧不稳定，飞溅很大，噪声很大，则说明是正接法；反之，电弧燃烧稳定，飞溅很小，而且声音较平静，则为反接法。

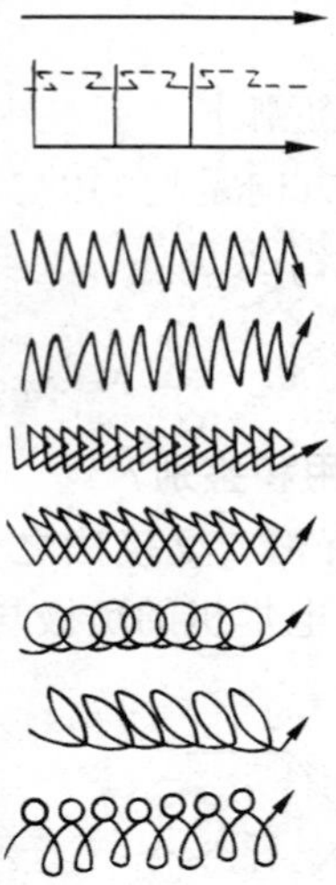

55. 怎样引燃电弧？常见的运条方式有哪些？

图 5 – 10　运条

电弧引燃有两种方法：敲击法和划擦法，见图 5 – 9。先将焊条末端与焊件表面接触，产生短路，然后迅速将焊条向上提起 2 ~ 3mm，即引燃电弧。

运条时，焊条有三个基本运动，即沿焊接方向的直线移动、向焊件送进的移动和向焊缝两侧的横向摆动，这三个动作组成各种形式的运条，见图 5 – 10。实际操作时，不可限于图形，需灵活掌握，应根据熔池形状和大小，灵活地调整运条动作，保证坡口两侧很好熔合，焊缝成形良好。

56. 接头、收尾和收口应怎样操作？

两道焊缝相连接处叫接头。前一道焊缝在接头处形成一个凹坑，接头时，应在稍前于凹坑的地方重新引燃电弧，然后退回凹坑（如图 5 – 11 所示），把整个凹坑彻底熔化并填满后，电弧再向前移动，继续进行焊接。

　　焊缝收尾时，焊缝末尾的弧坑应当填满。通常是将焊条压近弧坑，在其上方停留片刻，将弧坑填满后，再逐渐抬高电弧，使熔池逐渐缩小，最后拉断电弧。

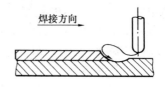

图 5－11　接头方式

　　管子环形焊缝的封闭处叫收口。其操作要点是当接近收口时，压低电弧，打穿焊根；然后来回摆动，填满熔池；再将电弧引至坡口一侧灭弧。

57. 水平固定小管（$\phi < 51mm$）的焊接怎样操作？

（1）对口和点固焊

管子对口时，必须对正管子轴线，以免形成弯折的接头。

小管一般点固一点即可，位置见图 5－12（a）。

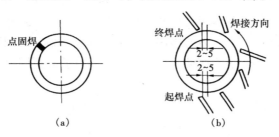

（a）　　　　　　　　　（b）

图 5－12　水平固定管的焊接

（a）点固焊位置；（b）运条角度

（2）根层焊接

沿垂直中心线将管子分成两半，各进行仰焊→立焊→平焊。为了保证接头和收口良好，焊接前一半时，仰焊的起焊点和平焊的终焊点都必须超过中心线约 2~5mm。在仰焊的坡口边上引燃电弧，迅速压低电弧熔穿根部钝边，在整个焊接过程中，运条角度见图 5-12（b）。

（3）接头和收口

仰焊的接头方法：由于起焊处容易产生气孔和未焊透，故接头时应把起焊处的原焊缝修成缓坡，以便于接头操作。

平焊的收口方法：焊到距收口处约 3~5mm 时，压低电弧，打穿根部，听到"啪喇"一声，就在收口处来回摆动，保证充分的熔合。熄弧之前，必须填满熔池，而后将电弧引至坡口一侧灭弧。

（4）外层的焊接

外层焊接时，要注意接头与前一层的接头错开。

58. 垂直固定小管的焊接怎样操作？

垂直固定管的对口和点固焊与水平固定管的要求相同。始焊时，先将钝边熔化成一个熔孔，以保证根层熔透和控制熔池温度。由于重力的作用，熔池金属向下淌，此时可将焊条朝上，并作小的摆动，见图 5-13。为了避免因操作不当

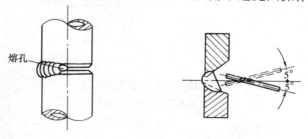

熔孔

图 5-13　垂直固定管的焊接

而在根层造成夹渣、气孔等，焊接时电流可稍增大些，或压低电弧，运条速度不宜太快。熔池形状尽可能控制为斜椭圆形。若熔渣和铁水混合不清，可将电弧略为拉长向后带一下，熔渣即被吹向后方与铁水分离。用直线及折线运条方式来完成表面层的焊接。

59. 倾斜固定管的焊接怎样操作?

管子斜焊的对口和点固焊与水平固定管焊接相同。分成两半施焊，由于管子是倾斜的，熔化金属有从坡口上侧坠落到下侧的趋势，所以施焊中要用电弧顶住熔化金属，防止其下淌，见图 5-14。

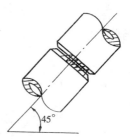

图 5-14 倾斜固定
管的焊接

倾斜管在仰焊位置起焊，起焊点（A）应稍超过管子中心线，起焊时，应焊成斜坡，以便于接头。运条方式见图 5-15（a）中的 1；接头时，从 A′点起焊，电弧略长，摆幅自 A′至 A 点逐渐扩大，见图 5-15（a）中的 2。倾斜管在平焊位置收口。施焊时，使电弧在坡口上侧停留时间略长，保证熔合良好。收口运条方式见图 5-15

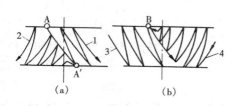

(a)   (b)

图 5-15 倾斜管焊接的接头与收口
(a) 倾斜管焊接仰焊处接头的展开示意图
(b) 倾斜管焊接平焊处收口的展开示意图
A—起焊点；A′—接头时起焊点；B—终焊点；
1—起焊运条方向；2—接头运条方向；
3—终焊运条方向；4—收口运条方向

(b) 中的 3、4。

60. 水平固定大管的焊接怎样操作?

（1）点固焊

一般点焊三点，长度约为 15～30mm，高度为 3～5mm，太薄容易开裂，太厚会给第一层焊接带来困难。点固焊的电流不得太小，起焊处要有足够的温度，防止未焊透；收尾时，要填满弧坑。也可以在坡口内点焊填加物代替点固焊，焊到该处时，打掉填加物，并清除焊点。

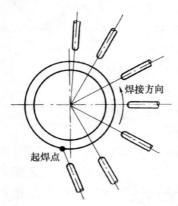

图 5－16 大管全位置焊的焊条角度

（2）根层焊接

根层焊缝是决定焊接质量的关键。焊前点固焊的两端要修成斜坡，需要预热的管材按规定进行预热。根层焊接操作过程与小管同，焊条的角度见图 5－16。

（3）中间层的焊接

为了使管两侧熔化良好，避免产生死角和夹渣，电弧在坡口两侧停留稍长一点时间。运条时，焊条角度也随之变化，见图 5－17。为了给盖面层焊接创造条件，在其前一层的焊缝应留出坡口轮廓，焊缝不能太高。

（4）盖面层的焊接

操作时，电弧超过坡口的边缘，使焊缝成形美观，焊缝与管子平滑过渡，防止咬边等缺陷。

61. 钢管电焊时工艺要点有哪些?

电焊时，根据焊条药皮类型选用电焊机。碱性低氢型焊条（如牌号 E××15），选用直流电焊机，其余牌号的均选用交流电焊机。焊接电流由焊条直径而定，可按公式 $I = (35 \sim 55)\ d$ 估算，I 为电流（A），d 为焊条直径（mm）。立焊时选用的电流比平焊时小 $10\% \sim 15\%$，仰焊时要小 $15\% \sim 20\%$。

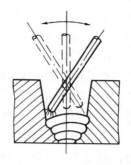

图 5-17　中间层焊接时的焊条位置

根层焊接可以采用灭弧法或连弧法。对直径 ≥194mm 的管道及空间位置困难的受热面管子宜采用双人对称焊接。管子整个接口宜一气焊完，若必须中断时，则应遵守相应的热处理规范。每一焊道的接头要迅速"趁热"接上，在停弧或焊道收尾时，应填满弧坑，以避免裂纹和气孔等产生。对空淬倾向大的管子接口，尤应注意。

对含铬量较多的管子（如 $2\frac{1}{4}$ 铬 - 1 钼,9 铬 - 1 钼等），熔池内铁水黏度大,此时电流不宜过大,焊层以薄一些为好。每一焊道都应焊得平整,保证熔化良好,避免死角和夹渣。

对大直径厚壁管或空淬倾向大的管子，除注意遵守焊接的规范和工艺要点外，还应严格遵守层间温度的保持和相应热处理的规范工艺要求。

62. 焊接电流、电压、焊接速度对焊接质量有什么影响?

焊接电流的大小对焊接质量和焊接生产率的影响很大。

焊接电流主要影响熔深的大小。电流过小，电弧不稳定，熔深小，易造成未焊透和夹渣等缺陷，而且生产率低；电流过大，则焊缝容易产生咬边和烧穿等缺陷，同时引起飞溅。因此，焊接电流必须选得适当，一般可根据焊条直径按经验公式进行选择，再根据焊缝位置、接头形式、焊接层次、焊件厚度等进行适当的调整。

电弧电压是由弧长决定的，电弧长，电弧电压高；电弧短，则电弧电压低。电弧电压的大小主要影响焊缝的熔宽。焊接过程中电弧不宜过长，否则，电弧燃烧不稳定，增加金属的飞溅；而且还会由于空气的侵入，使焊缝产生气孔。因此，焊接时力求使用短电弧，一般要求电弧长度不超过焊条直径。

焊接速度的大小直接关系到焊接的生产率。为了获得最大的焊接速度，应该在保证质量的前提下，采用较大的焊条直径和焊接电流，同时还应按具体情况适当调整焊接速度，尽量保证焊缝的高低和宽窄的一致。

63. 坡口形式、间隙大小对焊接质量有什么影响？

焊接时，电弧对焊件的熔透深度是有限的，当焊件厚度超过电弧所能熔透时，必须开坡口，才能保证焊透。坡口形式可根据焊件厚度来选择。

V形坡口便于加工，常用于中等厚度的焊件。焊件厚度较大时，宜采用 X 形、U 形、双 V 形和双面 U 形等坡口。这类坡口形式虽加工困难些，但在同样厚度情况下，与 V 形坡口相比，填充金属量少，可提高焊接生产率，降低焊后内应力和减少变形。

坡口对口时，都必须留有一定的间隙。间隙太小，电弧不易深入底层，出现未焊透；间隙过大，又易烧穿。所以间隙大小要与坡口的钝边相配合，并与工艺操作相适应。

四、氩弧焊工艺

64. 氩弧焊有什么特点？应用怎样？

氩弧焊是以单原子惰性气体氩作为保护气体的一种电弧焊方法。它是用电弧的热量来熔化金属，用氩气保护熔池。

氩弧焊的特点是用气保护代替了渣保护，容易实现机械化和自动化。此外，氩气是惰性气体，能充分保护熔池免受空气的影响，并压缩电弧使热量集中而获得高质量的焊接接头。它比电焊易于掌握，因此，广泛用于各种不同规格管子的根层焊（打底），以及铝和铝合金的焊接。

65. 氩弧焊有哪些优点？

氩弧焊的优点是：

（1）保护良好　气保护代替了渣保护，焊缝干净无渣。惰性气体氩在熔池和电弧周围形成一个封闭气流，有效地防止了有害气体的侵入，从而获得高质量的焊接接头。它适用于各种合金钢和有色金属的焊接。

（2）热量集中　电弧在氩气流的压缩下，热量集中，热影响区小，焊件变形及裂纹倾向小。特别适用于焊接空淬倾向大的钢材。

（3）操作方便　明弧焊接，熔池清晰可见，操作容易掌握。

（4）容易实现自动化　目前已推广钨极脉冲全位置氩弧焊来代替焊条电弧焊接管子。

66. 氩弧焊分为哪几种？

氩弧焊按照电极的不同可分熔化极和非熔化极两种，如图 5-18 所示。

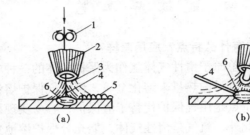

图 5-18　氩弧焊示意图

(a) 熔化极；(b) 钨极

1—送丝滚轮；2—喷嘴；3—氩气；4—焊丝；

5—焊缝；6—熔池；7—钨极

熔化极氩弧焊（MIG）是在氩气流保护下，以焊丝和焊件作为两个电极，利用两电极之间产生的电弧热量来熔化母材金属和焊丝的一种焊接方法。

非熔化极氩弧焊（TIG）是在氩气流保护下，以不熔化

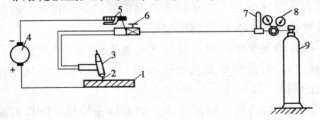

图 5-19　简易手工钨极直流氩弧焊装置示意图

1—焊件；2—钨极；3—焊炬；4—直流电焊机；5—焊钳；

6—氩气阀；7—流量计；8—减压器；9—氩气瓶

的钨极和焊件作为两个电极，利用两电极之间产生的电弧热量来熔化母材金属及焊丝的一种焊接方法。

67. 常用的手工氩弧焊机有哪几种?

目前常用的氩弧焊机有两种:

（1）简易手工钨极直流氩弧焊机

常用的简易手工钨极直流氩弧焊机如图 5 – 19 所示。它是由直流电焊机（ZXG – 400Y 或 ZXG – 300）和氩气瓶，用一个电气接头和一个气阀直接将气管和电缆线接到焊炬上，即可用来焊接。

（2）手工钨极交流氩弧焊机

常用的手工钨极交流氩弧焊机有 NSA – 500 – 1 型，如图 5 – 20 所示。它是由 BX3 – 500 型焊接变压器、焊炬、控制箱、氩气瓶组成。

电焊机的工作电压为 20V，焊接电流调节范围为 50 ~

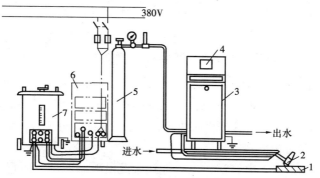

图 5 – 20　NSA – 500 – 1 型手工钨极交流
氩弧焊机的外部接线
1—焊件；2—焊炬；3—控制箱（前面）；4—电流表；
5—氩气瓶；6—控制箱（后面）；7—焊接变压器

500A，焊机采用晶体管脉冲引弧线路。

68. 什么是氩弧焊交流电源的直流分量？怎样消除？

采用交流电源时，焊件和钨极的极性在不断变化。当钨极为负极时，阴极辉点的热电子发射能力很强，这时焊接电流较大，而电弧电压较低；反之，当焊件为负极时，由于散热能力强，电子从焊件上发射较困难，焊接电流小，电弧电压高。因此，交流电两个半波上的电弧电压和焊接电流不相等，见图 5 – 21。这样，在焊接回路中除了交流电源外，相当于串联了一个正极性的直流电源。该现象称整流作用，在焊接回路中所产生的直流电流称为直流分量 I_0。

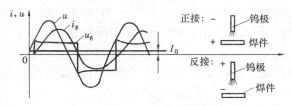

图 5 – 21　钨极交流氩弧焊产生直流分量示意图
u—电源电压；u_g—电弧电压；i_g—电弧电流；I_0—直流分量

消除方法：

（1）串入直流电源法　在电路中串一个蓄电池 ［见图 5 – 22 (a)］，使其产生直流电（I'_0）与直流分量 I_0 大小相等，方向相反。

（2）串入电容法　电容能让交流电顺利通过，而直流电却无法通过。用此法消除直流分量，效果较好 ［见图 5 – 22 (b)］。

（3）串入二极管法　利用二极管的单向导电的作用，电

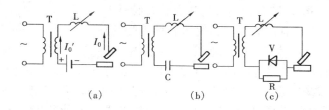

图 5 – 22　消除直流分量方法

(a) 串入蓄电池；(b) 串入电容；(c) 串入二极管

T—焊接变压器；L—电抗器

流由电阻 R 处流过，可减小直流分量 ［见图 5 – 22 (c)］。

69. 气冷式和水冷式氩弧焊炬有什么不同？怎样选用？

气冷式氩弧焊炬是直接利用保护气体外流时，带走导电部件热量的一种焊炬。国产的气冷式氩弧焊炬有 QQ – 0/10、QQ – 0 ~ 90/75、QQ – 65/75、QQ – 75/150、QQ – 85/200 型五种，其中用得较广的是 QQ – 75/150 型焊炬。

QQ – 75/150 型焊炬出气角 75°，额定电流 150A。配有 $\phi1.6$、$\phi2$、$\phi3$ 三种电极夹头，可夹持不同直径的钨棒。

水冷式氩弧焊炬是用循环水冷却枪体的导流件及焊接电缆，适用于大电流焊接的场合。国产的水冷式氩弧焊有 QS – 0/150、QS – 85/150、QS – 65/200、QS – 65/150、QS – 85/250、QS – 65/300、QS – 75/350、QS – 75/500 型八种，其中用得较广的是 QS – 85/250 和 QS – 75/500 型两种。

QS – 85/250 型焊炬有高、矮两个帽盖，适用于不同长度的钨棒，并配 2 ~ 3 个不同孔径的钨极夹头。径向进气，轴向出气，使保护气体喷出形成层流。

70. 钨棒有哪几种？各有什么特性？

钨棒有纯钨棒、钍钨棒和铈钨棒三种。

（1）纯钨棒　　纯钨的熔点为 3410 ± 20℃，沸点为 5900℃，强度为 850 ~ 1100MPa。纯钨棒由含 99.85% ~ 99.92% 的钨制成，其发射电子的电压较高，要求电焊机具有较高的空载电压；同时，在大电流或长期使用时容易烧损。故目前已不采用。

（2）钍钨棒　　为了克服纯钨棒的缺点，在纯钨的基础上加入 1% ~ 2% 的氧化钍制成钍钨棒。它与纯钨棒相比较，具有电子发射能力强，易于引弧，不易烧损，许用电流大，电弧燃烧稳定性好等优点。但由于其具有一定的放射线剂量，所以限制了其使用。

（3）铈钨棒　　在纯钨中加入 2% 的氧化铈制成。它比钍钨棒更易引弧，电弧迅速稳定，弧束较长，温度集中，烧损率比钍钨棒低 5% ~ 50%，修磨次数少，最大电流密度比钍钨棒高 5% ~ 8%。放射线剂量很小，是目前应用较普遍的一种电极材料。

71. 怎样选用氩弧焊的电源和极性？

氩弧焊用的电源有交流和直流。直流电源又有正接法和

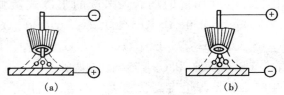

(a) (b)

图 5-23　焊接的极性接法

(a) 正接法；(b) 反接法

反接法之分，见图 5-23。

正接法：焊件接正极，钨棒接负极。焊接时，电子高速冲向焊件，使热量集中在焊件，获得的熔池深而窄。气体正离子冲向钨极，钨极热量低，损耗少。它用于耐热钢、合金钢、不锈钢、铜和钛的焊接。

反接法：焊件接负极，钨棒接正极。焊接时，电子高速冲向钨极，钨极热量高，消耗快，但若是熔化极，则可加速焊丝熔化。气体正离子冲向焊件，由于正离子比重大，可击碎焊件表面氧化膜而产生"阴极雾化"作用。它用于熔化极氩弧焊以及钨极氩弧焊焊接表面产生高熔点氧化膜的铝、镁及其合金。

交流电源由于极性交替变化，它既有"阴极雾化"的作用，又有钨极消耗比直流反接法少的特点，因而适用于焊接铝、镁及其合金。

72. 何谓氩弧焊打底、电焊盖面工艺？

焊条电弧焊与手工钨极氩弧焊两种工艺的组合称为氩弧焊打底、电焊盖面工艺。通常应用于管道焊接。焊接时，管道坡口的根部采用氩弧焊打底工艺，其目的在于保证根层焊接质量。其余部分采用焊条电弧焊方法，工艺简单。选择氩弧焊打底电焊盖面的工艺，既可保证焊缝质量，又可提高生产率，也能达到节约材料的目的。按照规定，凡工作压力大于 0.1MPa 的管道焊接均需采取氩弧焊打底、电焊盖面的工艺方法。

73. 为什么钨极氩弧焊焊铝时要用交流电源？

采用直流反接法，焊接时，可以造成阴极雾化作用，但正极接在钨棒上，温度高，钨极烧损严重，故一般不用。

当用交流电焊接时，在正半波电子发射能力强，电弧稳定。在负半波，有阴极雾化作用，熔池表面的氧化膜可以及时消除，因而，铝的焊接多采用交流电源。

74. 钨极氩弧焊的引弧方式有哪几种？

钨极氩弧焊的引弧方式有：

(1) 接触引弧　钨极与焊件短路，提起钨极的瞬间而引燃电弧。

(2) 高频引弧　将高频振荡器串联或并联在主焊接回路中，在钨极与焊件间发生高频振荡，使惰性气体发生电离而产生电弧。

(3) 高压脉冲引弧　用脉冲引弧线路代替高频振荡器，当电路接通瞬间，产生高压脉冲，使两极之间引燃电弧。

75. 钨极氩弧焊时氩气流量、喷嘴和钨棒伸出长度怎样选择？

氩气流量要选择适当，通常规定小于 15L/min，一般选用 7 ~ 12L/min。流量过大，保护气层会产生不规则流动；流量过小，空气易侵入。两者均要降低气体的保护效果。

喷嘴直径与气体流量同时增加，则保护区增大，保护效果好。但喷嘴直径不宜过大，否则影响焊工的视线。手工氩弧焊的喷嘴直径以 5 ~ 14mm 为佳。

钨棒伸出长度的选择：喷嘴与焊件间的距离过长，保护效果变差；过短，不但影响施焊，还会烧坏喷嘴。故喷嘴与焊件的距离以 10mm 为宜，最多不应超过 15 ~ 18mm。而钨棒伸出长度为 3 ~ 5mm 较佳。

76. 喷嘴、焊丝与焊件的倾斜位置怎样选择？

焊接时，喷嘴应与焊件相互垂直，以保证氩气良好的保护作用。若需倾斜也不得小于 70°～80°，见图 5－24。

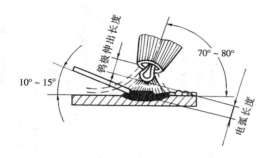

图 5－24　钨极氩弧焊喷嘴、焊丝与焊件的倾斜角度

焊丝在焊接过程中应与焊件倾斜，该角度不大于 10°～15°，倾角太大，会影响焊炬的操作。焊接时，焊丝与焊炬应保持在同一垂直面内。

77. 钨极的许用电流根据什么进行选择？

钨极的许用电流和选用与钨极直径有关。电流过大会加速钨极的发热和挥发，使钨极端部呈球状，造成电弧不稳和焊缝夹钨。电流合适时，可保持钨极端部的锥形。

钨极的牌号、成分和特性见表 5－2，钨极的许用电流范围见表 5－3。

78. 怎样磨制钨极端部的形状？

钨极端部的形状应磨成平底锥形，见图 5－25，锥顶直径 d 为钨极直径的 1/3～1/4。若锥顶过尖，钨极易烧损；若过平，则电弧飘浮不定。

表 5-2　钨棒牌号、成分和特性

类别	牌号	化学成分 (%)							特性
		W	ThO₂	CeO	SiO₂	Fe₂O₃+Al₂O₃	Mo	CaO	

类别	牌号	W	ThO_2	CeO	SiO_2	$Fe_2O_3+Al_2O_3$	Mo	CaO	特性
纯钨	W₁	余量	—	—	—	0.03	0.01	0.01	1. 熔点和沸点很高 2. 焊机具有较高电压 3. 大电流时间长,有烧损,能熔化
	W₂	余量	—	—	—	总含量≤0.15			
钍钨	WTh7	余量	0.1~0.99	—	0.06	0.02	0.01	0.01	1. 电子发射能力强,引弧容易,空载电压低,电弧稳定 2. 与纯钨比通过同样电流,电极升温低,烧损小,寿命长 3. 有放射性危害
	WTh10	余量	1.0~1.5	—	0.06	0.02	0.01	0.01	
	WTh15	余量	1.5~2.0	—	0.06	0.02	0.01	0.01	
	WTh30	余量	3.0~3.5	—	0.06	0.02	0.01	0.01	
铈钨	WCe20	余量	—	2	0.06	0.02	0.01	0.01	1. 放射剂量低 2. 比钍钨优点突出

表 5 – 3　　　　　不同直流钨棒电流强度许用值　　　　　(A)

钨棒直径 (mm)	直流正接			直流反接		
	纯钨	钍钨	铈钨	纯钨	钍钨	铈钨
1.0	15 ~ 80	15 ~ 80	10 ~ 75	—	—	—
1.6	70 ~ 150	70 ~ 150	60 ~ 150	10 ~ 20	10 ~ 20	10 ~ 20
2.5	150 ~ 250	150 ~ 250	250	15 ~ 32	15 ~ 30	30
4.0	400 ~ 500	400 ~ 500	350 ~ 400	40 ~ 55	40 ~ 55	35 ~ 50
5.0	500 ~ 700	500 ~ 700	500 ~ 675	55 ~ 80	55 ~ 80	50 ~ 70

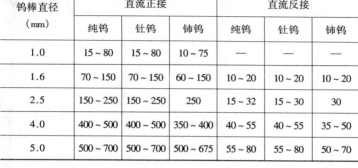

　　(a)　　　　　　　(b)　　　　　　　(c)

图 5 – 25　钨极端部形状

(a)、(c) 不好；(b) 良好

79. 什么叫气体的层流和紊流?

　　气体在喷嘴内流动时，有层流和紊流两种基本运动状态。层流是气流质点平行于喷嘴轴线方向作直线运动，即只有轴向速度分量而无径向速度分量。紊流是气流在喷嘴内运动时，气流质点始终存在着径向速度分量，即气流作旋转运动。

　　层流稳定，流出喷嘴后，还能保持一段距离，并将空气隔离而起到保护作用；紊流不稳定，流出喷嘴后，由于氩气流的旋涡，空气易被卷入而破坏了保护作用。

80. 什么是自熔法和填丝法? 各有何优缺点?

手工钨极氩弧焊进行管子对接根层焊时, 一般采用两种方式: 自熔法和填丝法。

自熔法就是管子对接时不留间隙。施焊时利用电弧热量将根部钝边熔化, 形成根层焊缝。其优点是不需填充焊丝, 焊接速度快, 易于掌握; 缺点是容易过烧, 同时焊缝薄易开裂。

填丝法就是管子对接时, 留有一定的间隙, 施焊时向坡口间隙内填充焊丝。其优点是焊缝透度易于控制, 不易过烧, 焊缝厚度可根据管壁厚度适当调整; 缺点是焊接速度较慢。

81. 自熔法氩弧焊打底怎样操作?

自熔法适用于小口径管子根层的焊接, 它不需要填充焊丝, 也不受有无氩弧焊焊丝的限制, 而能用于各类钢材的焊接。

自熔法焊接时, 将管子坡口的钝边熔化即成根层焊缝。管子对口无间隙, 坡口为 V 形或双 V 形时, 钝边 0.5 ~ 1mm; U 形坡口时, 钝边 1.8 ~ 2.0mm。施焊过程中, 钨极始终与熔池相垂直, 在氩气层流保护下, 保证将钝边熔化良好。若管子对口的内壁个别处有错口, 钨极应对准内壁突出的一面, 以确保焊透。焊接速度不宜过慢, 电流不宜过大, 以免发生过烧。

82. 自熔法氩弧焊打底焊缝过烧的原因有哪些? 怎样防止?

过烧是指根层焊缝的背面烧坏, 呈颗粒状, 十分坚硬。

实际操作中，根层打底和电弧焊盖面，都有可能发生过烧。其原因是焊接热量太大或管子含的合金成分太多。

防止办法：

（1）控制焊接热量　焊接速度过慢或电流太大，都能造成因焊缝处的热量集中过久而过烧。这时焊缝外表面呈蓝色，背面出现颗粒状。过烧轻者，焊缝背面十分粗糙。防止办法，采用薄钝边快速焊接法。

（2）充氩保护　合金成分比较复杂的管子，特别是含铬量较高时（如 F12 钢），极易过烧。焊接过程中，随坡口钝边熔化，焊缝形成的同时就有不同程度的过烧现象，焊缝背面成形不良、粗糙，并有颗粒出现。这类管子的过烧，主要是合金元素含量高，特别是与氧亲合力强的铬元素含量有关。防止办法，必须采用管内充氩的办法，防止铬元素的氧化，以免过烧。

83. 什么是外填丝法和内填丝法？各有什么优缺点？

外填丝法是在管子的外壁加丝，见图 5 - 26（a）；内填

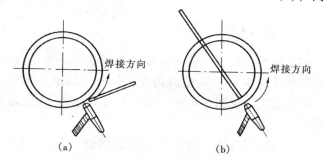

图 5 - 26　两种不同填丝焊法
(a) 外填丝法；(b) 内填丝法

丝法是在管子内壁加丝，见图 5-26（b）。

外填丝法适用于焊接各类管径和各种空间位置的焊件。内填丝法适用于焊接小管的仰焊部位，由于在内壁填丝，工艺简单，易于焊透。

84. 外填丝法怎样操作?

外填丝法的操作：

（1）倚丝法　管子对口间隙稍小于焊丝直径，焊接时将焊丝弯成一个弧形，焊丝末端置于始焊部位，并紧贴在对口间隙上，即可进行施焊，见图 5-27。该法适用于焊接 $\phi60$mm 以下的管子。

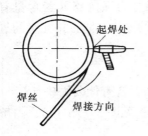

图 5-27　倚丝法

图 5-28　连续送丝法
和间断送丝法

（2）连续送丝法　管子间隙比焊丝直径稍大，焊接时，焊丝与焊件应保持一定倾斜角度，焊丝连续地向熔池中送进，稍加摆动，见图 5-28。该法适用于焊接 $\phi219$mm 以上的管道。

（3）间断送丝法　与连续送丝法相似，只是在焊接时，焊丝在不离开氩气保护范围内一拉一送，一滴滴地向熔池填充金属，焊炬稍有摆动。该法适合于焊接各种规格的管子

（见图 5 - 28）。

（4）摆动送丝法　施焊时，焊
丝在一侧坡口上向熔池送一滴填充
金属，然后移向另一侧坡口上向熔
池又送一滴填充金属，见图 5 - 29。

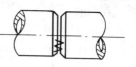

图 5 - 29　摆动送丝法

焊炬随焊丝的摆动途径一起移动。该法适用于大直径厚壁管
的焊接。

85. 管道氩弧焊打底怎样操作?

（1）小直径管道　按一般的操作方法，即全位置焊，由
下向上焊接，见图 5 - 30（a）；而横焊可一次焊完，中间没
有接头，见图 5 - 30（b）。

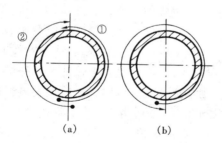

图 5 - 30　单根小径管的打底焊

（a）全位置焊；（b）横焊

（2）小径排管　无论是横向排管，还是纵向排管，或是
交叉排管，均如图 5 - 31 所示的焊接顺序进行，①②③④为

图 5 - 31　排管的焊接方法

焊接顺序。

（3）大直径管道　焊接顺序与单根小直径管相同。全位置焊的对口间隙应适当大些，一般仰焊位置为 3mm，平焊位置为 4～5mm。应两人对称焊接，打底焊缝宜厚些，以免发生裂纹。

86．什么叫偏熔焊法？怎样操作？

偏熔焊法是使焊缝金属偏向坡口一侧的焊接方法，常用于异种钢的焊接，见图 5-32。其操作要点是：

（1）引弧后，将电弧拉长至 10mm 左右，使接口处稍加预热；

（2）压低电弧至 2～2.5mm，使接口熔化，形成熔池，随即向熔池填充一滴焊丝金属，作连接的"桥"；

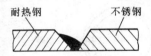

耐热钢　　不锈钢

图 5-32　偏熔焊法的焊缝形状

（3）将电弧移向耐热钢侧，约为根层焊缝宽度的 2/3 坡口上，停顿片刻，并继续填充焊丝金属，然后借助电弧的吹力将已熔的部分熔化金属带向不锈钢侧，约为根层焊缝宽度的 1/3，稍停一下便急速将电弧摆回，以此类推。上述操作过程便形成一个如图 5-32 斜坡的焊缝。

87．不锈钢与耐热钢焊接时为什么要用偏熔焊法？

由于这两种钢材的物理性能、化学成分和焊接工艺均不相同，焊接时，极易引起裂纹等缺陷。采用偏熔焊法的好处是：

（1）防止裂纹的产生　不锈钢和耐热钢的线膨胀系数不

同，采用偏熔焊法时，使耐热钢侧焊缝较厚，不锈钢侧较薄，从而改善了应力的分布，防止了裂纹的产生。

（2）减少了碳的扩散　由于偏熔焊法，热量偏向耐热钢一侧，使不锈钢的一侧受热量少，从而减少了碳的扩散。

（3）减轻了晶间腐蚀　不锈钢侧受热温度低，热影响区窄，使敏化区范围大大缩小，改善了晶间腐蚀。

88. 什么是脉冲电流氩弧焊?

脉冲电流氩弧焊是由焊接电源向电弧提供按一定规律变化的脉冲电流进行焊接的方法。

脉冲电流氩弧焊的焊接过程是：在脉冲电流的作用下，形成熔池。基值电流时，减少对熔池的加热，熔化金属的四周开始凝固，体积显著减少。下一个脉冲电流作用时，在已部分凝固的焊点上，又

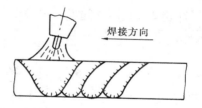

图 5－33　脉冲电流氩弧焊焊缝形成过程示意图

有部分填充金属和母材金属被熔化，形成新的熔池。随后当到基值电流时，又有部分熔化金属凝固形成焊点，与前一焊点搭接。以此类推，即形成由许多焊点搭接而成的焊缝，见图 5－33。

脉冲电流氩弧焊是通过调节脉冲频率、脉冲宽度比、脉冲电流等参数来控制熔池的体积、熔深和电弧热输入量等。

脉冲电流（$I_{脉冲}$）又称峰值电流；基值电流（$I_{基值}$）又称维持电流。为了充分发挥脉冲电流氩弧焊控制熔池的效能，一般都将基值电流保持在尽量小的数值上。

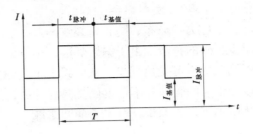

图 5-34　脉冲电流波形

一秒钟内所产生的脉冲次数叫脉冲频率（f）。一个脉冲波（包括脉冲电流和基值电流）所占有的时间叫周期（T）。脉冲电流所占时间与一个脉冲周期之比称脉冲宽度比（$t_{脉冲}/T$），见图 5-34。

五、气焊工艺

89. 气焊有什么特点？应用范围怎样？

气焊是利用化学能转变成热能进行熔化焊接的一种方法。它利用乙炔、氧气通过焊炬混合形成燃烧的火陷（称氧-乙炔焰），将母材金属加热到熔化状态形成熔池，然后不断地向熔池填加焊丝而熔合成一体，冷却后即形成焊缝。因此，气焊接头的质量与气体纯度、火焰性质、焊丝质量以及焊工技能有关。

目前气焊主要用于焊接薄钢板、薄壁小直径管子、有色金属件、铸铁件、钎接件以及堆焊硬质合金材料等。

由于气焊火焰温度低，加热分散，焊接热影响区宽（约为电焊的三倍），过热严重，因此气焊接头性能较差，使用范围受到限制。对于合金成分含量较高的管子，如 Π11、9

铬-1钼、铬12%为基的合金钢管等，使用气焊难以满足焊接接头的质量要求。因此，电站焊接中越来越少采用。

90. 气焊火焰有哪几种？各有什么特点？

气焊火焰是由可燃气体（乙炔）和助燃气体（氧气）通过焊炬的混合并点火后形成的。根据两种气体容积不同的混合比值，可获得三种不同性质的火焰：中性焰、碳化焰和氧化焰，见图5-35。

（1）中性焰　氧与乙炔比为1.2:1，焰芯、内焰、外焰都有明显轮廓，火焰最高温度3050～3150℃，火焰既无过剩氧，又无过剩乙炔。中性焰适用于焊接低碳钢、低合金钢和有色金属。

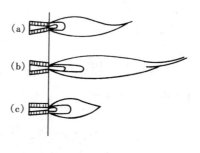

图5-35　氧-乙炔火焰的外形
(a) 中性焰；(b) 碳化焰；(c) 氧化焰

（2）碳化焰　氧与乙炔比0.9:1（通常为0.85～0.95），三层火焰之间无明显轮廓，火焰最高温度2700～3000℃，火焰有乙炔过剩，当过剩乙炔较多时，由于燃烧不完全而开始冒黑烟，火焰长而无力。碳化焰适用于焊接高碳钢，铸铁和硬质合金。

（3）氧化焰　氧与乙炔比1.2:1（通常为1.3～1.7），有明显轮廓的焰芯和较短的内焰，内、外焰之间的轮廓不太明显，火焰最高温度3100～3300℃，火焰有氧气过剩，短而有力，发出嗖嗖声。氧化焰适用于焊接黄铜等。

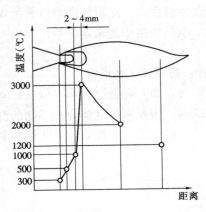

图 5 – 36　中性焰温度分布

91. 中性焰的温度怎样分布？何处温度最高？

中性焰的温度沿火焰的轴线而变化。火焰温度最高处是在距离焰芯末端 2 ~ 4mm 的内焰处，其温度分布见图 5 – 36。

火焰在横向断面上的温度分布也是不同的，断面中心温度最高，越向边缘，温度越低。

92. 为什么低碳钢要用中性焰进行焊接？

（1）碳化焰中有过剩的乙炔，分解为碳和氢，游离状态的碳会渗到熔池中去，增高焊缝的含碳量。用这种火焰焊接低碳钢，会使焊缝金属的塑性下降；同时，过多的氢进入熔池，会使焊缝产生气孔和裂纹。因此，低碳钢是不用碳化焰进行焊接的。

（2）氧化焰有游离的氧、二氧化碳及水蒸气存在，故整个火焰具有氧化性，用来焊接一般的低碳钢件，焊缝中的氧化物较多；同时熔池产生严重的沸腾现象，使焊缝性质变脆，严重降低焊缝质量。因此，一般低碳钢也不用氧化焰进行焊接。

（3）中性焰的焰芯和内焰之间燃烧生成一氧化碳和氢气，与熔化金属作用，使熔化金属里的氧化物还原，净化焊缝金属。所以一般低碳钢多采用中性焰进行焊接。

93. 氧气、乙炔的纯度对焊接质量有什么影响?

一般气焊用的工业氧气分为二级。氧气的纯度,一级品中大于 99.2%,二级品中大于 98.5%。氧气中的杂质大部分是氮气。由于氮的存在,不但使火焰温度降低,影响生产率;而且氮气还会与熔化的金属化合,生成氮化铁。使接头的塑性和冲击韧性大大降低。因此,气焊用的氧气纯度越高越好。

乙炔是由电石和水反应后产生的。由于电石内含有大量的杂质,故产生的乙炔气也不纯洁,常有杂质存在。如硫化氢、磷化氢,它们使焊缝变脆;水蒸气、氮气等,使火焰温度降低,增加可燃气体的消耗量。所以气焊用的乙炔也是越纯越好,对不纯的乙炔,必须经过过滤后才能使用。

94. 什么是右焊法和左焊法? 各有哪些特点?

气焊时,焊炬的移动从右到左称左焊法,从左到右称右焊法,见图 5 - 37。

左焊法的特点:

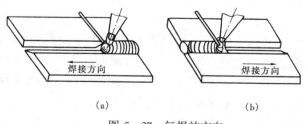

(a) (b)

图 5 - 37 气焊的方向

(a) 左焊法;(b) 右焊法

（1）火焰指向未焊的母材金属，有预热的作用；

（2）焊工能清楚地看到熔池，操作方便，易于掌握；

（3）左焊法时焊缝易于氧化，冷却较快，热量利用率低。

右焊法的特点：

（1）火焰指向焊缝，能很好地保护熔池金属；

（2）由于火焰对着焊缝，起到焊后回火的作用，使焊缝缓慢地冷却，改善了焊缝组织；

（3）火焰热量较为集中，使熔深增加，提高生产率；

（4）技术上不易掌握。

由于右焊法的焊接质量比左焊法好，因此，在电力系统一般都推荐采用右焊法。

95. 怎样正确选择气焊工艺规范？

根据焊件的成分、形状、厚薄及焊件位置，选用不同的工艺规范。

（1）焊丝直径

焊丝直径根据焊件的厚度来选择。焊接 5mm 以下薄板时，焊丝直径一般选用 1~3mm。焊接 5~15mm 钢板时，则选用 3~8mm 的焊丝。

（2）火焰能率

通常以可燃气体每小时的消耗量来表示火焰能率的大小。火焰能率的选用，取决于母材金属的厚度、热物理性质以及操作方法。如果母材金属的厚度大，熔点高，导热性也大，则选用大的火焰能率。一般情况如下：

左焊法：能率（L/h）= 100~120L/（h·mm）× 板厚（mm）。

右焊法：能率（L/h）= 120~150L/（h·mm）× 板厚（mm）。

上式适用于各种金属，碳钢选较小的数值；导热性大的（如铜）或熔点高的（如合金钢），选较大的数值。

（3）焊炬的倾角

焊炬与焊件表面的倾斜角度，主要由焊件的厚度、熔点、导热性来决定。厚度越大，焊炬的倾角越大；金属的熔点高和导热性大，倾角也越大。焊炬的倾角与板厚的关系见图5－38。

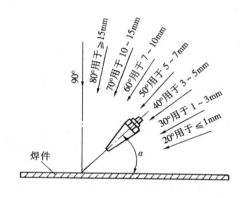

图 5－38 焊炬倾角与焊件厚度的关系

96.气焊加焊丝时应注意什么?

气焊加焊丝时应注意以下几点：

（1）在加热熔池的同时，要将焊丝末端伸进外焰处进行预热，待焊件被加热到熔化状态后，立即加进焊丝；

（2）焊丝熔滴加入后，焊炬微微向前移动，造成新的熔池；

（3）焊丝须一滴一滴地连续加入，不能一整段一整段地加；

（4）焊丝在熔池中不断搅拌，能促使熔渣浮出。

97. 薄板气焊时要注意什么？

对厚度小于 3mm 的板材进行焊接，称为薄板焊接。薄板焊接易烧穿和产生大的变形或翘曲。故焊接时要注意以下几点：

（1）要正确选择焊接规范，焊炬的倾角要小一些，约 $10° \sim 20°$，火焰能率也应小一些；

（2）为了防止烧穿，焊接时火焰不要正对着焊件，可略向焊丝方向偏斜，并不断向上挑动，让熔池有冷凝的机会；

（3）当板厚小于 1mm 时，可采用卷边接头，而不加焊丝；

（4）为了防止变形，工件在焊接前必须先进行点固焊。

98. 锅炉管子气焊时怎样操作？

根据管子空间位置的不同，常见的有全位置焊和横焊两种。

（1）全位置焊　包括各种焊接位置，如图 5-39（a）所示。焊接时，焊炬和焊丝随着焊接位置的改变而相应变化，始终保持焊炬和焊丝之间的夹角为 90°，焊炬和焊丝与焊件间的夹角为 45°，并视实际需要适当调整，使管子根层焊透。焊缝接头处要搭接一段（约 5mm）。

（2）横焊　始焊时，先将钝边熔化，形成一个等于或稍大于焊丝直径的熔孔，如图 5-39（b）所示，以保证根层熔透和控制熔池温度。焊炬垂直管子，配合焊丝摆动，以控制熔池温度。焊丝始终浸在熔池中，并不断地划圈往上搅拌铁水，运条范围 a 不超过下部管子坡口的一半。

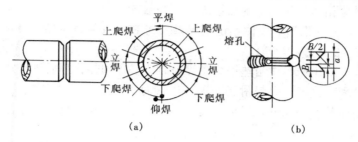

图 5 - 39　固定管子的焊接

(a) 全位置焊；(b) 横焊

a—横焊时运条范围

六、其他焊接工艺

99. 汽轮机缸体裂纹补焊时的主要问题有哪些?

目前高压汽轮机缸体材料较常见的是 20 铬钼钒铸钢，其补焊时的主要问题有：

(1) 20 铬钼钒铸钢的焊接性差，焊后在焊缝或近缝区易产生脆性组织；

(2) 汽缸体壁厚较大（100mm 以上），焊后残余应力较大；

(3) 对缸体的变形要求严，汽缸体经补焊后接合面的总挠度不得超过 0.5mm；

(4) 缸体工作条件差，温度高，压力大，并在使用过程中经常发生变化，因此对焊补质量要求较高。

100. 焊补汽轮机缸体裂纹有哪些方案? 各有何优缺点?

汽轮机缸体裂纹的补焊一般有两种方案，即采用与缸体成分相当的珠光体耐热钢焊条（如 E5515 - B2、E5515 - B2 - V 等）或采用奥氏体不锈钢焊条（如 E2 - 26 - 21 - 15、E1 - 26 - 21M02 - 16 等）。

采用珠光体耐热钢焊条焊补时，必须预热，焊后进行热处理，这样要引起附加变形；焊接时工序繁多，工艺复杂，工作条件恶化等。但是，处理得当，可得到与母材金属相当的力学性能，且组织稳定。

采用奥氏体不锈钢焊条补焊时，由于焊缝金属在焊接热过程中不发生相变，而且本身塑性又好，故焊前可不预热，焊后不作热处理。既简化了工序，又减少了缸体焊后的变形和应力。奥氏体的焊缝组织具有极好的抗裂性，同时对氢的溶解度较大，不会因氢的析集而产生裂纹。但也存在一些问题，如在焊补区附近的母材金属上将因焊补后产生淬硬组织；缸体的刚性很大，导致焊后残余应力很大。同时，焊补区属于异种钢接头，还存在异种钢接头固有的一些问题。

101. 汽轮机叶片（2 铬 13）的补焊有哪些方法？

叶片的补焊方法有两种：焊条电弧焊和手工氩弧焊。无论使用哪种补焊方法，叶片在补焊前都应查明裂纹的长度和深度，然后在裂纹的两端钻止裂孔。为了保证焊透和减少变形，根据裂纹的深度（或厚度）开适当的坡口，坡口不宜过大，尽可能双面开；并采用小规范焊接。焊接时，一般都应使用引弧板，焊接方向如图 5 - 40 所示。焊接终了，要注意填满弧坑。熄弧亦应在熄弧板上或叶片最厚处熄灭。

（1）焊条电弧焊

焊条的选择：一是选用奥氏体不锈钢焊条（如 E0 - 19 - 10Nb - 15）；二是选用与母材相当的焊条（如 E1 - 13 - 15）。

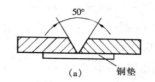

（a）
铜垫

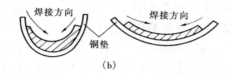

焊接方向　　　　　　　焊接方向
铜垫
（b）

图 5-40　叶片补焊
（a）坡口；（b）焊接方向

E0-19-10Nb-15 焊条补焊叶片，一般焊前可不预热，但是由于母材的淬硬性较强，也可预热到 200℃ 左右。回火温度选择在 400℃ 或 600℃。铬 207 或 E1-13-15 焊条补焊叶片，焊前预热 200~300℃，焊后回火 680~720℃，保温 3~6min。

（2）手工氩弧焊

焊丝材料可用叶片切条，宽度为 1.6~2mm，构成同类接头。焊补时钨极直径 $\phi2.5mm$，电流 70~90A，氩气流量 6~7L/min。根层可不加焊丝，其余各层加丝焊补。焊前无需预热，焊后回火温度 720℃，保温 3min。

102. 焊条电弧焊焊补汽轮机叶片时可选用哪些焊条？各有何特点？

叶片（2铬13）补焊，可选用与叶片化学成分相同的铬不锈钢焊条（如 E1-13-15）；也可选用与叶片化学成分不相同的铬镍不锈钢焊条（如 E0 - 19 - 10Nb - 15）。

选用 E1 - 13 - 15 碱性低氢型铬不锈钢焊条，构成同类接头，焊缝与熔合区组织一致，均为马氏体组织。E1 - 13 - 15 焊条的含碳量较 1 铬 13 和 2 铬 13 钢的含碳量低，焊缝既可以得到足够的强度极限、屈服极限和冲击韧性，又具备较高的疲劳极限和良好的塑性，只要掌握好焊接和热处理工艺，可以获得令人满意的焊接接头。

选用 E0 - 19 - 10Nb - 15 铬镍不锈钢焊条补焊也是可行的，在工艺上比用铬不锈钢焊条还容量掌握。但焊缝组织为奥氏体加铁素体两相组织，熔合区为马氏体加铁素体两相组织，构成了异类接头，性能较差。

103. 汽轮机叶片表面的硬质合金片怎样焊接？

焊接硬质合金片的方法有两种，即钎焊和气焊。

（1）钎焊

进行银钎焊的钎料为料 303，钎料的熔点为 660 ~ 725℃。在钎焊过程中应该注意：①不能使叶片的组织发生相变，即温度不允许超过叶片的 A_{c1} 点；②不能让合金片的硬度降低到 HRC40 以下；③要防止钴铬钨合金片开裂。

用银钎料焊接合金片时，钎接缝处强度低，且影响叶片的疲劳强度。

（2）气焊

气焊前，用刚性好的夹具将叶片固定，以防止变形。然后预热 600℃，采用中性或弱还原性的氧 - 乙炔焰进行焊接，以防止合金片脱碳而开裂。气焊用的熔剂成分为：硼酸 25%、硼砂 25%、萤石 50%。焊后回火 700℃。

104. 怎样焊接汽轮机叶片拉金?

叶片拉金焊接的原则:在拉金和叶片均不熔化、不过热的前提下,将两者钎焊成一体,以保证连接处有足够的强度。

钎焊的实质,即用低熔点合金(钎料),在低于叶片和拉金材料 A_{c1} 温度,不破坏母材金属金相组织的情况下,将两者钎焊在一起,可选用料 303,配合钎剂 104 可以满足要求。

钎焊时应注意下列各点:

(1)焊件与钎料均须在焊前用砂纸打磨光亮,再用四氯化碳擦洗一遍,绝不能留有油污等。

(2)因为氧化焰中有过剩氧易在高温下生成氧化铬,影响叶片和拉金的连接,所以选用中性焰或微碳化焰。

(3)火嘴选用小号,火焰要尖细,使热量集中,这样既能保证母材金属不过热,又能很快完成钎焊工作。

(4)保证钎料熔化后渗入到拉金孔与拉金的缝隙中去,形成良好的钎接缝。

105. 对阀门密封面的堆焊材料有些什么要求?

阀门处于高温介质下工作,长期受水和蒸汽的浸蚀作用,密封面很易损坏。故对密封面的堆焊材料要求具有较高的综合性能。

(1)要求有较高的"红硬性",即在运行温度下,有较高的硬度;而在室温时硬度不很高,便于切削加工;

(2)要求堆焊金属的组织稳定;

(3)要求在运行温度下有高的耐磨性、抗冲击、抗氧化、抗腐蚀性等;

（4）压差很大的流体介质通过时，有好的抗冲蚀性；

（5）要求在温度波动时，有好的抗热疲劳性。

106. 怎样用堆焊法来修复各类阀门的密封面？

不同介质温度下使用的阀门，堆焊时选用不同的堆焊材料。

（1）介质温度 450℃以下的阀门堆焊

采用 EDCr－B－15 焊条，堆焊金属为 2 铬 13，为了获得良好的堆焊金属层，至少堆焊两层。

堆焊前，焊条要烘干，烘焙温度 250℃，烘焙 1h，焊件需预热 300℃以上。焊接时，电流要尽量小，以减少母材金属的熔化。焊接过程中应避免在 475℃左右温度下停留时间过长，以减少 475 度脆性。焊后空冷，硬度大于 HRC45。

此时须用硬质合金刀具进行机械加工；也可以经 750～780℃退火，加工后再经 950～1000℃空冷或油冷，重新淬硬。

（2）介质温度 600℃以下的阀门堆焊

采用 EDCrNi－B－15、EDCrNi－C－15 焊条，堆焊金属为铬镍硅合金。堆焊金属依靠硅进行强化，得到奥氏体加铁素体组织，具有优良的抗磨、抗蚀和抗氧化性能。堆焊层不少于三层，加工后不少于 5mm。

堆焊前，焊条需在 250℃下烘焙 1h，焊件预热 450℃。采用短弧小电流进行焊接，一次焊完，不允许冷后再焊，以防开裂。焊后，要求缓慢冷却，硬度大于 HRC40。

（3）介质温度 650℃以下的阀门堆焊

采用堆 817 焊条，堆焊金属为钴铬钨（司特立）合金。

堆焊时，焊条需在 250℃下烘焙 1h。焊前焊件需预热 500～600℃，并要求整个焊接过程中保持这一温度。采用小电流、短弧直线运条。每次堆焊的焊缝长度不超过 50～70mm 为宜。焊后需回火，温度 600～700℃，保温 1h，缓冷。

107. 怎样补焊铸铁件缺陷？

铸铁的补焊有冷焊法和热焊法。

（1）冷焊法

焊前用气焊火焰分段加热（≤400℃），将渗入铸件内部的油污烤尽，直至不再冒烟为止。然后钻上止裂孔（φ5mm），铲去缺陷，用扁铲或砂轮开坡口，见图 5–41。

焊条选用 EZNi（铸 308）或 EZNiFe（铸 408）。坡口较浅

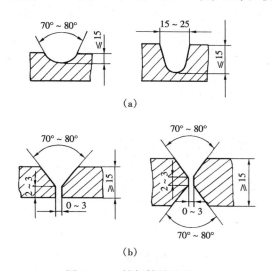

（a）

（b）

图 5–41　补焊铸铁的坡口

（a）未穿透缺陷的坡口；（b）裂透缺陷的坡口

时选用 $\phi 2.5$ 或 $\phi 3.2$mm 焊条，电流 $60\sim80$ 或 $90\sim100$A；坡口较深时选用 $\phi 4$mm 焊条，电流 $120\sim150$A。采用交流较好，焊条不作横向摆动。

焊补应尽量在室内进行。对较厚的铸件也可整体预热 $200\sim250$℃。焊补的工艺要点是：短段、断续、分散、锤击、小电流、浅熔深和焊退火焊道等。

"短段、断续、分散、锤击"是为了减少应力，防止裂纹。每焊一段长度 $10\sim50$mm 后，立即锤击，用带小圆角的尖头小锤（锤重 $0.5\sim1$kg），迅速地锤遍焊缝金属，并待焊缝冷到 $60\sim70$℃再焊下一段，见图 5-42（a）。锤击不便之处，可用圆刃扁铲轻捻。多层焊的顺序见图 5-42（b）。"小电流，浅熔深"是为了减少白口层的厚度，见图 5-42（c）。假若只补焊一层，则应焊退火焊缝，见图 5-42（d）。

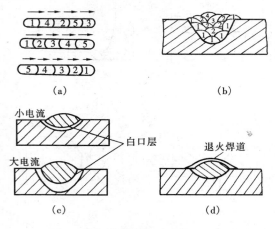

图 5-42　铸铁件补焊工艺示意图

(a) 短段；(b) 多层焊顺序；(c) 电流大小对白口层的影响；(d) 退火焊道

（2）热焊法

铸铁热焊能得到很好的质量，但是由于劳动条件差和某些工件难以加热，使应用受到限制。

补焊前，将铸件在焦炭地炉内整体预热到 550～650℃。若铸件尺寸较大，无法整体预热时，则可选择出减应力区并与焊补区一起预热到 550～650℃。

热焊选用铸铁芯铸铁焊条，焊芯直径为 $\phi6～10mm$，用大电流（按每毫米焊芯直径 50～60A 选用），焊后在炉内缓冷。

108. 冷焊铸铁的焊条有哪些？怎样选用？

冷焊铸铁的焊条根据焊后焊缝化学成分的不同，大致可以分为五种类型。

（1）强氧化型钢芯铸铁焊条 EZFe（铸 100）

这种焊条焊后的焊缝成分与组织不均匀，熔合区的白口较严重，只适用于焊补质量要求不高，焊后不要求机械加工的铸件。

（2）高钒铸铁焊条 EZV（铸 116、铸 117）

系采用 H08A 焊芯，在药皮中加入大量钒铁而制成的铸铁焊条。多用于焊接受力大和焊补不用加工的铸铁件，尤其适于焊补球墨铸铁和高强度铸铁。

（3）强石墨化型焊条 EZCQ（铸 208、铸 248）

采用了强石墨化剂（碳、硅）药皮，保证焊后焊缝组织为灰口铸铁。可以用来焊接刚度不大的中小型铸件。

（4）镍基铸铁焊条 EZNi（铸 308）、EZNiFe（铸 408、铸 508）

镍基焊条焊补铸铁时，熔合区的白口层很薄，而且是断续的，对机械加工影响不大。是目前焊接铸铁，控制熔合区白口层效果最好的一种焊条，因此，多用于重要的需要加工的铸件补焊上。

（5）铜基铸铁焊条 EZNiCu（铸 607、铸 612）

这类焊条焊后能防止裂纹和减少白口组织，但接头的机械加工仍有困难，故只适用于铸件非加工面上缺陷的焊补。

109．怎样焊接封闭管型铝母线？

焊接铝时要注意两点：清除表面氧化膜层和防止塌陷。常见的焊接方法有气焊、碳弧焊和氩弧焊，其中以氩弧焊为最好。现介绍用氩弧焊焊接 $\phi 800mm \times 5mm$ 和 $\phi 300mm \times 15mm$ 的主母线。

（1）焊前准备

用细铜丝刷将坡口两侧 30mm 范围内的污物刷除，直至露出金属光泽，然后用丙酮清洗坡口和焊丝。

（2）焊丝选用

一般采用与母材金属成分相近的标准牌号焊丝或母材金属切条，如果母材是工业纯铝，可选用丝 301。

（3）焊接工艺

采用 NSA－500－1 型手工钨极交流氩弧焊机，根层打底焊，不加焊丝，遇有间隙处才稍加焊丝，以后各层加焊丝焊接。焊接规范：对于 $\phi 800mm \times 5mm$ 的主母线，选用钨极直径 4mm，焊丝 $\phi 4mm$，氩气流量 6L/min，焊接电流 230 ~ 280A，两层焊满，见图 5 － 43 （a）。对于 $\phi 300mm \times 15mm$ 的主母线，选用钨极直径 $\phi 5 \sim 6mm$，焊丝 $\phi 6mm$，氩气流量 8L/min，电流 300 ~ 380A，预热 250 ~ 300℃，三层焊满，见图 5 － 43 （b）。

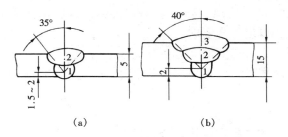

图 5-43 铝母线的焊接

(a) φ800mm×5mm 的铝母线的焊接；

(b) φ300mm×15mm 的铝母线的焊接

110. 怎样堆焊轴承乌金瓦？

局部脱落的乌金瓦堆焊方法如下：

（1）把脱落的乌金彻底清除。

（2）准备好氯化锌、锡条（锡 30%、铅 70% 或锡 50%、铅 50%）和乌金条。

（3）将轴瓦放入碱水中（10% 苛性钠或苛性钾）煮 5～10min 后用清水冲洗。对大轴瓦，也可用热碱水刷洗，再用清水冲洗，然后用钢丝刷将瓦面刷干净。

（4）用氧化焰把瓦面烧一遍，以清除残留的石墨和油垢，然后用中性焰或微碳化焰加热瓦面挂锡。挂锡的过程：加热到 300℃ 左右时，将氯化锌涂在瓦面上，用锡条摩擦加热面，锡溶化后薄薄地覆盖于瓦面，直到全部表面挂匀为止，挂上的锡呈暗银色。

（5）挂锡后接着堆焊乌金，若脱落面积大，应分成若干小块，一块块地堆焊，连成整体。先加热挂锡后的瓦面，并用乌金条摩擦，乌金熔化并能与锡熔在一起时，即可填加乌金，同时向前移动。第一遍不宜太厚，以后用同样方法堆焊，直到厚度符合要求。

（6）进行切削加工。

注意事项：挂锡和堆焊乌金时，一定要控制好温度，切忌过热。

111. 怎样钎焊硬质合金刀具？

硬质合金刀片中主要的合金元素有钨、钛、钴等，硬度非常高，用于切削加工工具，利用气焊、钎焊法焊接，焊接时的主要问题是保证焊牢（刀片和刀杆之间牢固结合），并应注意下列几点：

（1）做好钎焊前的清洗工作，应彻底清除刀杆和刀片结合面之间的杂质和氧化物等。

（2）刀片和刀杆之间预留间隙小于 0.2mm。

（3）采用料 104。

（4）采用 60% 脱水硼砂加 40% 硼酸作为钎焊熔剂。钎焊含碳化钛较多的刀片时，可在硼酸中加 10% 氟化钾或氟化钠以提高熔剂的活性。

（5）采用中性焰或微碳化焰。

（6）钎焊加热时，先把刀杆的焊接处加热到 600℃ 左右（暗红色），立即把钎料撒到加热处，待钎料熔化后再把刀片放上去钎接。

（7）钎焊时的加热速度不能太快（火焰离焊件表面约 50 毫米左右，利用外焰的热量使刀杆和刀片加热），因加热太快，刀片会产生较大的应力而开裂。

刀片的加热温度不能超过 800℃，温度太高，合金元素要烧损。

（8）刀片与刀杆之间的钎料不宜过多，趁钎料尚未凝固之前用棒轻轻拨动刀片，使之位置摆正，并用力压住刀片，与此同时，火焰慢慢离去，让钎料凝固。

（9）焊后，刀具放在石棉粉或石棉灰内缓冷，或在350～380℃炉中回火6～8h。

112. 钢筋可采用哪些方法进行焊接？

钢筋除了用焊条电弧焊进行焊接外，对于空间构架和交叉钢筋可以采用接触点焊；对接钢筋可采用闪光对焊；钢筋和钢板的垂直焊可采用埋弧凸焊。对焊接性较差的钢筋如44锰2硅等，用手弧焊容易出现裂纹，必须选用闪光对焊。

113. 钢筋闪光对焊的工艺方法有几种？怎样操作？

钢筋闪光对焊的工艺方法有三种：连续闪光焊、预热闪光焊、闪光-预热-闪光焊。

连续闪光焊，适用于直径 $\phi22mm$ 以下的钢筋。操作时，先使两钢筋端面轻微接触，开始闪光，徐徐移动钢筋，直至烧化到规定的长度后，以适当的压力，迅速顶锻。它的焊接过程是闪光-顶锻。

预热闪光焊，适用于端面平整的直径 $\phi25mm$ 以上的钢筋。操作时，先使两端面交替地接触和分开，发生断续闪光而预热，待达到规定长度时，即进行闪光-顶锻。

闪光-顶锻-闪光焊，适用于端面不平整的直径 $\phi25mm$ 以上的钢筋。操作时，先使两钢筋端面的凸出部分接触，开始闪光，待两端面闪平为准，即进行预热-闪光-顶锻。

114. 埋弧凸焊怎样操作?

钢筋与钢板垂直焊,广泛采用 BX2－1000 或 BX2－2000 型交流电焊机为电源的自制埋弧凸焊机进行焊接。

图 5－44 埋弧凸焊示意图

1—钢筋;2—焊剂;3—钢板

埋弧凸焊是在焊剂层下进行焊接,钢筋 1 和钢板 3 作为两极,在焊剂层 2 下,先激发电弧,后顶锻焊成,见图 5－44。

操作时,先将钢筋轻微提起,激发电弧。电弧热使钢筋、钢板、焊剂发生熔化。熔渣保护焊接区,防止外界空气的侵入。待钢筋和钢板端面熔化后,迅速加压顶锻即成。

115. 金属粉末覆盖作为防护层有些什么特点?

金属粉末覆盖作为防护层与化学热处理相比,生产率高,又不受母材金属化学成分的影响,可随意改变覆盖层的成分和厚度。它与堆焊工艺相比,母材金属表面熔化极少或根本不熔化,覆盖层的稀释度很小,从而表层不需要很厚也能满足使用要求。

粉末覆盖技术根据热源不同,大致可分为:

(1) 火焰法 有效温度范围为 3000℃以下,粉粒飞行速度达 150~200m/s;

(2) 电弧法 有效温度范围为 5000℃以下,粉粒飞行速度达 150~200m/s;

(3) 等离子法 有效温度范围为 16000℃以下,粉粒飞行速度达 300~350m/s。

(4) 爆炸法 有效温度范围为 3000~3500℃以下,粉粒

飞行速度达 $700 \sim 800 \text{m/s}$。

爆炸法目前我国尚很少应用。电弧法和等离子法虽有应用；但工艺装备较复杂，技术要求较高，又要一定的保护气氛，因此，应用受到限制。火焰法设备简单，操作方便，工艺灵活，不需要保护气氛，因而，近年来获得广泛的应用。

116. 什么是氧 – 乙炔焰的喷涂和喷熔？各有什么特点？

喷涂：合金粉末用专用喷炬通过氧 – 乙炔火焰喷射到经清理干净的工件表面，形成机械结合的覆盖层。它的结合机理是金属粉末在高温火焰中高速撞击到零件表面的凹凸不平处，产生塑性变形，从而形成机械结合。

喷涂层具有耐磨、耐蚀的特点，可以使表面局部磨损的部件恢复尺寸，达到修复和延长使用寿命的目的。但其结合强度较低，覆盖层疏松，因而不适用于有磨粒磨损和冲击负荷的工况中。

喷熔：合金粉末用专用喷炬通过氧 – 乙炔焰喷射到工件表面，随之进行再熔化处理，使其表面形成一层薄而平整的覆盖层。它的结合机理是母材金属未熔化，而被熔化的合金粉末所溶解，形成表面合金层，互相扩散，互相渗透，最后成为牢固的冶金结合。

喷熔层的结构致密，成形性好，熔深浅，稀释程度小，厚度易于控制，其性能可根据要求选择，因而具有耐磨、耐蚀、耐热以及抗氧化等，是一种较理想的表面强化技术。

117. 喷熔一步法和喷熔二步法有什么不同？

喷熔一步法就是喷粉和粉层的熔融采用同一火焰，一次操作，同时完成，即边喷边熔。适用于小零件的表面保护性覆盖和修补。

喷熔二步法与一步法无本质的区别，仅在工艺上先用喷炬喷粉，然后用专用的重熔枪重熔。由于采用了先喷后熔的工序，因而能获得厚度均匀，表面更为平整的覆盖层，不仅提高了质量，而且还提高了生产效率。适用于圆形工件以及需要大面积表面防护的工作。

118. 喷熔一步法的工艺要点有哪些？

喷熔一步法的工艺要点：

(1) 工件准备 待喷的金属表面须彻底清除氧化物、铁锈、油污等，同时除去疏松、裂纹、夹渣等缺陷。不需要喷熔的部位用它物遮盖住。

(2) 喷熔材料选择 根据工件的尺寸、形状，选用合适的喷炬、喷嘴和金属粉末。

(3) 喷熔 将清理过的工件表面用火焰预热到 250～300℃，预热火焰为碳化焰。先预喷一层约 0.1mm 的粉末，以保护表面不被氧化和污染。火焰焰芯与工件表面的距离保持为 20mm 为宜。随后将火焰移至工件一端，并迅速将该处

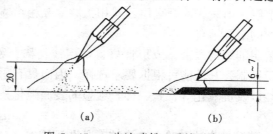

(a)   (b)

图 5-45 一步法喷粉、重熔示意图

(a) 喷粉；(b) 熔融

加热到接近粉末熔点，继而喷粉达所需的厚度，并立即重熔。如此喷、熔交替进行，直至完成一步法工艺。喷熔时，火焰焰芯与工件表面的距离缩短到 6～7mm，见图 5－45。喷层的厚度一般为 1～1.5mm 为宜，最厚不超过 2mm。

119. 喷涂工艺要点有哪些？

喷涂工艺要点如下：

（1）工件准备　用机械或化学方法清除油污、铁锈等，再将喷涂表面打毛或车成螺纹。

一般钢铁件不需预热，如果湿度较大，可用中性焰烘烤到 80℃，以驱潮气。喷涂铜合金，则可适当提高预热温度至 300℃左右，预热必须在车螺纹之前进行。完全准备好的待喷工件表面不允许再用火焰烘烤。

（2）喷涂打底层　喷涂打底层以 0.1mm 左右为宜，用碳化焰，火焰中心要对准工件轴线。

（3）喷涂工作层　按不同的要求选择一定的工作层合金粉末，与喷涂打底层相同进行喷涂。可多次往返喷粉，直至达到所需厚度为止。为了保证结合牢固，喷涂层厚度最大不得超过 2mm。除喷涂铜基粉末用氧化焰外，其他粉末均用微碳化焰。

（4）喷涂层的机械加工　由于喷涂层的结合强度较低，机械加工时必须谨慎，以免剥落。车削工具推荐用硬质合金刀具；磨削时可采用碳化硅砂轮或金刚砂轮。

七、气　割　工　艺

120. 气割的原理怎样？它与熔割有什么不同？

气割是利用氧－乙炔（或液化石油气等）火焰把整体金

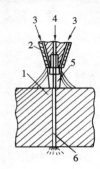

图 5-46　气割
示意图

1—割件；2—割嘴；
3—氧－乙炔；4—切
割氧气；5—预热火焰；
6—割缝

属分割开来的一种工艺。

气割的原理是：

（1）利用气体火焰将金属预热到燃烧温度；

（2）该金属发生剧烈的氧化——燃烧；

（3）随后开放高压氧气（切割氧），将燃烧产物——氧化铁渣从切口中吹掉，而形成割缝，见图 5-46。

气割和熔割的本质是不同的，气割是被割金属在外热源作用下，先燃烧（氧化）后熔化，熔渣被吹走形成割缝；而熔割是被割金属在外热源作用下，首先开始熔化，熔渣被吹走，形成割缝。

121. 金属进行气割需具备哪些条件？

金属进行气割需具备下列条件：

（1）金属的熔化温度应高于燃烧温度，即被切割的金属先燃烧，后熔化；

（2）金属氧化物的熔化温度应低于金属本身的熔化温度；

（3）金属氧化物熔化后的流动性要好；

（4）金属的导热性小；

（5）金属在氧气中燃烧应能放出大量的热，以维持气割的连续进行。

可以进行气割的金属有碳钢、普低钢、硅钢、锰钢等；不能进行气割的金属有铜及其合金、铝及其合金、铸铁、高铬钢、铬镍不锈钢等。

122. 为什么铸铁、铬镍不锈钢、铜等金属不能气割?

铸铁在切割时产生的二氧化硅，其熔点高于铸铁的熔点，因此，二氧化硅成固体附在铸铁上，不能被氧气流吹开，故不能进行气割。

铬镍不锈钢气割时要生成三氧化二铬，其熔点达2000℃左右，比金属本身的熔点高，所以不能气割。

铜的燃烧温度比熔化温度高，导热性又很大，所以不能气割。

123. 怎样气割薄钢板?

钢板厚度小于3mm，一般用剪断机剪断；大于3mm的钢板或形状复杂、剪切有困难的薄板采用气割。

气割时要注意下列各点：

（1）气割时，割嘴不能垂直于工件，需向前偏斜5°~10°；

（2）预热火焰能率要小，气割速度要快；

（3）为了提高气割效率，同样的钢板可重叠起来一起气割。成叠气割时，要求钢板之间贴紧。

124. 怎样气割厚钢板?

厚度大于30mm的钢板进行气割，称为厚钢板气割。气割时需注意下列各点：

（1）提高切割氧的压力至1.01MPa以上；

（2）气割开始时，首先从工件边缘棱角开始预热，割嘴向前倾斜，见图5-47，当金属加热到燃烧点，全部割透

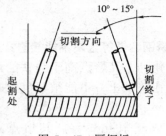

图 5-47 厚钢板
的气割

时，割嘴即可垂直；

（3）要保证割透，先将气割处的金属加热，直至金属全部燃烧，并由氧气流吹走熔渣后，才沿气割方向移动割炬；

（4）气割接近终了时，应降低割炬移动速度，割嘴向后倾斜 $10° \sim 15°$，见图 5-45，这样才能保证气割质量。

125. 等离子弧切割的原理怎样？应用范围如何？

电弧经过机械压缩效应、热压缩效应和电磁收缩效应而得到等离子弧，其温度可达 $10000 \sim 30000℃$，有很强的吹力，气流的流速可达 $10000m/s$，它能迅速将金属熔化并立即把它吹掉而形成切口。

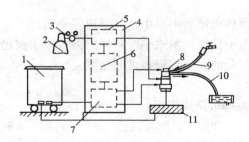

图 5-48 等离子弧切割设备组成示意图
1—电源；2—气源；3—调压表；4—控制箱；5—气路控制；6—程序控制；7—高频发生器；8—割炬；9—进水管；10—出水管；11—割件

等离子弧切割设备的组成见图 5 – 48。它可以切割不锈钢、高合金钢、铸铁、铜、铝及其合金以及非金属材料等。最大切割厚度可达 150 ~ 200mm。

126. 什么是碳弧气刨？应用范围如何？

碳弧气刨是利用碳弧高温使工件局部熔化后，用压缩空气把熔化金属吹掉的一种工艺方法，见图 5 – 49。它可用来清除焊缝缺陷，开坡口（特别开 U 形坡口），清理铸件的飞边、毛刺及铸造缺陷，以及切割高合金钢、铝、铜及其合金等。

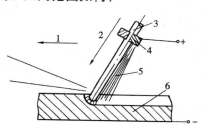

图 5 – 49 碳弧气刨示意图
1—刨割方向；2—电极进给方向；
3—电极；4—刨钳；
5—压缩空气流；6—切割件

127. 怎样切割不锈钢和铸铁？

不锈钢和铸铁不能气割，只有在采取一定措施后，才能进行切割。切割方法有：

（1）振动火焰切割

用普通氧 – 乙炔割炬，在切割过程中，割嘴以一定的频率和幅度前后、上下振动，可以破碎高熔点的氧化膜，从而实现切割不锈钢和铸铁。

（2）氧熔剂切割

在供给切割氧的同时，将铁粉或其他熔剂送到切割区，借氧气流与铁粉或其他熔剂的反应热来提高切口温度，改善熔渣的流动性，实现不锈钢和铸铁的火焰切割。

（3）等离子弧切割

利用等离子弧的高温和高速气流，可以切割不锈钢和铸铁。

第 六 章

焊接接头的热处理

一、热处理的基本知识

1. 什么叫热处理？焊接接头为什么要焊后热处理？

热处理是利用钢在固态下的组织转变来改变其性能的一种方法。它由加热、保温和冷却三个阶段组成。

焊接接头焊后热处理的目的是降低残余应力，获得一定的金相组织和相应的各项性能。

2. 焊后热处理规范中包括哪四个因素？

焊后热处理规范中包括：

（1）加热速度；

（2）最高加热温度；

（3）保温时间；

（4）冷却速度。

它可以用温度和时间为坐标表示出来，见图 6-1。

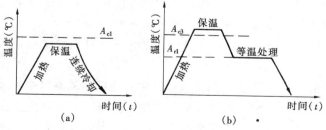

图 6-1　热处理规范图
（a）简单热处理规范；（b）复杂热处理规范

3. 焊接接头的焊后热处理方法有哪几种？

焊接接头的焊后热处理方法有正火、退火、等温退火、调质、回火等，用得最广的是回火处理。各种焊后热处理方法见图 6-2。

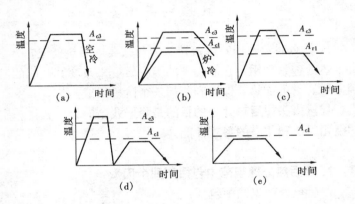

图 6-2　焊后热处理方法
(a) 正火；(b) 退火；(c) 等温退火；(d) 调质；(e) 回火

4. 什么叫正火？它的目的是什么？

正火是将钢件加热到上临界点（A_{c3} 或 A_{ccm}）以上 40～60℃，保温一段时间，使其达到完全奥氏体化和均匀化，然后在空气中冷却。

正火的目的：①细化组织；②化学成分均匀化。

5. 什么叫退火？退火有哪几种？它的目的是什么？

退火是将钢件加热到某一温度，保温一段时间，然后缓慢冷却的过程。由于加热温度的不同，退火可分为：

（1）扩散退火　加热到 A_{c3}^+（150～200℃），长时间保

温后缓慢冷却。主要目的是使成分均匀化。

（2）完全退火 加热到 $A_{c3}{}^+$（40～60℃），保温后缓慢冷却。主要目的是细化组织，降低硬度。

（3）不完全退火 加热到 $A_{c1}{}^+$（40～60℃），保温后缓慢冷却。主要目的是细化组织，降低硬度。

（4）等温退火 加热到 $A_{c3}{}^+$（40～60℃），保温一段时间后，随炉冷至 A_{r1} 进行等温转变，再在空气中冷却。主要目的是细化组织，降低硬度。

（5）球化退火 加热到 $A_{c1}{}^+$（20～40℃）或 $A_{c1}{}^-$（20～30℃），保温后缓慢冷却。主要目的是使碳化物球化,降低硬度。

（6）去应力退火 加热到 $A_{c1}{}^-$（100～200℃），保温后空冷。主要目的是消除内应力。

6. 什么叫淬火？它的目的是什么？

淬火是将钢件加热到一定温度，如亚共析钢为 $A_{c3}{}^+$（40～60℃），保温一段时间后，再急剧冷却，使奥氏体转变为高硬度的马氏体组织。

淬火的目的：①增加硬度和耐磨性；②为随后回火处理作组织准备，从而获得一定的力学性能；③改变钢的某些物理及化学性质。

7. 什么叫回火？它的目的是什么？

回火是将钢件加热到下临界点 A_{c1} 以下，保温一段时间后，再以任意冷却速度进行冷却。

回火的目的：①消除应力；②稳定组织；③降低硬度。

回火适用于各种珠光体、贝氏体、马氏体耐热钢管焊接接头的焊后热处理。

8. 什么叫调质处理？它的目的是什么？

调质处理是将钢件淬火后进行高温回火的双重热处理。

调质处理的目的：①细化组织；②获得良好的综合力学性能。

9. 钢在回火时发生怎样的组织转变？

回火是淬火的后继工序。回火过程中组织转变可分为四个阶段，如表6-1所示。

表6-1　　　　　碳素钢的回火过程和组织变化

阶　段	回火温度	组　织　转　变	组　织　特　征
第一阶段	<150℃	马氏体分解（含碳0.3%以下的钢不出现）	马氏体分解为碳含量降低了的低碳马氏体和具有极细分散度的ε碳化物[①]所组成的混合物，即回火马氏体。在显微镜下呈黑色针状
第二阶段	150~280℃	(1) 马氏体继续分解 (2) 残余奥氏体分解（含碳0.5%以下的钢不出现）	马氏体中继续析出ε碳化物。残余奥氏体分解，获得下贝氏体和回火马氏体。在显微镜下呈针状
第三阶段	250~400℃	(1) ε碳化物重新溶解 (2) 渗碳体沉淀析出 (3) 低碳马氏体的变化	低碳马氏体又分解为铁素体和渗碳体，ε碳化物转变成渗碳体。由于碳原子的扩散，碳化物长大成细粒状称屈氏体
第四阶段	>400℃	(1) 碳化物聚集与球化 (2) 第二类内应力的消失	碳化物进一步聚集，尺寸增大形成铁素体和粒状渗碳体的混合物即索氏体

① ε碳化物——具有极细的分散度，碳含量比渗碳体高。

10. 为什么焊接后，接头内会产生不同的金相组织？

焊接接头包括焊缝金属和热影响区。焊缝金属是由熔池中的液态金属迅速冷却、结晶而成，根据焊缝金属在空气中冷却时的淬硬程度不同而发生不同的组织转变，形成不同的金相组织。热影响区随着离熔池远近不同，而经受不同的加热，在1550～200℃范围冷却时，由于各段受热温度不同，不同钢材的空淬倾向不一样，也发生不同的组织转变，形成不同的金相组织。

11. 低碳钢焊后的热影响区组织状态怎样？

低碳钢和淬硬倾向小的合金钢，热影响区可分为六个区段，见图6-3。各区段的组织状态为：

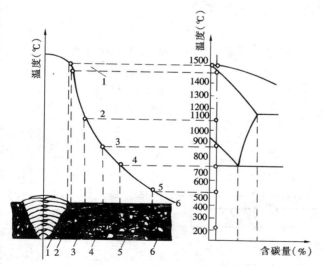

图6-3　低碳钢焊后热影响区的组织变化
1—不完全熔化段；2—过热段；3—正火段；4—不
完全重结晶段；5—再结晶段；6—蓝脆段

（1）不完全熔化段　在液相线和固相线之间，是焊缝金属到母材金属的过渡部分。该区段晶粒粗大，最容易产生缺陷（如未焊透、裂纹等）。

（2）过热段　在固相线和1100℃（低碳钢）之间，该区段晶粒粗大，有严重的魏氏组织。

（3）正火段　在1100℃和A_{c3}之间，由于重结晶的作用，该区段晶粒细化，可提高力学性能。

（4）不完全重结晶段　在$A_{c3} \sim A_{c1}$之间，由于组织转变不完全，晶粒大小不均匀，力学性能较差。

（5）再结晶段　在$A_{c1} \sim 500℃$之间，一般组织变化不明显。焊前母材经受冷压力加工的钢材才有此段。

（6）蓝脆段在$500 \sim 200℃$之间，组织没有变化，由于扩散或沉淀硬化，韧性下降。

12. 合金钢焊后的热影响区组织状态怎样？

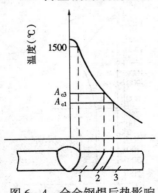

图6-4　合金钢焊后热影响区的组织变化

1—淬火段；2—不完全淬火段；3—回火段

合金钢的热影响区有三个区段，见图6-4。各区段的组织状态为：

（1）淬火段　温度大于A_{c3}，根据钢的空淬倾向不同，会出现不同的淬硬组织，如贝氏体、马氏体等。

（2）不完全淬火段　温度在$A_{c1} \sim A_{c3}$之间，得到淬硬组织和网状组织（铁素体或碳化物等）。

（3）回火段　温度低于

A_{c1}，得到不同的回火组织。

13. 常用耐热钢管焊接接头的组织状态怎样?

焊接时被加热到奥氏体化温度的金属，在空气中连续冷却，过冷奥氏体发生三种基本类型的转变：①珠光体转变；②贝氏体转变；③马氏体转变。

低碳钢焊接过程中，发生第①类转变。而合金钢随合金含量、焊接方法、焊接热规范和冷却速度的不同，第①、②、③类转变都可能发生，见表6-2。

表6-2　　　　　焊接接头的组织状态

序号	钢 号	母 材 金 属	焊 缝 金 属	过热或淬火段
1	20	铁素体＋珠光体（等轴或带状分布）	铁素体＋珠光体（网状或呈魏氏组织）	魏氏组织
2	15铬钼	(1) 铁素体＋珠光体 (2) 铁素体＋珠光体＋贝氏体	索氏体＋铁素体（少量、网状或块状）少量贝氏体或马氏体	索氏体＋铁素体（少量、网状或呈魏氏组织）少量贝氏体
3	12铬1钼钒			索氏体＋铁素体（少量或网状）少量贝氏体或马氏体
4	10铬钼910	(1) 贝氏体 (2) 铁素体＋贝氏体 (3) 铁素体＋珠光体	贝氏体、索氏体、少量马氏体、少量铁素体	

续表

序号	钢 号	母 材 金 属	焊 缝 金 属	过热或淬火段
5	钢 102	贝氏体	贝氏体、索氏体	
6	П11			
7	X12 铬钼 91	铁素体 + 回火索氏体	马氏体、少量贝氏体	
8	F12	回火索氏体 + 少量铁素体		

14. 不同的焊后热处理方法对改善接头组织有什么不同?

不同的焊后热处理方法是通过不同的途径改善接头的组织，如正火、完全退火和等温退火，是将接头金属加热到 A_{c3} 以上，使原有组织全部奥氏体化，然后采取不同的冷却方式，空冷、炉冷和等温冷却以获得希望的组织；回火是将接头金属加热到 A_{c1} 以下，使原有淬火组织分解，残余奥氏体转变，碳化物大小和分布变化，从而获得比较稳定的组织。

15. 焊后回火为什么能减小接头的残余应力?

焊后回火是利用高温下材料强度的降低，将弹性应变转换成塑性变形，从而减小残余应力的峰值，改善残余应力的分布。

焊后回火使残余应力下降的原因是:

(1) 将应力降低到回火温度下材料的屈服强度以下。

(2) 发生高温蠕变，使弹性应变转换成塑性变形。大部分残余应力的下降是由于蠕变的结果。

（3）组织趋于稳定，使局部的塑性变形阻力下降，促使残余应力降低。

残余应力的松弛，在室温下也在进行，但很缓慢。增高温度，可促使应力较快的松弛。残余应力松弛的温度，低碳钢管的焊接接头为 600～650℃，低合金钢管为 650～700℃，中、高合金钢管为 700～750℃。

二、热处理工艺规范

16. 根据什么原则选择正火（或完全退火）的热处理规范？

正火（或完全退火）热处理规范的上、下限选用原则如下：

（1）加热速度　上限：避免工件整个截面温度不均匀；下限：缩短热处理时间。

（2）最高加热温度　上限：不应使晶粒过分长大和析出 δ – 铁素体；下限：所有合金元素基本溶解，一般加热到 A_{c3} 以上 40～60℃。

（3）保温时间　上限：不应使晶粒过分长大；下限：要求整个截面奥氏体均匀化。

（4）冷却速度　正火允许空冷；完全退火要求缓慢冷却。

17. 根据什么原则选择回火的热处理规范？

回火热处理规范的上、下限选用原则如下：

（1）加热速度　上限：避免工件整个截面不均匀；下

限：缩短热处理时间。

（2）最高加热温度　上限：低于 A_{c1}，一般低于钢材原始的回火温度；下限：钢材最高使用温度 + （100 ~ 150℃）。达到规定的硬度值。

（3）保温时间　上限：防止性能劣化，缩短热处理时间；下限：降低残余应力，改善金相组织和力学性能。

（4）冷却速度　上限：避免重新产生残余应力；下限：防止再热裂纹的产生和性能劣化。

18. 常用钢材焊接接头的热处理温度及恒温时间怎样选择？

根据 DL/T869—2004《火力发电厂焊接技术规程》的规定，其温度、恒温时间选择见表6 – 3。

19. 常用异种钢接头的焊后热处理温度怎样选择？

当两侧钢材之一为奥氏体不锈钢的异种钢接头，应尽量选用与所焊奥氏体钢相应的焊条，以避免焊后热处理。

当两侧钢材都不是奥氏体不锈钢的异种钢接头，应按两侧钢材及所用焊条综合考虑。焊后是否需要热处理，以工艺性能差和淬硬倾向大的一侧为准。焊后热处理温度不宜超过低侧钢材 A_{c1}，热处理温度选择见表 6 – 4。

20. 焊后热处理的加热宽度和保温宽度应为多少？

热处理的加热宽度，从焊缝中心算起，每侧不小于管子壁厚的 3 倍，且不小于 60mm。

热处理的保温宽度，从焊缝中心算起，每侧不小于管子壁厚的 5 倍，以减少温度梯度。

表 6-3　　　焊后热处理温度及恒温时间

钢　种　（钢号）	温度 (℃)	厚　度　(mm) 恒　温　时　间　(h)						
		≤12.5	>12.5~25	>25~37.5	>37.5~50	>50~75	>75~100	>100~125
C≤0.35(20,ZG25) C－Mn(16Mn)	600~650	—	—	1.5	2	2.25	2.5	2.75
1/2Cr－1/2Mo(12CrMo)	650~700	0.5	1	1.5	2	2.25	2.5	2.75
1Cr－$\frac{1}{2}$Mo(15CrMo、ZG20CrMo)	670~700	0.5	1	1.5	2	2.25	2.50	2.75
1Cr－$\frac{1}{2}$Mo－V(12Cr1MoV、ZG20CrMoV) $1\frac{1}{2}$Cr－1Mo－V(ZG15Cr1Mo1V) $1\frac{3}{4}$Cr－$\frac{1}{2}$Mo－V	720~750	0.5	1	1.5	2	3	4	5

续表

钢 种 (钢号)	温度 (℃)	厚 度 (mm) 恒 温 时 间 (h)								
		≤12.5	>12.5~25	>25~37.5	>37.5~50	>50~75	>75~100	>100~125
$2\frac{1}{4}$Cr-1Mo	720~750	0.5	1	1.5	2	3	4	5
2Cr-$\frac{1}{2}$Mo-VW(12Cr$_2$MoWVB)	750~780	0.75	1.25	1.75	2.25	3.25	4.25	5.25
3Cr-1Mo-VTi(12Cr$_3$MoVSiTiB)								
9Cr-1Mo		1	2	3	4	5	6	—
12Cr-1Mo		1	2.5	3.5	5	6	7	—

表6-4　异种钢接头焊后热处理温度①　　　　(℃)

钢　种	钢　号	20	16钼	12铬钼	15铬钼	10铬钼910	12铬1钼钒	15铬1钼钒	无铬8号	钢102	ПI1	X12铬钼91	H19	F12
0.2碳	20	600~650												
$\frac{1}{2}$钼	16钼	600~670	600~670											
$\frac{1}{2}$铬-$\frac{1}{2}$钼	12铬钼	650~700	650~700	650~700										
1铬-$\frac{1}{2}$钼	15铬钼	650~700	650~700	650~700	650~700									
2$\frac{1}{4}$铬-1钼	10铬钼910	670~720	670~720	670~720	670~720	670~720								
铬-钼-钒	12铬1钼钒	670~720	670~720	670~720	670~720	670~720	670~720							
铬-钼-钒	15铬1钼钒	670~720	670~720	670~720	670~720	670~720	670~720	670~720						
无铬	无铬8号	700~730	700~730	700~730	700~730	700~730	700~730	700~730	700~730					
铬	钢102	720~750	720~750	720~750	720~750	720~750	720~750	720~750	720~750	720~750				
铬-钼-钒	ПI1	720~750	720~750	720~750	720~750	720~750	720~750	720~750	720~750	720~750	720~750			
9铬-1钼	X12铬钼91	720~750	720~750	720~750	720~750	720~750	720~750	720~750	720~750	720~750	720~750	720~750		
12%铬为基	H19	750~770	750~770	750~770	750~770	750~770	750~770	750~770	750~770	750~770	750~770	750~770	750~770	
12%铬为基	F12	750~770	750~770	750~770	750~770	750~770	750~770	750~770	750~770	750~770	750~770	750~770	750~770	750~770

① 表内温度按选择与低侧相配或介于中间成分的焊条为原则推荐的。

21. 热处理的升温速度和降温速度有什么要求?

为保证热处理效果,使焊件截面里外温度均匀,温差控制在小于 50℃, 对热处理的升温、降温速度做如下规定:

升温、降温速度,一般可按 $250 \times \dfrac{25}{壁厚}$ ℃/h 控制,且不应大于 300℃/h。降温过程中,温度在 300℃ 以下可不控制。

22. 对热处理的间隔时间有什么要求?

$2\frac{1}{4}$ Cr - 1Mo 以上的铬钼、铬钼钒和含硼钢,焊后 24h 内应做热处理;而 X12CrMo91 (F11、F12) 等大厚度高铬钢焊口,焊后冷却到 100~150℃ 应立即进行热处理。其他低合金钢焊接接头的热处理间隔时间则没有严格要求,但间隔时间不宜过长,应尽快处理为宜。

23. 预热和焊后热处理各起什么作用?

预热的作用是:

(1) 防止焊接区周围金属的温度梯度突然变化,减慢冷却速度;

(2) 降低残余应力;

(3) 改善接头的塑性、韧性,从而改善其焊接性;

(4) 有利于氢的逸出。

焊后热处理的作用是:

(1) 降低残余应力;

(2) 增加组织稳定性;

(3) 软化硬化区;

(4) 促使氢逸出;

(5) 提高抗应力腐蚀能力;

（6）增加接头的塑性、韧性和高温力学性能。

24. 为什么有的焊接接头要求焊后热处理，有的不要求？

焊接接头焊后是否需要热处理，主要由接头的残余应力、组织状态和力学性能等决定，有四种情况，见表6-5。

表6-5　　　　　接头焊后热处理的必要性

热处理必要性	残余应力值		金相组织	力学性能
没有必要	不	大	无淬硬组织	良好的塑性和韧性
可以省去	不	大	少量淬硬组织，如索氏体、贝氏体或极少马氏体	有一定的塑性和韧性，可以安全起吊和运输，运行后又可迅速改善组织，降低硬度
必须进行	很	大	无淬硬组织	有一定的塑性和韧性
	不	大	淬硬组织较多	塑性和韧性较差
立即进行①	不	大	淬硬组织较多	塑性和韧性极差，以致接头冷到室温就有可能开裂

① 立即进行：是指焊后冷到一定温度（即奥氏体组织基本转变完全）时就进行热处理。

25. 哪些焊接接头可免作焊后热处理？哪些焊接接头焊后应进行热处理？

（1）凡采用氩弧焊或低氢型焊条，焊前预热和焊后适当缓冷的下列部件可免作焊后热处理。

1）壁厚小于或等于10mm，管径小于或等于108mm的

15CrMo、12Cr$_2$Mo 钢管子。

2）壁厚小于或等于 8mm，管径小于或等于 108mm 的 12Cr1MoV 钢管子。

3）壁厚小于或等于 6mm，管径小于或等于 63mm 的 12Cr2MoWVTiB钢管子。

（2）下列焊接接头焊后应进行热处理。

1）壁厚大于 30mm 的碳素钢管子与管件。

2）壁后大于 32mm 的碳素钢容器。

3）壁后大于 28mm 的普通低合金钢容器（A 类Ⅱ级钢）。

4）壁厚大于 20mm 的普通低合金钢容器和管道（A 类Ⅲ级钢）。

5）耐热钢管子与管件［上述（1）中内容除外］。

6）经焊接工艺评定需做热处理的焊件。

26. 哪些耐热钢管焊接中断后要进行热处理？

焊接过程中断，由于组织被淬硬以及局部应力增加，对厚壁或合金成分较高的钢管尤为显著，往往未采取任何措施时会造成接头开裂。因此对于壁厚大于 25mm 的管子，要求焊完壁厚 1/3 或最大 19mm 时，才允许中断；对于含铬量大于 2.5%，或壁厚大于 25mm 的管子，中断焊接时，冷至室温，立即进行 650～710℃短时间回火，继续焊接前需重新预热到规定温度。

27. 为什么低碳钢只有厚壁管的接头才要求焊后热处理，而合金钢管的规定又不一样？

低碳钢接头焊后热处理的目的是以降低残余应力为主。因为这类钢管焊后，按接头的金相组织是不需热处理的，随着壁厚的增加，由于刚性增大，使焊接残余应力增加，就必须进行热处理。

合金钢接头焊后热处理的目的是以改善金相组织为主。因为这类钢管焊后，在接头内出现淬硬组织，在应力和氢的作用下，有可能使焊件破坏。因此除合金含量少，管壁较薄，在高温下运行的合金钢焊接接头，按规定可不进行焊后热处理以外，其他都要进行热处理。

28. 如何检验焊后热处理规范的正确性？

检验热处理的效果，主要采取金相分析和硬度测量，最常用的为硬度测量法。

热处理后的硬度一般不超出母材的布氏硬度 HB 加 100，且不超过下列规定：

合金总含量 < 3%，HB ≤ 270；

合金总含量 3% ~ 10%，HB ≤ 300；

合金总含量 > 10%，HB ≤ 350；

热处理后硬度检查数量可为：

直径 < 194mm 的合金钢管 5%；

直径 > 194mm 的合金钢管 100%。

热处理后的硬度值，如超过规定范围时，应按班次增加复检数量，并查明原因。对不合格的焊口应重新作热处理。

三、热处理的加热器

29. 常用的热处理方法包括哪些？常用的加热器有哪些？

（1）辐射加热法（火焰加热和电阻加热），常用的加热器有气焊炬、环行燃烧器、硅碳棒炉、电阻炉、指状加热器等。

（2）感应加热法（工频和中频加热），常用的加热器有铜导线、空心水冷铜导线、铜或铝排感应圈、水冷紫铜管感应圈。

（3）微波加热法（远红外线加热），用红外线加热器。

30. 什么叫辐射法加热？

辐射法加热是依靠辐射和导热两种作用进行加热。从加热器发出的热能先以辐射的形式传到工件的外表面，再依靠金属导热，从外表面向内部传导。因此，辐射法加热的特点是必须在工件外表和内部建立一个温度差，热量才能由表及里，温度上升，这就是加热过程。温差越大，热量传导越快，达到规定温度的时间越短，这就是加热速度。

辐射法加热的加热速度和可达到的最高温度与加热器的发热量大小有关。

31. 气焊炬加热时要注意什么？

气焊炬是利用氧－乙炔焰来加热焊件。它的特点是加热方便、灵活；但温度准确性差，且难以保温。

加热时用微碳化焰，根据管子的壁厚和直径大小，可用一个或几个焊炬沿着钢管圆周来回移动，务必使火焰均匀分布在整个管子圆周上，力求加热均匀。加热温度用目测，加热结束后用石棉布将焊接接头包起来自冷。

由于该法加热温度很难测定准确，故不推荐使用。

32. 环形加热器的构造怎样？

环形加热器一般用钢管按焊件大小弯成，管上钻有小

孔，见图6-5。可燃气体
（氧-乙炔或煤气）从小孔
中喷出燃烧，利用燃烧火
焰来加热焊件。

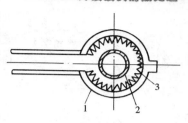

图6-5 环形加热器
1—环形加热器；2—管子；3—火焰

33．怎样制作硅碳棒炉？使用时应注意什么？

硅碳棒是碳化硅的再结晶制品，很脆、易断，当工作温度为1400℃时，可连续使用1500h。常用的硅碳棒有两种规格：8/180/60 和 8/150/60，见图6-6。

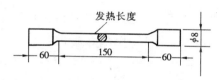

发热长度

图6-6 8/150/60硅碳棒

硅碳棒炉制作，比较方便，用 250mm × 110mm × 65mm 的硅藻砖或高铝轻砖作为炉体，根据焊缝位置、加热宽度、管径大小和管子间距进行制作，如图6-7所示。

硅碳棒炉是利用硅碳棒通电后发出热量来加热焊接接头的。它的特点是加热方便，温度准确，并能控制和保温。但由于炉体和硅碳棒都极易损坏，故损耗较大。

加热时，用 BX-500 型或AX1-

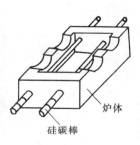

炉体

硅碳棒

图6-7 硅碳棒炉

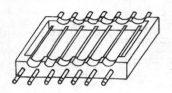

图 6-8 排管用的硅碳棒炉

500 型电焊机供电，可供六只硅碳棒炉并联使用，一次处理 12 个焊缝。每一个炉子单独装一只热电偶和 XCT-101 型温度指示调节仪，用来控制温度。保温结束，可切断电源，让焊接接头在炉内自冷。

排管用的硅碳棒炉见图6-8。使用前应先作模拟试验，调整硅碳棒的数量和分布位置，务使炉内每个焊接接头的温度基本接近，温差不大于30℃。

34. 怎样制作电阻炉？使用时应注意什么？

电阻丝有铁铬铝和铬镍电热合金两种。一般采用直径 $\phi 4 \sim 6mm$ 的 0 铬 25 铝 5 和铬 17 铝 5；也有用奥氏体不锈钢焊条打掉药皮后，用焊接方法连接起来代用。

电阻炉的制作，一般用管道的保温瓦作为炉体。制成两个半圆体，用锁扣或螺栓连接。电阻丝的引出端焊上铜片，以便与电源线用螺栓相联，见图6-9。

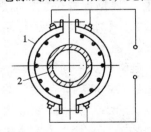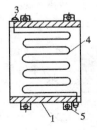

图 6-9 电阻炉

1—炉体；2—管子；3—接线柱；4—电阻丝；5—固定炉体吊环

电阻炉是利用电阻丝通电后发出热量来加热焊接接头的。它的特点是设备简单，能控制温度和保温；但电阻丝易熔断，损耗较大。

电阻炉使用前，应作模拟试验。调整炉子的加热宽度和发热功率，使炉内焊接接头的内外壁温差不大于30℃。

电阻炉一般用于壁厚小于25mm管道焊接接头的热处理。

35. 什么叫指状加热器？怎样操作？

指状加热器是利用两根铬镍电阻丝装在氧化铝瓷套管中，制成波形的加热器，见图6-10。

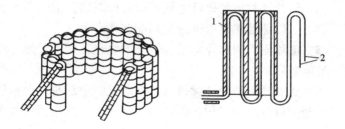

图6-10　指状加热器
1—氧化铝瓷套管；2—电阻丝

指状加热器的瓷套管外径为30mm，内径为20mm，高为20mm，套管内电阻丝的直径为$\phi2$、$\phi3$、$\phi5$mm。每个指由五节套管组成，为加热器的宽度（100mm），加热器的长度（指数），由被加热管子外径决定。

加热时，用BX-500型电焊机供电，可供2～3个加热器用。加热电流一般是120A，每个指的功率为150W。实际操作时，先在焊缝上放置热电偶，再放上加热器，使焊缝处在加热器宽度的中心。然后包上隔热材料（如石棉布等），其厚度不小于 25mm。

36. 使用远红外线加热器的注意事项有哪些?

（1）焊缝被加热区的表面应清洁无油污、焦油、沥青等杂物。

（2）接通 220V 或 380V 电源时，必须采取安全措施，防止人身触电事故，加热器和电源的引线必须在隔热层外，且必须接触良好。

（3）安装加热器时，加热器上有远红外线涂层的一面应接触焊件，另一面应用陶瓷纤维毡或陶瓷纤维棉保温。

（4）加热器与被加热件之间不应有保温层，加热器不得相互重叠，以免加热器局部过热影响使用寿命。

（5）加热面积的选择应根据管子的直径，厚度及热处理规范具体制定。

（6）热处理工作应连续进行，如遇故障中断时，应采取缓冷措施，待故障消除后，该焊缝应按规范要求重新进行热处理。

（7）热处理时，应做好原始记录。

37. 什么叫感应法加热?

感应法加热是依靠金属本身的涡流和磁滞两种作用（以涡流作用为主）进行加热。它是以变压器原理为基础，套在需热处理工件上的加热器是一次绕组，而工件就成了二次绕组。当交流电通过加热器时，产生一个交变磁场，处在交变磁场中的工件，根据电磁感应原理，将产生涡流而发热；若工件为磁性材料，加热温度在居里点以下时，工件还产生磁滞发热，这就是加热过程。涡流和磁滞越大，加热作用越强，升温越快，这就是加热速度。

因此感应法加热的加热速度和可达到的最高温度与加热器的圈数、交流电的频率、电流（或功率）的大小有关。

38. 什么叫工频和中频感应加热？中频感应加热有什么特点？

工频感应加热是通过感应圈的交流电的频率为 50Hz。电源可用四台 BX – 500 型或 BX2 – 1000 型交流电焊机并联使用。它们在 100％工作持续率下，可供给电流 1600A。

中频感应加热是通过感应圈感应加热，交流电的频率为 1000Hz 左右。电源可用功率为 100kW 的晶闸管并联逆变中频电源。

中频感应加热的特点：

（1）因为频率较高，加热相同壁厚和管径的焊接接头，中频比工频可节省电能。

（2）随着工作电流减少，感应圈的截面相应减少，既节省了铜或铝材，又改善了劳动强度。

（3）发热效率高，升温速度快，提高了工效。

（4）无剩磁。用作焊前预热时，不需退磁。

（5）有集肤效应，当工件厚度过大时，里外壁温差太大。

（6）中频输出电压较高，在使用中要注意安全。

39. 铜导线感应圈有几种？操作时应注意什么？

铜导线感应圈有两种：一种是实心的裸铜导线，由软铜丝构成，自然冷却；另一种是空心的铜导线，由可弯曲的铜制蛇皮软管以及软管外面由铜丝编织的导线构成，管内通水冷却。

铜导线感应圈是利用导线通电后，在钢材内部产生涡流和磁滞来加热焊接接头的。它的特点是灵活、方便，适用于不同形状和规格的焊件；但铜丝氧化后，易烧断，损耗较大。

操作时，先在焊缝上用铁丝将热电偶捆牢，并使热端与焊缝接触良好［见图 6 – 11（a）］，包上隔热材料（如高硅氧布或石棉布），厚度不小于 10mm，然后绕上铜导线 9～20 圈，并使焊缝处于加热中心［见图 6 – 11（b）］。

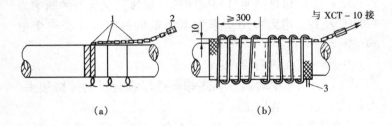

（a）　　　　　　　　　　　　（b）

图 6 – 11　铜导线感应圈

（a）热电偶的放置；（b）铜导线感应圈的绕制

1—固定用铁丝；2—热电偶；3—铜导线

绕线时，允许用手锤轻敲，务使铜导线紧贴隔热材料。每一线匝之间应留有空隙，不得相碰。

40. 什么是铜排（铝排）感应圈？怎样操作？

感应圈可由电工用的铜排（18mm × 10mm）或铝排（25mm × 8mm）制作。板的截面尺寸由通过感应圈的电流大小而定。感应圈自然冷却，可用于工频或中频，一般工频常用铜排感应圈，中频常用铝排感应圈。

感应圈制作时，先将板弯曲成两个半圆形元件（也可以根据工件形状弯成矩形或扇形），在两端焊上铜块并钻孔。再制作两端带丝扣的螺栓，在螺栓上用环氧树脂 50% 与硬化剂 50% 的胶粘剂将无碱玻璃丝带胶粘 3～4 层。然后用螺栓将铜排（铝排）串联成 9～15 圈，板之间用高压纸箔绝缘，组成螺旋线圈，见图 6－12。

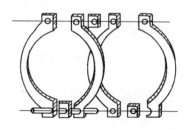

图 6－12　铜排（铝排）感应圈

铜排（铝排）感应圈是利用铜排（铝排）通电后，在钢材内部产生涡流和磁滞来加热焊接接头的，它的特点是使用方便，经久耐用，但适用性较差，即不同规格和形状的焊接接头需用不同的感应圈。

操作时，先在焊缝上捆扎热电偶，再包隔热材料，然后套上感应圈，使焊缝处在感应圈宽度的中心。

41. 什么是水冷紫铜管感应圈？怎样操作？

水冷紫铜管感应圈是由紫铜管（$\phi 10mm \times 1.5mm$ 或 $\phi 14mm \times 2mm$）制成。使用时，管内通水冷却。适用于中频感应加热。

制作时，先将紫铜管弯制成两个半圆形元件，也可以根据工件形状弯成矩形。然后用塑料或胶管相连成螺旋线圈，

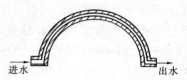

见图 6 - 13。

进水　　　出水

图 6 - 13　水冷式铜管感应圈

此种感应圈是利用紫铜管通电后,在钢材内部产生涡流和磁滞来加热焊接接头的。它的特点是轻便耐用,但适用性较差,并且使用时要通水冷却,比较麻烦。

操作时,先在焊缝上捆牢热电偶,再包隔热材料,然后套上感应圈,使焊缝处在感应圈宽度的中心。

42. 热处理加热器的能源有几种? 怎样选用?

热处理加热器的能源有:

(1) 可燃气体　乙炔、液化石油气、煤气、丙烷。

(2) 电能　电焊机电源、晶闸管中频电源。

气焊炬选用氧 - 乙炔。环形加热器选用氧 - 乙炔、煤气、丙烷。硅碳棒炉、电阻炉、指状加热器、远红外加热器选用电焊机电源。裸铜导线感应圈、铜排或铝排感应圈选用电焊机电源或晶闸管中频电源。水冷空心铜导线感应圈、水冷紫铜管感应圈选用晶闸管中频电源。

43. 热处理常用的测温仪器和隔热材料有哪些?

测温仪器有测温笔、接触式表面温度计、热电偶温度计等,其中用得最广的是热电偶温度计。

隔热材料有高硅氧布、石棉布、硅藻土砖、高铝轻砖、硅石保温砖等,其中用得最广的是高硅氧布和石棉布。

44. 热电偶高温计由哪几部分组成?

　　热电偶高温计由热电偶、导线、指示仪三部分组成。

　　热电偶和补偿导线都是由两根不同化学成分的金属导体所组成，都有"＋"、"－"极。连接导线是普通的塑料双股线。指示仪有毫伏计和电子电位差计两种，也有"＋"、"－"极。

　　热电偶、补偿导线与指示仪要相配、不能错乱，并有规定的测温范围。常用的是分度号 EU 的镍铬－镍硅或镍铬－镍铝热电偶配 XCT－101 型调节式毫伏计，测温范围 0 ~ 900℃，外接电阻 15Ω，精度等级 1.0 级。它们之间用连接导线直接相连，一般不用补偿导线。

　　热电偶的一端焊在一起称为热端，与需测温的工件相接触；热电偶的另一端称为冷端，用导线与指示仪相连接，见图 6－14。

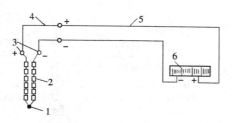

图 6－14　热电偶高温计示意图

1—热端；2—瓷珠；3—冷端；4—补偿导线；

5—连接导线；6—指示仪

45. 怎样正确使用热电偶高温计?

　　热电偶高温计首次使用前应进行校验。毫伏计刻度板的左上角注明相配的热电偶分度号和外接电阻值。增减表计的附加电阻的锰铜丝长度，使实际外接电阻总值（即热电偶电

阻、连接导线电阻与附加电阻的总和）等于表计注明的外接
电阻值。然后，用标准热电偶连接电位差计来校正，算出误
差，即为校正值。

热电偶高温计使用是否正确，可根据毫伏计指针的指示
判断并分析产生的原因，见表 6－6。

表 6－6　　　　　热电偶高温计常见故障及其产生原因

故障现象	产生原因	消除办法
指针往零外偏（倒走）	连接导线将热电偶与毫伏计的"＋"、"－"极接错	将热电偶或毫伏计任意一端的导线调换
指针来回晃动	（1）连接导线与热电偶或毫伏计接触不良 （2）热电偶的热端与工件接触不良	（1）拧紧接线柱 （2）热端与工件接触好
指针不动	（1）热电偶折断，导线或毫伏计断线 （2）毫伏计动圈被短接	（1）仔细检查并消除 （2）拆去短接线
指针偏转太快	热电偶的热端碰硅碳棒或电阻丝	移动热电偶使热端与工件接触
温度指示偏高	热电偶的热端偏向硅碳棒或电阻丝	移动热电偶使热端与工件接触
温度指示偏低	（1）热电偶的热端未与工件接触 （2）热电偶冷端的温度太高	（1）移动热电偶使热端与工件接触 （2）测冷端温度＋表温

46. 热电偶的热端开裂后怎么办?

热电偶热端开裂后，用砂布将油污和氧化皮清除干净，
然后用气焊或氩弧焊进行焊接，焊接点尽可能小，但要牢

固、光洁、无缺陷。

　　气焊时，用微碳化焰，将热端置于内焰区加热焊接。火焰有起有落，当见两根热电偶丝熔合在一起，即将火焰提起。然后再把接点尖角烧熔，使其圆滑。焊接镍铬－镍铝热电偶时，会出现表面粗糙，皱褶或气孔，可将火焰能率调节得小些，将缺陷处熔化后立即提起火焰。镍硅丝，因含硅多，易裂。焊后进行退火，温度 800～850℃，石英粉保护，炉内保温 2h，随炉冷却。

　　氩弧焊时，用直流电，热电偶丝接"＋"，钨棒接"－"。先激发电弧，将需焊接的热端伸进电弧内，见两者刚熔化，立即拉断电弧。

47．在进行焊后热处理时，热电偶应如何布置？

　　热处理的测温点必须准确可靠，应采用自动温度记录。所用仪表、热电偶及其附件，应根据计量的要求进行标定或校验。进行热处理时，测温点应对称布置在焊缝中心两侧且不得少于两点，水平管道的测点应上下对称布置，见图6－15。

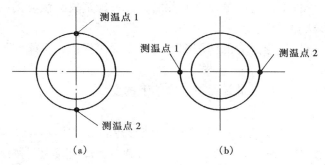

图 6－15　热处理测温点布置方法
(a) 水平管道；(b) 垂直管道

焊接应力与变形

一、焊接应力与变形的产生

1. 什么叫应力、内应力和残余应力？

应力是单位截面积上所承受的内力。一般可分为拉应力、压应力和切应力。

内应力是在没有外力的条件下，平衡于物体内部的应力。

残余应力是最终保留在物体内部的应力。

2. 什么叫变形、弹性变形、塑性变形和残余变形？

变形是金属材料在外力的作用下，引起几何状态的改变。

弹性变形是力的作用卸除后，变形即消失，恢复到原来的形状和尺寸。

塑性变形是力的作用卸除后，变形仍保留，不能恢复原状。

残余变形是最终保留在物体上的变形。

3. 何谓焊接应力及焊接残余应力？

焊接过程中，焊件内部产生的应力为焊接应力，按作用的时间分为焊接瞬时应力和焊接残余应力。焊接残余应力就是焊后残留在焊件内的焊接应力。

4. 何谓焊接变形及焊接残余变形？

焊接时，焊件中所产生的变形为焊接变形；焊接后，在焊件或结构中残留的变形为焊接残余变形；主要有收缩变形、挠曲变形、角变形、波浪变形、锉边变形和螺旋形变形。

5. 焊接残余应力和残余变形是怎样形成的？

焊接残余应力和残余变形主要是由于焊接过程中局部加热和冷却，高温区域的金属热胀冷缩受到阻碍所形成的。

例如在钢板边缘堆焊时焊件的变形情况（如图7－1所示）。

焊接开始时，A区受热膨胀，但因受到B区冷金属的阻碍，不能自由伸长，这时板向上（加热侧）弯曲［如图7－1(b)］，A区受到压应力，B区产生拉应力。焊接继续进行，板的弯曲如图7－1 (c) 所示。

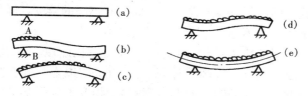

图7－1 板边缘堆焊时变形过程

当A区的压应力大于材料屈服极限时，A区就产生塑性变形。冷却时，塑性变形保留下来，即形成残余变形，板向下弯曲［如图7－1 (d)］，这时A区受拉应力，B区受压应力。最后，整条钢板发生如图7－1 (e) 的向下弯曲，A区受拉伸残余应力，B区受压缩残余应力。

6. 焊接残余应力和残余变形之间有什么关系？

焊接残余应力和残余变形的分布及大小与材料的线膨胀系数、弹性模量、屈服极限、温度场和焊件的几何形状有关。

任何构件焊接后，总是同时存在残余应力和残余变形。当焊件刚性较大或受外力拘束时，则焊后的残余应力较大，当焊件能够自由伸缩时，则焊后的残余应力较小。

焊接残余变形只能使焊件缩短，它的大小与焊接过程中高温区金属产生的压应力大小有关。压应力越大，形成压缩变形越大，残余变形也越大。

7. 焊接残余应力包括哪些？怎样产生？

焊接残余应力包括：温差应力、相变应力、冷缩应力和拘束应力等，产生的原因如下：

（1）温差应力：由于焊接是一个局部的快速加热和冷却的过程，因而焊件各点在同一时间内有不同的温度。温度不同的金属由于不能自由膨胀，就会产生应力。

（2）相变应力：焊接过程中，加热到 A_{c1} 以上的金属，冷却时发生相变，伴随着体积改变。600℃以上，即在塑性状态下发生相变的钢（如低碳钢管），相变不致引起应力的产生。随着钢内合金含量的增加，奥氏体相变温度下降，当在弹性状态温度下发生相变时，奥氏体转变为马氏体，伴随体积改变就产生应力。

（3）冷缩应力：焊缝金属冷却时产生局部收缩，由于受到邻近金属的限制，即产生拉应力，其大小与钢的线膨胀系数、焊件厚度、焊接方法等因素有关。

（4）拘束应力：焊件被外界条件固定（例如强力对口、

联箱短管焊接）后，由于焊接过程中的变形受到限制而产生的应力。

8. 焊接残余变形有哪几种?

残余变形主要表现在两个方向上的缩短，即纵向收缩和横向收缩。这两个方向上的缩短，造成了焊件的各种变形：弯曲变形、角变形、波浪变形和扭曲变形等（见图 7-2）。

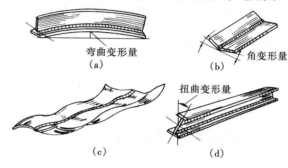

图 7-2 焊接变形的基本形式

（a）弯曲变形；（b）角变形；（c）波浪变形；（d）扭曲变形

9. 残余应力对焊件有什么影响?

残余应力对下列焊件是不利的：（1）在腐蚀介质中工作的焊件，拉应力会加速应力腐蚀；（2）要求高精度的焊件，内应力的变化，会改变其尺寸；（3）承受低温动载或疲劳强度的焊件，内应力会降低其承载能力。

残余应力对承受静载强度的焊件，若焊件是塑性材料，则无不良影响，因为塑性材料在拉应力峰值达到材料的屈服极限时就产生塑性变形，应力不再上升，而是在整个截面上应力均匀化；若焊件是脆性材料，则会产生早期破坏，因为脆性材料不能依靠塑性变形来降低应力峰值，当它与载荷引起的应力叠加时，就有可能达到材料的抗拉强度，发生破坏。

10. 残余变形对焊件有什么影响？

焊接残余变形分为两类：一类是整体变形，如弯曲、扭曲；另一类是局部变形，如角变形、波浪变形等。

图7-3　焊接残余变形

一般情况下，少量的残余变形是允许的。但变形太大，不仅影响结构的外形和尺寸，还会降低其承载能力。例如图7-3所示的构件，由于角变形，使薄板弯曲，焊缝1载荷增加而造成破坏。

11. 怎样根据焊缝的位置判断焊后变形的方向？

焊件朝哪一个方向弯曲与焊缝对焊件断面重心 O 的位置有关。我们通过重心 O 作两根相互垂直的轴线 $X - X$ 与 $Y - Y$。如果焊缝在 $X - X$ 轴上面，则焊后向下弯，见图7-4（a）；若在下面，则向上弯，见图7-4（b）。同样，焊缝在 $Y - Y$ 轴左面，则向右弯；在右面，则向左弯。它总是朝焊缝所处位置的相反方向弯曲。若结构上有几条焊缝，则应分

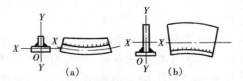

图7-4　焊缝位置决定焊件变形的方向

别估算出每条焊缝的弯曲方向,综合而求得最后的弯曲方向。

12. 焊缝的余高越高越好吗?

焊缝的尺寸和余高,在满足承载要求的前提下,应尽量减小。将焊缝设计成如图 7 – 5(a)所示的外形,认为"余高"会提高接头强度的概念是错误的。因为"余高"会造成应力集中,在常温静载条件下,还影响不大,但在动载低温和有腐蚀介质条件下是不允许的。应采取如图 7 – 5(b)所示的外形。对于特别重要的部位,最好将焊缝磨平,或加工成平滑的过渡,如图 7 – 5(c)所示的外形。

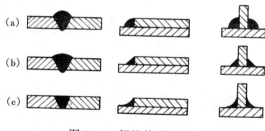

图 7 – 5　焊缝外形示意图

13. 角焊缝的焊脚高度 *K* 越大越好吗?

虽然强度计算的公式表明,角焊缝的强度与焊脚 *K*、焊缝长度 *l* 成正比。但是,在满足工艺、结构及承载要求的条件下,应尽量减少 *K* 的尺寸。因为增大 *K*,将会增加热影响区宽度和增加应力集中,降低动载和低温条件下结构的承载能力。因此,应减少 *K* 而增加 *l* 更为合适。焊脚高度 *K* 一般为 3 ~ 20mm,且不大于板厚。

二、降低焊接应力与减少变形的方法

14. 减少焊接变形的方法有哪些?

减少焊接变形的方法如图 7-6 所示。

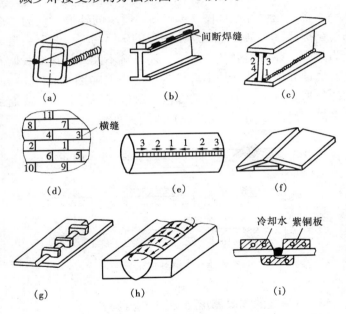

图 7-6　减少变形的措施

(a) 对称布置焊缝;(b) 减小焊缝尺寸;(c) 对称焊接;

(d) 先焊横缝;(e) 逆向分段焊;(f) 反变形法;

(g) 刚性固定;(h) 锤击法;(i) 散热法

15. 降低焊接应力的方法有哪些?

降低焊接应力的方法如图 7-7 所示。

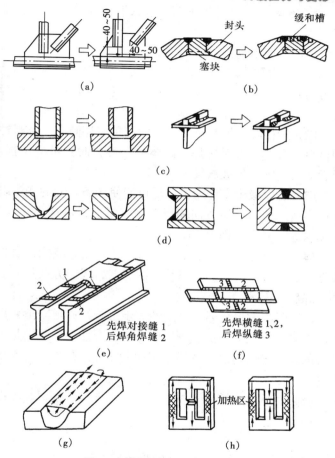

图7-7 降低焊接应力的方法

（a）避免焊缝过分集中；（b）减少焊件局部刚性；

（c）避免应力集中；（d）采用刚性小的接头形式；

（e）先焊收缩量大的焊缝；（f）合理的焊接顺序；

（g）锤击焊缝；（h）加热减应区

16. 怎样根据焊件的不同要求来选用降低应力与减少变形的方法?

选用的原则是:

(1) 结构要求控制变形 (一般是指塑性好,刚性小的薄壁结构) 时,可选用刚性固定法、反变形法和逆向分段焊接法等。

(2) 结构要求控制应力 (一般是指空淬倾向大,塑性差的材料,合金钢管对接焊、缸体补焊等) 时,可选用预热、焊后回火、锤击焊缝法等。

(3) 若以减少变形为主,尽可能使各条焊缝的变形限制到最小值或使其变形方向相反、相互抵消,可选用对称焊、逐步退焊、分中对称焊、跳焊等。

(4) 若以降低应力为主,尽可能使各条焊缝能自由收缩或受阻碍较小,应先焊收缩量大的焊缝,焊缝方向指向自由端,焊后回火等。

(5) 限制波浪变形,以刚性固定法较好;限制角变形和弯曲变形,以反变形法或刚性固定法联合使用。原则是:刚性小的焊件采用弹性反变形,刚性大的焊件则以塑性反变形较好。

(6) 对纵向或横向收缩,一般采用下料时预留长度以补偿其缩短量。

17. 怎样降低厚壁管接头的焊接应力?

大厚度焊件焊接时,焊缝存在的应力是沿空间三个方向作用的,见图 7-8 (a)。三向应力会显著降低焊缝金属的强度和冲击韧性,导致裂纹。因此,焊接厚壁管时,特别要采取措施降低焊接残余应力,通常采用的办法是焊前预热,

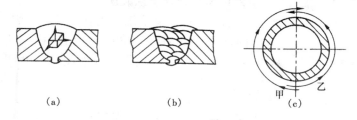

图7-8 厚壁管的焊接

对称焊和多层多道焊，见图7-8（b）、（c）。

18. 怎样防止薄板结构的焊后变形?

焊接薄板结构，主要以防止变形为主，可以采取刚性固定法。例如防护壳的焊接，先点焊一根角钢支撑，如图7-9（a）所示，再焊接焊缝1，后焊接所有间断焊缝，最后焊接各连续焊缝。这样，基本上控制了焊缝横向收缩引起的角变形。

再例如薄壳结构的焊接，为了防止焊后塌陷，可预先将壳壁向外凸出，如图7-9（b）所示，焊后对接良好。

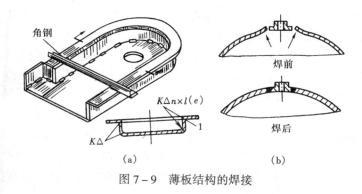

图7-9 薄板结构的焊接

19. 拼接钢板长缝时怎样选择焊接顺序?

拼接钢板的长焊缝, 0.3m 以下采用从头到尾的直通焊; 0.3~1m 采用从中间向外对称焊; 1m 以上采用从中间向外逐步退焊、从头至尾逐步退焊或跳焊等, 如图 7-10 所示。

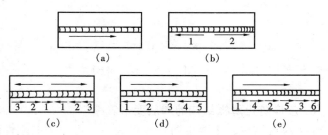

图 7-10 长焊缝的焊接方法

(a) 直通焊; (b) 从中间向外对称焊; (c) 从中间向外逐步退焊; (d) 从头至尾逐步退焊; (e) 跳焊

20. 怎样防止带筋板工字梁的焊后变形?

带筋板的工字梁是由上、下翼板, 腹板和筋板组成的结构。它的焊接原则, 一是在焊接过程中尽可能使焊件能自由收缩, 二是腹板两侧必须同时进行焊接。

在装配之前, 先焊接翼板和腹板的对接焊缝, 将钢板焊成长板条, 然后组装上、下翼板, 腹板和筋板, 并每隔 300~400mm 进行点固焊。

焊接时, 从工字梁的中部开始向两端逐格施焊。先焊梁中部的一个方格, 焊接顺序如图 7-11 (a) 所示, 焊缝 1'、4'、5'、7'也可采用从中部向两端分段退焊法。焊完方格内全部焊缝后, 接着焊接腹板另一面相对应的方格。整个方框焊完后，再焊另一个方框。假若筋板很少，则先焊腹板和翼板的焊缝，并留出一段如图 7 – 11 （b） 所示，焊接筋板。

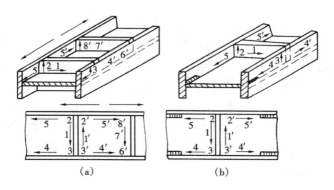

(a)　　　　　　　　　　　　(b)

图 7 – 11　带筋板的工字梁焊接顺序

21. 怎样降低工字梁安装接口的焊接应力？

无筋板的工字梁安装接口的焊接，先焊接腹板的接口 1，再焊接翼板的接口 2、3，最后焊接组装工字梁时，留出的翼板与腹板的一段约 300 ~ 400mm 焊缝 4 与 5，如图 7 – 12 （a） 所示。

带筋板的工字梁安装接口的焊接顺序与无筋板的工字梁相同，为了进一步降低焊接应力，可采用弹性反变形法。预

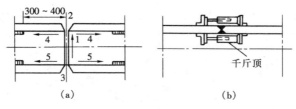

(a)　　　　　　　　　　　　(b)

图 7 – 12　工字梁安装接口的焊接

先用千斤顶将所焊接口撑开，间隙增大，如图 7 - 12 (b)所示。焊接后的收缩力将由千斤顶承受。

22. 怎样控制焊接框架结构的焊后变形?

框架是由槽钢、底板及筋板组成的结构。首先装配底板及筋板，焊接焊缝 1，如图 7 - 13 (a) 所示。焊缝 1 在自由状态下焊接，不产生对总变形的影响。焊缝 1 的横向收缩及角变形可由底板用刚性固定法来控制。装配槽钢，焊接焊缝 2，因为焊缝位于结构对称轴下面，向上弯曲。再焊接焊缝 3，它在对称轴上面，向下弯曲，两者可抵消一部分，故焊后变形最小 [见图 7 - 13 (b)]。

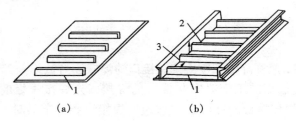

(a)   (b)

图 7 - 13　框架的焊接顺序

框架也可以将槽钢、底板及筋板装配点固焊好，先焊焊缝 1、2，后焊焊缝 3。这时，结构在刚性情况下焊成，焊缝 1、2 的变形方向一致，向上弯曲；虽焊缝 3 的变形方向向下，但焊缝 3 短小，影响不大。

23. 怎样选择大型焊接油罐的焊接顺序?

油罐的焊接原则：一是焊缝尽可能自由收缩；二是先分件组装焊，再总装焊；三是避免罐壁与罐底间环焊缝的收缩。

　　油罐先装配罐底，从中心向四周焊，先焊接所有短焊缝1、2、3……，后焊接所有长焊缝 1′、2′、3′……，如图7－14（a）所示。长焊缝可采用分段退焊或中间向外分段焊。

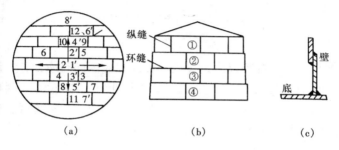

　　　　　　（a）　　　　　　　　（b）　　　　　　（c）

图7－14　油罐焊接顺序

（a）罐底的拼焊；（b）罐壁的装焊；（c）罐壁与罐底的角焊缝

　　罐底装焊完后，组焊罐顶。罐顶焊好后，把罐顶顶起，从上到下逐层用顶起法组焊罐壁，先组焊第①层，顶起再组焊第②层……，依此类推，如图7－14（b）所示。罐壁逐节采用搭接焊缝进行焊接。各节的焊接次序，也是先焊纵缝，再焊环缝。最后焊接罐壁与罐底之间的角焊缝，如图7－14（c）所示。

24. 怎样降低轮毂焊补时的焊接应力？

　　轮毂焊补，可以采用加热"减应区"法来降低焊接应力。首先选择阻碍焊接区自由收缩的部位，即选好减应区，然后在减应区加热，使之伸长。减应区的伸长，也使焊接处的间隙增大，见图7－15（a）。间隙增大多少，取决于减应

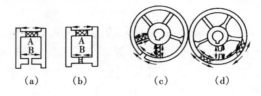

图 7 – 15 "减应区"的选择

A—减应区；B—焊接部位

区伸长多少。焊补以后，焊接部位与减应区同时冷却，一起自由收缩 [见图 7 – 15 (b)]，从而降低了焊接应力。因此焊补轮毂时，选择减应区是一个关键，不同的焊补位置，应分别选择相应的减应区 [见图 7 – 15 (c)、(d)]。

三、消除应力和矫正变形的方法

25. 什么情况下要求消除残余应力？

对下列一些结构，一般要求消除残余应力：

(1) 有可能产生应力腐蚀破坏的结构。

(2) 要求高精度机械加工的结构。

(3) 屈服极限大于 500MPa 的普低钢、空淬倾向大的合金钢、厚度大的焊件等。

(4) 要求承受低温或动载的结构。

26. 消除残余应力的方法有哪几种？

焊后消除残余应力的方法有：高温回火（去应力退火）和拉伸法等。

(1) 高温回火

整体高温回火，将焊件整体进行回火处理，内应力消除效率随时间延长而迅速降低，因此回火保温时间不必过长，钢可按每厚 1mm，保温 1~2min，至少 30min 计算。整体回火一般在炉内进行，用于焊接三通、锅炉汽包、化工容器等。若结构太大（如大型球罐、厚壁压力容器等），无法在炉内进行回火时，则可采用电阻加热器、红外线加热器等来进行回火。

局部高温回火，只对焊缝及其附近的局部区域进行回火，内应力消除效果不如整体高温回火。局部高温回火一般用于圆筒、长板和管子的对接焊缝，采用气体加热器、电阻炉、工频或中频感应圈来加热，其加热宽度见图 7-16。

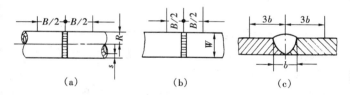

（a）　　　　　　（b）　　　　　　（c）

图 7-16　局部回火的加热区宽度

（a）圆筒焊缝，$B=5\sqrt{Rs}$；（b）板焊缝，$B=W$；（c）管子焊缝横截面

（2）拉伸法

利用拉伸力，在焊接塑性变形区产生拉伸变形来抵消焊接时引起的压缩塑性变形量，使内应力降低，称拉伸法。若用外力来获得拉伸力称机械拉伸法（过载法）；若用内力来获得拉伸力称温差拉伸法（低温消除应力法）。

机械拉伸法一般用于压力容器，如大于工作压力的水压试验，即可起到去应力的作用。

温差拉伸法一般用于比较规则的板壳结构，具体操作如下（见图 7-17）。

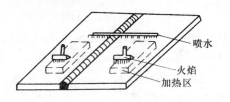

图 7-17 温差拉伸法

焊缝两侧用一对宽 100~150mm，中心距为 120~270mm 的氧-乙炔火焰喷嘴加热至 200℃左右。在火焰喷嘴后面一定距离，喷水冷却，造成焊缝区温度低，两侧温度高。冷却时，便在焊缝区产生拉应力，使焊缝产生拉伸变形。达到部分消除焊缝内应力的目的。

27. 矫正残余变形的方法有哪几种？

少量的残余变形是允许的。若变形太大，影响结构的尺寸或承载能力，则必须矫正。

矫正残余变形的原理是设法造成新的变形去抵消已产生的变形。

矫正残余变形的方法有：机械矫正法和火焰矫正法两种。

（1）机械矫正法

利用外力的作用来矫正变形的方法，称机械矫正法，又称作冷矫正法。它是以拉伸塑性变形为基础的，即把缩短了的金属拉长。拉长的办法可以用手工锻打，也可以用机械顶压。可以在热态（500℃以上），也可以在冷态进行。这种方法，一般用来矫正刚性不大的塑性材料结构。

（2）火焰矫正法

利用火焰局部加热时产生的内力作用来矫正变形的方

法，称火焰矫正法。它是以压缩塑性变形为基础的，即把拉长了的金属缩短。火焰矫正可用气焊炬进行，灵活简便，应用广泛。一般用来矫正大型结构的变形。它的关键在于正确的选择加热位置、加热范围和加热能量。

28. 怎样用机械法矫正弯曲变形和波浪变形？

平板弯曲变形是凹的部位金属缩短所造成，如图 7 – 18（a）所示，进行锤击或辗压，使缩短了的金属拉长，即可矫正。

工字梁上拱弯曲变形，用压头如图 7 – 18（b）所示加压，使凹的部位金属伸长，即可矫平。

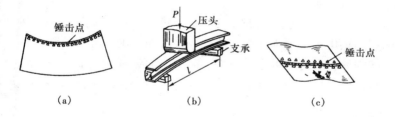

（a）　　　　　　　　　（b）　　　　　　　　　（c）

图 7 – 18　焊后变形的机械矫正

（a）平板弯曲变形；（b）工字梁上拱变形；（c）薄板波浪变形

薄板波浪变形是焊缝纵向缩短所造成，如图 7 – 18（c）所示，沿焊缝进行锤击或辗压，使缩短了的金属拉长，即可矫正。

29. 火焰矫正适用于哪些钢材？

火焰矫正主要适用于各种低碳钢（如 Q235、20g、22g等和部分普通低合金钢（如 16Mn、15MnV、15MnVN、

14MnVTiRe、15MnTi、14MnNb 半等）。

火焰矫正不适用于铸铁件和淬硬倾向大的合金钢。

30. 火焰矫正允许浇水吗?

对于薄钢板，进行火焰矫正时允许在加热的同时进行浇水。对于厚度大于 8mm 的钢板，一般是不允许浇水的。

火焰矫正时浇水，对变形的矫正是不起丝毫作用，只是加速冷却，提高工效而已。

31. 火焰矫正法的工艺要点有哪些?

火焰矫正法的工艺要点如下:

（1）加热方式

加热方式有点状加热、线状加热和三角形加热三种。点状加热用于矫正刚性小的薄件。线状加热用于矫正中等刚性的焊件，有时也可用于薄件。三角形加热可用几个气焊炬同时进行，用于矫正刚性大的焊件。

（2）加热温度和速度

加热温度一般在 500 ~ 800℃之间。低于 500℃效果不大，高于 800℃会影响金属组织。

加热速度与变形量有关。矫正变形量大的，一般用中性焰，大火慢烤；矫正变形量小的，一般用氧化焰，小火快烤。

（3）加热范围

加热位置总是在变形凸的部位进行。加热长度不超过全长 70%，宽度一般为板厚的 0.5 ~ 2 倍，深度一般为板厚的30% ~ 50%。

（4）加热火焰

正常情况下，用微氧化焰。当变形较大或要求加热深度大于 5mm 时，可采用较小的加热移动速度，用中性焰。当变形不大或要求加热深度小于 5mm 时，应采用氧化焰和较大的加热移动速度。

32. 火焰矫正的各种加热方式怎样操作？

火焰矫正的加热方式有：点状加热、线状加热和三角形加热三种，如图 7－19 所示。

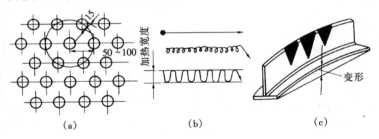

(a)　　　　　　　(b)　　　　　　　(c)

图 7－19　火焰矫正的加热方式

(a) 点状加热；(b) 线状加热；(c) 三角形加热

（1）点状加热

加热一点或多点，点的直径至少 15mm，厚板加热点的直径要大些。变形量大的，点与点之间的距离应小些，一般在 50～100mm 之间。

（2）线状加热

火焰沿直线方向移动或移动同时作横向摆动。加热线的横向收缩一般大于纵向收缩。横向收缩随着加热线的宽度增加而增加，加热线宽度一般为钢板厚度为 0.5～2 倍。

（3）三角形加热

三角形的底边在被矫正的焊件边缘，顶端朝向凸的部位。三角形加热的面积较大，因而收缩量也较大。

33. 怎样用目测来判断火焰矫正的加热温度？

对低碳钢和部分普通低合金钢用火焰矫正时，加热温度通常为 600~800℃，可根据加热时钢材表面的颜色变化来目测其温度。钢材表面颜色与相应的温度见表 7-1。

表 7-1   钢材表面颜色及其相应温度

颜　色	温度（℃）	颜　　色	温度（℃）
深褐红色	550~580	亮樱红色	830~900
褐 红 色	580~650	橘 黄 色	900~1050
暗樱红色	650~730	暗 黄 色	1050~1150
深樱红色	730~770	亮 黄 色	1150~1250
樱 红 色	770~800	白 黄 色	1250~1300
淡樱红色	800~830		

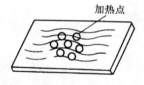

加热点

图 7-20　凹凸变形的矫正

34. 钢板不平怎样矫正？

金属经过加工和冷却，只能缩短，不能伸长。因此矫正焊件变形之前，首先分析是由于哪一部分金属缩短所造成的。例如平板的凹凸变形，是由于凸鼓四周的金属缩短造成的，若用火焰矫正，则应加热凸鼓部位，使伸长了的金属缩短，即可矫平，如图 7-20 所示。

35. 钢管弯曲怎样矫正？

例如 $\phi 83mm \times 3.5mm$ 钢管，长 7.5m，经测量有 10mm 弯曲。矫正前，先在平台上找平垫好，如图 7-21。然后在

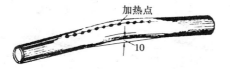

图 7-21　钢管弯曲的矫正

凸面上进行快速点状加热，当一点加热到 800℃后，焊嘴立即迅速移动到第二点，依次进行，移动速度为每秒 40mm。这样的快速点状加热结束后，弯曲从 10mm 减少到 4mm。再进行第二次加热后，即可完全矫正。

36. 实心轴弯曲怎样矫正?

实心轴（ϕ82mm）弯曲 6mm。矫正前，先在平台上找正，并垫好〔见图 7-22（a）〕。然后在凸面用大号焊嘴进行线状加热。第一次加热，线宽度 25mm，中间一段宽30mm，加热温度 500℃，采用中性焰，见图 7-22（b），冷却后，弯曲从 6mm 减少到 2mm。第二次加热，线宽度30mm，加热长度 500mm，加热温度 700℃，见图 7-22（c）冷却后即矫直。

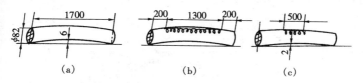

图 7-22　实心轴弯曲变形的矫正

37. 槽钢和方钢弯曲怎样矫正?

矫正槽钢（长 4.3m）上拱弯曲，是在凸面边缘同时用两个焊炬进行线状加热〔见图 7-23（a）〕。加热宽度

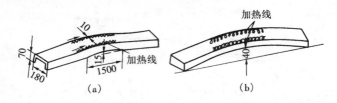

图 7 - 23　槽钢和方钢弯曲变形的矫正

10mm，加热温度 700℃，加热移动速度每秒 12mm，采用中性焰。

有一方钢（厚 120mm、宽 460mm、长 6m）弯曲 40mm [见图 7 - 23（b）]，其矫正是在凸面用两个焊矩进行线状加热，加热宽度 100mm，加热温度 800～850℃，加热深度 8～10mm，采用中性焰。

38. T 形梁弯曲怎样矫正？

矫正 T 形梁的弯曲变形，应在凸的部位用三角形加热。三角形的底边取板厚的二倍，三角形顶点在中心线上或稍超过中心线，如图 7 - 24 所示。加热火焰用中性焰，加热温度 800℃，加热移动速度很慢，约为每秒 4～10mm。

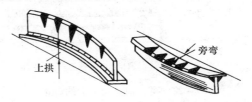

图 7 - 24　T 形梁弯曲变形的矫正

39. 钢板和 T 形梁的角变形怎样矫正？

矫正钢板（厚 20mm）角变形，是在钢板的凸面进行线状加热，用 5 号焊嘴、中性焰，加热宽度 23mm，加热移动速度每秒 4mm，加热温度 800℃，见图 7 – 25（a）。

矫正 T 形梁角变形，是在焊缝反面用火焰加热；矫正支架角变形，是在凸面用火焰加热，见图 7 – 25（b）、（c）。

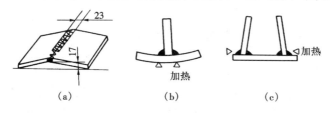

| （a） | （b） | （c） |

图 7 – 25　角变形的矫正

40. 钢板和工字梁的波浪变形怎样矫正?

矫正钢板波浪变形，是将板放在平台上，压紧三个边 A、B、C，用线状加热。先从凸面的两侧平的地方开始，然后向凸起处围拢 [如图 7 – 26（a）所示]。加热线长度一般占板宽的 1/2 ~ 1/3，加热线之间的距离一般取 50 ~ 200mm。

矫正工字梁波浪变形，是先用外力 P 顶平，然后在凸面用线状加热 [如图 7 – 26（b）所示]。

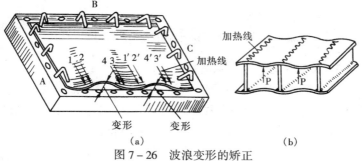

图 7 – 26　波浪变形的矫正
（a）钢板波浪变形；（b）工字梁波浪变形

第八章

焊接缺陷和质量检验

一、焊接缺陷

1. 什么叫焊接缺陷？

与理想的完整金属点阵相比，实际金属的晶体结构中出现差异的区域称为缺陷。缺陷的存在使金属的显微组织、物理化学性能以及力学性能显示出不连续性。焊接缺陷是指焊接过程中在焊接接头上产生的缺陷。

2. 焊接缺陷的分类方法是怎样的？

（1）按缺陷的形态分：平面型缺陷（如裂纹、未熔合等）；体积型缺陷（如气孔、夹渣等）。

（2）按缺陷出现位置分：表面缺陷（如焊缝尺寸不符合要求，咬边、表面气孔、表面夹渣、表面裂纹、焊瘤、弧坑等）；内部缺陷（如气孔、夹渣、裂纹、未熔合、偏析、显微组织不符合要求等）。

（3）按缺陷可见度分：宏观缺陷；微观缺陷。

3. 焊接缺陷的分类标准是什么？

国家标准 GB6417—1986《金属熔化焊焊缝缺陷分类及说明》中将金属熔化焊焊缝缺陷分 6 类，即裂纹、孔穴、固体夹杂、未熔合与未焊透、形状缺陷和其他缺陷。

4. 什么叫裂纹？裂纹有什么危害？

在焊接应力及其他致脆因素共同作用下，焊接接头中，局部地区的金属原子结合力遭到破坏而形成的新界面产生的缝隙叫裂纹。

裂纹是很危险的缺陷，它的端部应力高度集中，易扩展而使焊件破坏。因此，有裂纹的焊件必须返修。

5. 裂纹产生的原因及防止措施是什么？

常见的裂纹有热裂纹、冷裂纹和再热裂纹，它们的产生原因及防止措施是不同的。

（1）热裂纹的产生原因及防止措施

热裂纹是在高温下产生的裂纹，一般都有氧化色彩。焊缝结晶时，由于杂质和低熔点共晶物在晶界处偏析，它们的熔点比焊缝金属低，在结晶过程中以液态间层存在，当受到一定大小的拉伸内应力时，液体间层被拉开而形成热裂纹。

防止措施为：

1）限制易生成低熔点共晶物和有害杂质的含量，特别是尽量减少硫、磷和碳的含量。

2）改善焊缝金属组织，细化晶粒，减少或分散偏析程度。另外控制焊缝形状系数，避免偏析物聚集在焊缝中心部位。

3）选择合理的焊接顺序和焊接方向，以及通过预热降低冷却速度，尽量降低焊接应力。

（2）冷裂纹的产生原因及防止措施

冷裂纹产生的原因是：①焊缝中的氢在结晶过程中要向热影响区扩散、聚集；②如果被焊材料的淬透性较大，焊后冷却下来，在热影响区形成马氏体组织，其性脆而硬；③焊接时的残余应力。这三个因素（氢、淬硬组织和应力）的综合作用，就会导致冷裂纹的产生。氢在金属里的扩散速度有快有慢，因此冷裂纹产生的时间也不同，有的在焊后冷却过程中产生，有的甚至放置一段时间后才产生，故又称为延迟裂纹。

防止措施为：

1）选用低氢型焊条，焊前严格按规定进行烘干，焊件应仔细清理，去除油、锈和水分，控制氢的来源。

2）选择合理的焊接规范及线能量，改善热影响区的组织状态。

3）焊后及时热处理，改善接头的组织和性能，使氢扩散排出和减少焊接残余应力。如不能立即热处理，焊后应立即做消氢处理，以免延迟裂纹的发生。

4）采用合理的焊接顺序和焊接方向，改善焊件的应力状态。

（3）再热裂纹的产生原因及防止措施

再热裂纹是低合金高强度钢在焊后热处理过程中产生的裂纹。它是在加热消除应力的过程中，焊接接头发生变形，其变形量超过了热影响区金属在该温度下塑性变形的能力而产生的。

防止措施为：

1）减小热影响区的过热倾向，细化奥氏体晶粒尺寸。

2）选用合适的焊接材料，提高金属在消除应力热处理温度时的塑性，以提高承担松弛应变的能力。

3）提高预热温度，焊后缓冷，焊缝表面与母材圆滑过渡，以减小焊接残余应力和应力集中。

4）采用正确的热处理规范和工艺，尽量不在热敏感区停留时间长。

6. 什么叫气孔？什么叫缩孔？它们有什么危害？

气孔是指熔池中的气泡在熔化金属凝固时未能逸出而残留在焊缝中所形成的空穴。缩孔是指熔化金属在凝固过程中收缩而产生的残留在熔核中的孔穴。气孔和缩孔都属于孔穴缺陷。孔穴会降低焊缝的严密性和塑性，减小焊缝的有效截面。

7. 产生气孔的原因及防止措施是什么？

电焊时产生气孔的原因是碱性焊条受潮，酸性焊条烘干温度太高，焊件不清洁，电流过大，电弧太长，极性不对等。

氩弧焊时产生气孔的原因可能是气体保护不良，气体纯度低，焊件及焊丝有油污，焊接速度太快，电弧过长，气体流量过大或过小，焊丝选择不正确等。

防止措施为：

（1）焊件表面应清理干净，焊条应严格烘干，减少气体的来源途径。

（2）采用短弧焊接，使熔池得到良好的保护；氩弧焊时，注意氩气的保护效果。

（3）选择合适的焊接规范及工艺措施，为气孔从熔池中逸出创造有利条件。

8. 什么叫夹渣？有何危害？

夹渣属于固体夹杂缺陷的一种，是残留在焊缝中的熔渣，根据其形成的情况，可以分为线状的、孤立的以及其他形式。夹渣会降低焊缝的塑性和韧性；其尖角往往造成应力集中，特别是在空淬倾向大的焊缝中，尖角顶点常形成裂纹。

9. 产生夹渣的原因及防止措施是什么？

产生夹渣的原因是各层熔渣未彻底清除；焊件上有锈

蚀；电流太小，运条不当，熔池不能充分搅拌等。

防止措施为：

（1）正确选择焊接规范，适当增加线能量，防止焊缝冷却过快，改善熔渣浮出熔池的条件。

（2）改进坡口设计，利于清除坡口面及焊层间的熔渣。

（3）提高焊接技术水平，正确、有规则地运条，搅拌熔池，促使铁水与熔渣的分离。

10. 什么叫未熔合？什么叫未焊透？

未熔合是指在焊缝金属和母材之间或焊道金属和焊道金属之间未完全熔化和结合的部分，它可以分为侧壁未熔合、层间未熔合和焊缝根部未熔合。

未焊透是指焊接时接头的根部未完全熔透的现象。

11. 产生未熔合及未焊透的原因和防止措施是什么？

（1）产生的原因

1）焊接规范不合适，电流过小或电弧过长，坡口角度过小，间隙过窄或钝边过大。

2）操作方法不当，如运条速度过快，焊条角度不当，电弧偏吹，焊条摆幅不当等。

3）焊条和焊道清理不净，存有杂物，影响熔合。

（2）防止措施

1）正确选择焊接规范，焊接电流、电弧电压、焊接速度应选择合适。

2）正确选择对口规范，注意坡口两侧及焊层间熔渣和污物的清理。

3）注意运条时焊条角度的调整，使熔合均匀且熔透。

12. 什么叫焊缝形状缺陷？包括哪些内容？

形状缺陷是指焊缝的表面形状与原设计几何形状有偏差。它包括连续咬边、间断咬边、缩沟、焊缝超高、凸度过大、下塌、局部下塌、焊缝型面不良、焊瘤、错边、角度偏差、下垂、烧穿、未焊满、焊脚不对称、焊缝宽度不齐、表面不规则、根部收缩、根部气孔、焊缝接头不良等。

13. 焊缝尺寸不符合要求有什么危害？

不规则的焊缝表面成型，不单是工艺问题，且使焊接接头受力状况变得复杂，增大应力水平和降低抗疲劳强度。

14. 下塌与焊瘤有什么区别？它们有什么危害？

下塌是指穿过单层焊缝根部或从多层焊接接头穿过前道熔敷金属塌落的过量焊缝金属。

焊瘤是指焊接过程中，熔化金属流淌到焊缝之外未熔化在母材上所形成的金属瘤（其中常伴有群孔缺陷）。

下塌和焊瘤常伴生未焊透或缩孔。管子内部的下塌或焊瘤，除减少管子内径尺寸外，还可能在运行中脱落，造成堵塞。

15. 咬边有什么危害？产生的原因和防止措施是什么？

咬边是一种危害较大的缺陷，会造成应力集中，降低结构承受动负荷的能力和降低疲劳强度。

产生的原因主要是焊接电流太大，电弧过长或运条不当，使焊缝两侧基本金属熔化后没有得到及时的补充。

防止措施主要是选择合适的焊接规范，掌握正确的运条方法。

16. 国标 GB6417—1986《金属熔化焊焊缝缺陷分类及说明》中的"其他缺陷"包括哪些？

"其他缺陷"主要包括电弧擦伤、飞溅、钨飞溅、表面撕裂、磨痕、凿痕、打磨过量、定位焊缺陷及层间错位等。

二、焊接接头的破坏性检验

17. 焊条的熔化试验包括哪些内容？

焊条的熔化试验包括力学性能试验和元素分析和工艺性等三个方面。可在厚度不小于 12mm 钢板上焊接一个对接焊缝，然后取：拉力试样 3 个，冲击试样 3 个，金属屑 50g，见图 8–1。

力学性能试验应测定：抗拉强度（MPa），屈服强度

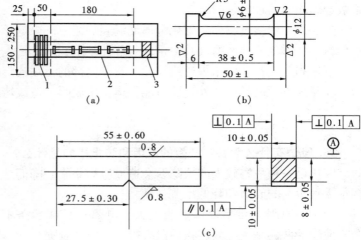

图 8–1 焊条熔敷金属的试样切取与力学性能试样
（a）试样切取；（b）拉力试样；（c）冲击试样
1—冲击试样；2—拉力试样；3—化学分析试样

（MPa），延伸率，冲击功（J）。

元素分析测定：碳、锰、硅、硫、磷和其他合金元素。

焊条的工艺性能鉴定，见第三章第17个问题。

18. 怎样切取钢管焊接接头的各种试样？

（1）用于制造设备焊接接头质量检查试样的切取部位及规格见图8-2，横焊焊缝不做规定。

（2）用于焊工考试焊接接头质量检查试样的切取部位见图8-3，此方法适用于水平固定及45°斜焊。垂直固定焊试样的切取不做规定。

试样的切取一般采用机械方法，如用气割或等离子切割法切取试样毛坯时，其每侧应留有不少于5mm的加工余量。

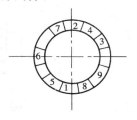

图8-2 吊焊焊缝的试样切取部位示意图
1、2—拉力试样；3、6、9—折断面试样；4、5—弯曲试样；7、8—金相试样

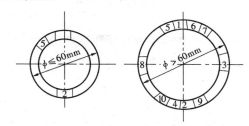

图8-3 管子试样切取部位示意图
1—面弯试样；2—根弯试样；3、4、6—断口检查试样；
5—金相试样；7、8、9—冲击试样；10—侧弯试样

19. 焊接接头冷弯试样的规格怎样？

焊接接头冷弯试样的规格见图8-4。

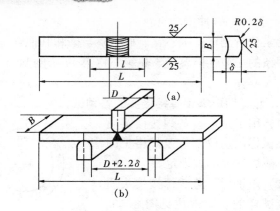

图 8 - 4　冷弯试样规格

（a）薄壁管试样；（b）试验示意图

$B = 1.5\delta$; $L = D + 2.5\delta + 80\text{mm}$; $l = L/3$;

D—弯轴直径；δ—试样厚度

20. 焊接接头冲击试样的规格怎样？

焊接接头的冲击试样的规格见图 8 - 5。

21. 钢管焊接接头的整拉和折断试样的规格怎样？

焊接接头的整拉和折断试样的规格见图 8 - 6。

22. HB 和 R_m 怎样换算？

大部分金属的硬度和强度之间有着一定的关系，因而可用硬度近似地估计强度的大小。根据经验

　　低　碳　钢：　　$R_m \approx 0.36\text{HB}$

　　高　碳　钢：　　$R_m \approx 0.34\text{HB}$

　　调质合金钢：　　$R_m \approx 0.325\text{HB}$

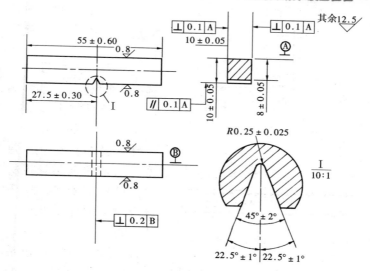

图 8-5　焊接接头冲击试样规格

23.　怎样绘制焊接接头的硬度分布图?

　　首先将试样断面磨光,从焊缝中心开始,包括整个热影响区,每隔一定距离,测定一点硬度值,然后绘制出硬度分布曲线,如图 8-7 所示。

　　焊缝的最高硬度值在热影响区熔合线附近,它能够定量地表示出焊后硬化的程度。

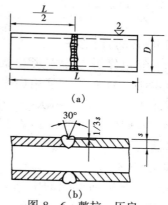

图 8-6　整拉、压扁和折断试样规格

(a) 整拉试样;(b) 折断试样

s—试样厚度;D—试样外径;L—试样长度

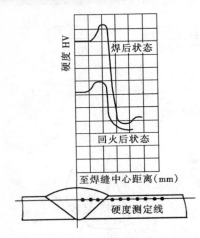

图 8-7　焊缝硬度分布曲线

24. 金相分析的目的是什么？它包括哪些内容？

金相分析的目的是检验焊缝金属、热影响区金属及母材金属的组织特征和内部缺陷，为正确选择焊接工艺、热处理工艺和选用焊接材料提供可靠资料，便于分析缺陷的性质及产生的原因。

金相试样必须包括焊缝金属，热影响区和母材金属，如图 8-8 所示。试样的制作要经过粗磨、细磨、抛光和浸蚀。

金相试样尽量用机械方法切取，若用火焰切取，必须至少留出 10mm 的加工余量。

金相分析分为宏观和微观两种：宏观分析是用肉眼或低倍放大镜（不大于 10 倍）观察，可以清晰的看到焊缝的坡口形状、焊层分布、焊缝各区的界线、未焊透、裂纹、偏析和组织的不均匀性等。微观分析是在 100 ~

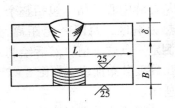

图 8-8　金相试样规格
δ—管子壁厚；B—10 ~ 20mm；L—试样长度

1500 倍显微镜下观察金属的显微组织和显微缺陷。

三、焊接接头的非破坏性检验

25. 致密性检验有哪几种？它们的适用范围怎样？

致密性检验的目的是为了检验焊缝的致密程度，有水压试验、气压试验和煤油试验三种，它们的适用范围如下：

（1）水压试验

适用于压力容器、管道、储罐等，如锅炉受热面系统，高压容器等。试验压力一般为工作压力的 1.25~1.5 倍，水温一般不低于 5℃。对于低合金高强度钢的焊接结构，水温应高于钢的脆性破坏温度。

（2）气压试验

适用于不受压或低压的容器、管道、储罐等。试验用压缩空气，其压力一般低于焊接件的工作压力。焊缝处涂肥皂水检验有无渗漏现象。

（3）煤油试验

适用于不受压的一般容器、循环水管锅炉、风道等。试验时，在焊缝和热影响区涂刷较稠的石灰水溶液，晾干后，在焊缝的另一面涂上煤油，约 5min 后检查白粉上有无黑色斑纹。

26. 常用的无损探伤方法有哪几种？各有何特点？

着色、磁粉、射线和超声波等探伤方法，用得比较普遍。每种方法都有其适应的缺陷和探伤方法，如表 8-1 所示。有时需要两种方法配合使用，才能奏效。

表 8－1   常用无损探伤方法选用

探伤方法	适应的缺陷	探测厚度	被测工件表面要求	判 伤 方 法
着色探伤	毛发裂纹	表　面	光　滑	肉眼观察有色浸液的分布形状
磁粉探伤	毛发裂纹	表面及近表面	加工光洁	肉眼观察磁粉分布形状
X 射线探伤	内部气孔、夹渣、内凹、根部未焊透等	< 120mm	无要求	从底片判断缺陷种类、大小和分布状况
γ 射线探伤		30 ~ 300mm		
超声波探伤	内部裂纹、未焊透	< 10m	光　滑	由信号判定有无缺陷及位置、大小

27. X 射线、γ 射线的基本性质是什么？

（1）X 射线和 γ 射线都是电磁波，其传播速度为 3×10^{10} cm/s（光速），并且以直线传播。

（2）具有折射、反射和干涉现象。

（3）能穿透物质，能使物质电离，能使胶片感光。

（4）是不可见光，不带电，不受电场或磁场的影响。

（5）对生物细胞起作用。

28. X 射线与 γ 射线有何不同？

X 射线具有连续的波长，而 γ 射线是由单一的或数个离散的波长构成。γ 射线的波长一般比普通 X 射线发出的 X 射线波长要短。

29. 怎样选用 γ 射线源?

根据被透照工件的厚度来选择 γ 射线源。如厚件选用钴 60，中等厚件选用铯 137，薄件选用铱 192，轻金属选用铥 170。

各种 γ 射线源可透照的钢材厚度见表 8 – 2。

表 8 – 2　　　　　　　γ 射线源的选择

射　源	主辐射能 (MeV)	辐射发射率 1 m 内 (mr/mc)	相当于 X 射管的有效电压当量① (kV)	半衰期	可透照的钢材厚度 (mm)
钴 60	1.17 1.33	1.37	1250	5.3 年	50 ~ 150
铯 137	0.667	0.35	670	33 ± 2 年	15 ~ 75
铱 192	0.13 ~ 0.615	0.48	590	75 ± 3 天	10 ~ 60
铥 170	0.084	0.007	84	120 天	

① 有效电压取峰值电压的 2/3。

30. 怎样评价透照底片的质量?

合格的透照底片要求达到三项（灵敏度、几何不清晰度和黑度）技术指标，若其中一项达不到要求时，应作废片处理，不予评定。

透照底片上成像要求：焊缝清晰，能明显地看到透度计、铅字号码和定位标记，如图 8 – 9 所示。

31. 怎样计算透照底片的灵敏度?

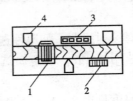 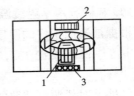

图 8-9 透照投影图像示意图

1—金属丝透度计；2—沟槽透度计；3—铅字号码；4—铅箭头

透照底片的灵敏度是以相对灵敏度计算值表示。相对灵敏度为透度计可见的最小金属丝直径或最浅沟槽深度与被射线穿透过的金属总厚度的百分比，即

相对灵敏度 =

$$\frac{底片上可见的最小金属丝直径（mm）}{射线透照金属的总厚度（mm）} \times 100\%$$

透照底片的灵敏度必须符合表 8-3 的规定。例如，用 X 射线穿透两层壁厚来透照 $\phi133mm \times 10mm$ 的管道焊缝时，要达到表 8-3 规定的灵敏度，则在透照底片上应看到的最细直径为 0.3mm。

表 8-3 透照底片的相对灵敏度

射线穿透的金属总厚度 (mm)	相 对 灵 敏 度（%）	
	X 射线不大于	γ 射线不大于
< 10	2	
10 ~ 20	1.5	4
21 ~ 40	1.5	3.5
> 40		3

32. 各种伪缺陷产生的原因及在底片上有什么特征?

表 8 - 4　　　　　　　底片上各种伪缺陷一览表

外　　　观	产生的原因	防　止　措　施
一、暗　黑　阴　影		
细微杂色斑点雾翳	底片陈旧	采用新底片
底片边缘或角上有雾翳	暗盒不严密	修理或更新暗盒
普遍雾翳	(1) 安全灯太亮; (2) 显影过度; (3) 底片陈旧	(1) 调整安全灯亮度; (2) 按规定显影; (3) 用新底片
暗黑色圆圈或珠状痕迹	在显影之前, 溅上了显影液滴	显影时小心处理
暗黑色斑点或区域, 有时像大理石花纹	定影不足	延长定影时间或更换新鲜定影液
暗黑色分支线及黑色斑点	静电放电感光	避免底片互相摩擦和滑动
暗黑色线条或裂纹	铅箔上有抓痕或裂纹	更换铅箔
暗黑色指纹印	在显影前沾有化学物的手指接触了底片	用手只抓底片的边缘, 使用底片夹
暗黑色斑点或条纹	沾了金属粒或金属盐类	避免使用金属容器或低质量搪瓷器皿盛定影液
二、淡　色　阴　影		
淡色区域, 呈新月状	(1) 底片在感光前受到了弯曲, 曲折, (2) 沾上旧的定影液	(1) 提底片时, 只提它的一个角; (2) 洗净底片夹

续表

外　　观	产生的原因	防　止　措　施
淡色圆环片	显影过程中有气泡	显影时搅动显影液
淡色指纹印	显影前油污手指接触了底片	洗手后处理底片
淡色圆形斑点	显影前底片上溅有定影液或水滴	小心处理
淡色斑点或区域	在底片与增感屏之间夹有灰尘或纸片	
淡色斑点或线条	钨酸钙增感屏上有斑点或裂纹	用无碱肥皂清洗或换新增感屏
淡色斑点或条纹	显影前底片沾污了油质或显影液中有油质	不让显影液沾污

三、其 他 缺 陷

轮廓清楚的淡色或暗色区域	显影液在底片上流动不均匀	底片应均匀浸入，不时搅动显影液
带黑色边的小凹陷	细菌作用，通常发生在热带地方	避免用太热的水冲洗，或在闷热空气中干燥
波纹状大理石花纹，在淡色区密度增大，在感光区密度减小	显影过程中搅动不足	不时搅动
曝晒色	感光后在非安全光下曝露过	校核安全灯

外　　　观	产生的原因	防　止　措　施
网状花纹（皮革纹）	各道冲洗槽（显影、清洗、定影、冲洗）温差太大	保持各道槽温均匀
木纹状或墙砖状阴影等	底片感光前受到射线的辐射	底片应存放在远离射源的场所

33. 超声波探伤有什么特点？它的适用范围怎样？

超声波探伤是利用超声波（频率超过 20000Hz）能透入金属材料，并由一界面进入另一界面时，在界面上要发生反射的特点来检查焊缝中缺陷的一种方法。当超声波束自工件表面，通过探头进入金属内部，遇到缺陷和工件底面时，就分别发生反射波束，在荧光屏上形成脉冲波形，而据此来判断缺陷的位置和尺寸。

超声波探伤具有适应范围广、灵敏度高、探测速度快、费用低廉、对人体无害等优点。但对工件表面要求平滑光洁；辨别缺陷性质的能力较差。

34. 磁粉探伤有什么特点？它的适用范围怎样？

磁粉探伤又名磁力探伤，是基于铁磁性材料在磁场中被磁化后而产生的漏磁现象来发现缺陷。当被检验的工件磁化后，磁力线在工件中的分布是均匀的，若存在缺陷，磁力线因磁阻不同而产生弯曲，形成"漏磁"，如图 8 - 10 所示。这时在工件表面所撒布的细铁磁粉末（四氧化三铁）将被吸附在由缺陷所造成的漏磁上，根据被吸附铁粉的形状多少、厚薄程度来判断缺陷的大小和位置。

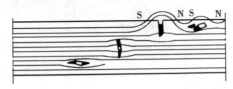

图 8-10 磁粉探伤原理图

磁粉探伤具有设备简单、成本低廉、探测速度快、操作方便等优点。但表面加工要求高，只能探测表面及近表面缺陷，并只能检验铁磁材料。

35. 着色探伤有什么特点？它的适用范围怎样？

着色探伤是基于毛细管现象来实现的。它要求工件表面十分光洁，涂上着色剂使之渗入到工件表面裂纹内，然后将工件表面擦干净并涂上显像剂，浸入裂纹的着色剂，由于毛细管现象渗到白粉中来，呈现出缺陷的迹象。

着色探伤具有操作简便、成本低廉等优点。但要求表面光洁度高，只能探测表面缺陷等。

第 九 章

焊 接 安 全 技 术

一、一 般 要 求

1. 焊接工作场所要符合哪些要求?

焊接场所应符合:

(1) 必须备有防火设备,如砂箱、灭火器、消防栓、水桶等;

(2) 易燃物品距焊接场所至少 5m,若无法满足规定的距离时,可用石棉板、石棉布等遮盖妥善,防止火星落入;

(3) 易爆物品距焊接场所至少 10m。

2. 哪些容器焊接时要采取防爆措施?

凡有压力的容器和装有可燃、可爆物的容器,在一般情况下,禁止焊接。只有在特殊情况下,采取措施,确保安全时,才允许焊接。

装过煤油、汽油或油脂的容器焊接时,应先用热碱水冲洗,再用蒸汽吹洗几个小时,打开桶盖,用火焰在桶口试一下,确信已清洗干净后,才能焊接。

乙炔发生器用黄铜、铝或木料做好的扒子将电石渣扒掉,再用水冲洗干净后,才能焊接。

3. 在金属容器内焊接时应注意什么?

金属容器内焊接时应注意:

(1) 在容器进、出口处必须设置焊接电源开关;并设监护人员，禁止一人操作；

　　(2) 照明应采用 12V 行灯；

　　(3) 通风宜采用低压轴流风机；

　　(4) 焊工应穿干燥的工作服和绝缘鞋，并站在干燥的木板或橡胶垫上进行工作，以防止触电；

　　(5) 严禁将漏气的焊炬带入容器内，以免混合气体遇明火产生爆炸。

4. 高空焊接时应注意什么？

　　高空焊接时必须站在脚手架上或有栏杆的吊篮内进行。焊工必须系安全带并且牢牢捆缚在建筑物上，才允许工作。

　　高空立体作业时，下面不得堆放易燃、易爆物品，否则，应采取安全措施（如用石棉布遮盖），并设专人监护。风力过大（五级以上）时，不宜进行高空焊接。高空焊接时，不得向下丢任何物品（如焊条头等）。

5. 焊接的辐射危害有哪些？如何防护？

　　焊接的辐射危害有：可见强光、不可见的红外线和紫外线等。除电子束焊接会产生 X 射线外，其他焊接作业不会产生影响生殖机能一类的辐射线。

　　气焊时可用护目玻璃（又称黑眼镜）防护氧－乙炔火焰的闪光、红外线辐射和飞溅的火花。

　　电焊时可用护目玻璃（又称黑玻璃）防护眩目的弧光、红外线和紫外线辐射。

　　国产常用的护目玻璃见表 9－1。

　　氩弧焊时，电弧温度达 8000～15000℃，弧光最强，辐射强度也最大,可用护目玻璃或紫外线眼镜防护。金属极氩弧焊时,由于电流密度大,紫外线辐射强度达到一定程度后,又会产生臭氧,工作时应戴口罩防护。强烈的紫外线会使棉织纤维变脆,应穿围裙。

表9-1 常用的护目玻璃

护目玻璃色号	颜色深浅	适用电流 (A)
9	较 浅	< 100
10	中 等	100 ~ 350
11	较 深	> 350

6. 焊接的烟尘危害有哪些? 怎样防护?

焊接过程中,由于高温使焊接部位的金属、焊条药皮、污垢、油漆等燃烧、蒸发,形成烟雾状的蒸汽、粉尘,会引起中毒。有色金属(如铝、铜、铅、锌等)的烟雾,一般都有不同程度的危害,如人体吸入铅的烟雾后会引起铅中毒;吸入白色氧化锌烟雾会发生锌中毒等。

焊条药皮中含有各种矿物,焊接过程中也会产生各种烟尘和毒气,如铁、硅、锰烟尘;低氢型焊条中还有氟。

因此,焊接时必须采取措施,如戴口罩、通风或装吸尘设备等;采用低尘少害的焊条,如国标中规定酸性焊条发尘量不大于 7.5g/kg,低氢型焊条不大于 15g/kg;采用自动焊代替手工焊。

二、焊条电弧焊安全技术

7. 电焊时可能发生哪些安全事故?

电焊时,若不遵守操作规程,可能发生的安全事故有:

触电、坠落、灼眼、烫伤、中毒、失火和爆炸等。其中灼眼、触电、失火事故较多。

8. 怎样防止触电事故?

电焊钳的握柄必须是绝缘耐热材料。电焊机的外壳及工作台必须接地良好。电焊机的空载电压：直流焊机不得超过90V，交流焊机不得超过80V。

电焊设备通电后，焊工不得用手触摸进线带电部分，不准将电焊软线搭在肩上或踏在脚下工作。在潮湿地点和金属容器内工作时，照明用电的电压不得超过12V，必须站在干燥木板上，穿绝缘鞋工作，并且在容器外面设专人监护。

9. 怎样救护触电者?

人的手或身体触及超过人身安全电压的电源时，电流通过人体就有可能触电死亡，如图 9－1 所示。当发现有人触电，切勿用手去拉触电者，以免自己也触电。应立即设法切断电源或用干燥木柄打脱触电者身上的电线。当触电者脱离

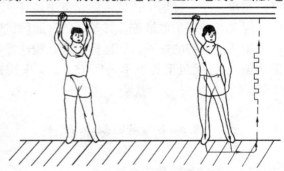

图 9－1　触电

电源后，在医生未到之前，应立即进行人工呼吸抢救。

10. 电弧灼眼的原因是什么？怎样防护？

电弧灼眼是电弧的强烈光线、紫外线和红外线所造成的。强光刺激会造成目眩；紫外线短时间照射，会使眼睛红肿、流泪、疼痛和电光性眼炎；红外线长时期照射，会使眼睛肿痛和晶体衰退，导致白内障。弧光灼眼后，应及时进行治疗。

焊工操作时，应戴好面罩和选用合适的护目玻璃，减弱电弧光的刺目和过滤紫外线和红外线。某些场合，如几个焊工同时操作或周围有其他人员工作时，应设遮光屏。

11. 为什么焊接火星烫伤后易溃烂？怎样防护？

温度超过 3000℃ 的熔珠和熔渣以大小不同的火星向外飞溅时，碰上皮肤就会烫伤，这种温度很高的熔珠和熔渣沾在伤口上，易引起感染而溃烂。因此焊工操作时，应穿戴好防护手套、脚盖和帆布工作服，防止飞溅的火星烫伤皮肤。

三、氩弧焊安全技术

12. 氩弧焊时可能发生哪些安全事故？

氩弧焊时，若不遵守操作规程，可能发生触电，紫外线辐射，臭氧、烟尘刺激，高频电磁场、微放射性等。其中以紫外线辐射、烟尘刺激事故较多。

13. 氩弧焊紫外线辐射能造成哪些危害？怎样防护？

氩弧焊时，由于电弧被压缩，电流密度比电弧焊大 5～10 倍，紫外线辐射很强，其危害：①易引起电光性眼炎；

②灼伤裸露的皮肤，出现脱皮或红斑；③照射空气，产生臭氧和氮氧化物，刺激呼吸道。

因此，焊工操作时，应戴好口罩、面罩；穿戴好防护手套、脚盖、帆布工作服，应戴紫外线眼镜等。

14. 怎样防止高频电磁场对人体的影响？

高频电是高频振荡器产生的，振荡器的输出频率为 150～260kHz，电压为 2000～3000V，以帮助引燃电弧。高频电磁场会使人头晕、疲乏。

防护措施：①减少高频电磁场作用的时间，引燃电弧后立即切断高频电源；②焊炬和焊接电缆用金属编织线屏蔽；③焊件接地。

目前已广泛采用接触法引弧（简易钨极直流氩弧焊机）或晶体管脉冲引弧（NSA－500－1 型钨极交流氩弧焊机）取代高频引弧。

15. 使用钨棒要注意什么？

钨棒有纯钨、钍钨和铈钨三种。其中钍钨棒具有微放射性，它来源于含有氧化钍粉末。实际测得，一根钍钨棒的放射性剂量很小，对人体影响不大。但是，储存大量的钍钨棒时，应放在铅盒内。在砂轮上磨制钍钨棒时，为防止粉末吸入人体，应戴口罩，工作后应该洗手。

四、气焊安全技术

16. 氧气瓶爆炸的原因有哪些？

氧气瓶爆炸的原因见表 9－2。

表 9－2 氧气瓶爆炸的原因

原 因	举 例
瓶体质量差	瓶体材料差。瓶壁太薄或有夹层或严重腐蚀等。当瓶体受到撞击破裂可发生爆炸
气瓶接触油脂	一般工业用矿物油与 3MPa 以上氧气接触，能自燃，有可能造成爆炸
气瓶受热	气瓶靠近炉子，阳光直接曝晒，灌充氧气流速过大等，均能使瓶内气体发热，压力剧增，造成爆炸
气瓶剧烈振动	气瓶相互撞击，运输时振动、冲击，可使瓶内气体膨胀，发生爆炸
气体误灌	可燃气体瓶内误装氧气，或氧气瓶误装可燃气体。例如氢气空瓶内用来装氧，当焊炬一点火，瓶内氢氧混合气体高速燃烧，压力猛增，造成爆炸
放气过快	气体排出速度过快，产生静电火花，造成爆炸
气体压力过低	乙炔压力高于氧气压力，会使乙炔倒流入氧气瓶，造成爆炸

17. 氧气瓶仓库要符合哪些要求?

氧气瓶仓库应符合下列要求:

(1) 仓库必须是单层，轻质屋顶的二级耐火建筑。室内屋顶最低部分的高度不得少于 3.25m，地面平坦不滑，门窗向外开，玻璃用毛玻璃或涂上白色油漆。

(2) 仓库周围 10m 以内，不准堆放易燃、易爆物品和动用明火。较小仓库（储存量 50 瓶以下）与其他建筑物的距离应不少于 25m；较大仓库应不少于 50m，与住宅和办公楼的距离至少 100m。

（3）仓库内应有支架或栏杆，以保证气瓶竖立放置。空瓶允许平放堆垒，但堆垒高度不得超过 1.5m。

（4）仓库必须配备消防器具，如砂子、铲子、干式灭火器等。库内不允许有取暖设备，不允许与油类和易燃气瓶混装。

18. 氧气瓶使用时应知道哪些安全常识？

（1）氧气瓶使用时的操作顺序是：

1）氧气瓶竖立放妥后，操作人员站在气瓶出气口的侧面，稍打开瓶阀，将手轮旋转约 1/4 圈，吹洗 1～2s 以防止污物、尘埃或水分带入减压器，随后立即关闭。

2）装上减压器，此时减压器的调节螺丝应处在松开状态，慢慢开启瓶阀，观察高压表是否正常，各部分有无漏气。

3）接上氧气皮管并用铁丝扎牢，拧紧调节螺丝，调节到工作压力。

（2）氧气瓶内的氧气不能用完，应留有 0.1～0.15MPa 的余气，以便充气时检查。

（3）氧气瓶在电焊场所，若地面是铁板，气瓶下面要垫木板绝缘，以防气瓶带电。

（4）氧气瓶与乙炔瓶同时并列使用时，两个减压器不能成相对放置，以免气流射出时，冲击另一只减压器而造成事故。

（5）氧气瓶一般应每三年进行一次全面检查（包括 22.5MPa 的水压试验）。

（6）氧气瓶严禁沾染油脂，不能曝晒。

（7）氧气瓶要有防震圈，搬运时要戴上安全瓶帽。

19. 氧气瓶出口处冻结的原因是什么？怎样解冻？

氧气瓶出口处冻结的原因是天气寒冷和气流流出太快吸热所造成的。

瓶阀冻结后，应该用浸热水的棉布盖上使其解冻，严禁用明火烘烤或用铁器敲击。

20. 电石仓库有哪些要求？

电石仓库要防潮和防火，并应符合下列要求：

(1) 仓库必须是一、二级的耐火建筑，地面干燥且不易于浸水，离明火至少 10m。

(2) 库内一般采用自然通风，严禁将热水管、自来水管和取暖管道通入库内。

(3) 用防爆灯照明，若无条件时可将电灯装在室外，光线由玻璃窗射入室内。电灯开关采用封闭式，并装在室外。

(4) 仓库必须配备消防器具，如干砂、二氧化碳或干粉灭火器等。严禁用含水分的灭火器。

21. 打开电石桶时要注意什么？

打开电石桶时，人应站在桶体侧面，不准吸烟，可用剪刀或黄铜制成的凿子和手锤开桶，严禁用火焰或能引起火星的工具打开桶盖。电石桶有受潮现象时，应在室外打开桶盖，放出乙炔的混合气，严禁在室内开桶，以免发生危险。

22. 电石桶在地上滚动有什么危险？

进出库搬运电石桶，不得从滑板滚下或在地上滚动，防止撞击、摩擦产生火星而引起爆炸。

23. 为什么乙炔发生器会发生爆炸？试举例说明。

乙炔发生器爆炸是在乙炔、一定比例的空气（或氧气）和高温（或明火）同时存在的情况下发生的。

例1：浮筒式乙炔发生器，由于电石篮内的电石分解不良，电石灰已包住电石，促使电石温度升高并变成黄色，当浮筒上浮离开水面时，空气进入筒内，满足了乙炔、空气、高温三个条件而发生爆炸。现已严禁使用。

例2：乙炔发生站内有两台 Q4－10 型中压乙炔发生器。正值冬天，门窗关紧，室内乙炔气逐渐增加，当站内有人吸烟点火时，立即发生了爆炸。

例3：乙炔管路内有水，用氧气去冲水。由于管路内有垃圾及铁锈，冲吹到管路终点时，一打开终点的阀门，垃圾和铁锈突然冲出，污物与管子内壁摩擦发生火星，满足了乙炔、氧、明火三个条件而爆炸。

例4：Q3－1 型中压乙炔发生器，回火防止器坏了，后来干脆扔掉发生器顶盖上的安全膜，又用 6mm 厚的橡皮代替铝片。当焊炬嘴子堵塞时，开足氧气调节阀，想将堵物吹掉。吹了几分钟，不见效果，当时氧气已倒流入储气桶内，后关掉调节阀，进行清理。清理后立即点火，随之发生爆炸。

24. 使用乙炔发生器时要知道哪些安全常识？

使用乙炔发生器时应注意：

（1）发生器的零件和使用工具应采用含铜 70% 以下的铜合金，以防产生乙炔铜引起爆炸。

（2）电石应有适当的块度，不准用电石粉。装电石一般只装满电石篮空间的二分之一。

（3）发气室温度不得超过 80℃，水入电石式发生器的冷却用水不得超过 50℃。

（4）发生器压力要保持正常，灌入发生器内的水应保持清洁，并按规定及时换水和冲洗干净电石渣。

（5）若发生器中的水结冰，只允许用热水使冰融化。

（6）发生器的安全装置应良好，要定期检查水式回火防止器的水位。

25. 为什么乙炔发生器的电石篮内不允许装满电石？

装电石时，应按规定，不能装满，一般只装电石篮空间的 1/2，其原因是：电石分解后变成电石渣，体积会增加一倍多。若装得过满，造成电石渣从篮内溢出，可能堵住进水管或夹层发气室，压力增加而发生炸裂或者电石潜热引起燃烧，使电石篮拔不出来。

26. 为什么不准使用电石粉？

电石的块度必须符合发生器说明书上的规定，一般以 50～80mm 左右为宜。普通结构的发生器是严禁使用电石粉。因为电石遇水分解的速度与块度有关，如块度 50～80mm 的电石，完全分解的时间 5.5～13min；块度 8～15mm 的电石，一分钟内能分解 90%；电石块度越小，分解越快。因此电石粉遇水后，几秒钟内就完全分解，使发生器内气体压力迅速上升，同时产生大量热量，极易引起爆炸。

27. 乙炔发生器有哪些安全装置？各有什么作用？

乙炔发生器的安全装置有：回火防止器，安全膜和安全阀。

回火防止器是阻止回火时的燃烧混合气体倒流入发生器而引起爆炸的一种装置。因此一个焊炬（或割炬）应有一个回火防止器，不准共用。水式回火防止器必须垂直放置。乙炔压力大于 0.01MPa，必须使用中压式回火防止器。

安全膜是装在卸压孔上的膜片。凡受压和易爆容器（如回火防止器、储气桶、发生器等)，都有一定大小的卸压孔。一旦发生爆炸，卸压孔上的安全膜立即破裂而迅速卸压，以保证设备的安全。

安全阀是保证容器内的气体压力不超过规定值。当超过规定值时，安全阀动作，自动放气泄压。

28. 怎样正确选择卸压孔上的安全膜？

卸压孔用的安全膜有铝片（合金铝）、胶片和有机玻璃片等，其中以铝片较好。因为铝片脆性大、耐腐蚀、耐热并还有一定强度。它既能承受工作压力、温度和气体腐蚀，又能当受到爆炸波冲击时很快破裂，瞬时泄气卸压。

卸压孔直径小于 100mm 时，用厚度 0.1～0.15mm 的铝片；卸压孔直径大于 150mm，用 0.15mm 的铝片；卸压孔直径 300mm 以上，有可能会发生鼓起或凹下而成球面状，为了消除球面状，用 0.4～0.5mm 的铝片，并在片上划上刀痕以保证在 0.25MPa 左右破裂。

从一些事故分析，发现采用薄橡皮作为安全膜片是不可靠的。因为橡皮的弹性好，往往容器爆炸，橡皮膜仍未破裂。

29. 乙炔发生器桶体的钢板越厚越安全吗？

用来制造乙炔发生器的钢板厚度，一般根据发生器的工作压力来选用，应具有一定的刚性。若想用增加钢板的厚度来保证发生器的安全是不可能的。因为发生器的爆炸压力往往大于工作压力几十倍，并且爆炸的速度极其迅速，反应时间仅几百分之一秒。为了保证发生器的安全可靠，只有选择适当的卸压孔面积和合适的安全膜来达到。

30．乙炔瓶使用时的安全注意事项有哪些？

（1）使用乙炔瓶时，必须装有减压阀和回火防止器，开启时，操作者应站在阀门的侧后方，动作要轻缓。

（2）使用乙炔瓶时，要注意固定，防止倾倒，严禁卧放使用。

（3）乙炔瓶不得靠近热源和电器设备，防止曝晒与明火距离不得小于 10m，搬运时的温度要保证在 40℃以下。

（4）使用中的乙炔瓶，其剩余压力应符合：在环境温度为 $-5 \sim 0$℃时，不低于 0.1MPa；在 15～25℃时，不低于 0.2MPa；25～35℃时，不低于 0.3MPa。

（5）严禁铜、银、汞及其制品与乙炔接触，必须使用铜合金器具时，含铜量应低于 70％。

（6）不得用铁制工具敲打乙炔气瓶及附件，以免发生火花，引起爆炸。

31．焊炬出现放炮和回火该怎么办？

放炮是焊嘴发出"啪啪"的响声，有时响一声后，火焰立即熄灭。当出现放炮，应立即关闭乙炔和氧气阀，并将焊嘴浸入冷水。

回火是火焰倒入焊炬和乙炔胶管内，有两种现象：一是火焰突然熄灭；二是焊炬内发出急速的"嘶嘶"声。回火时，应先关氧气阀，再关乙炔阀，稍停一下，再打开氧气阀吹去残留在焊炬内的余焰和杂质。

32. 为什么会发生放炮和回火？

放炮和回火，是由于气流喷射速度减慢（小于 60m/s）所造成的。原因有：

（1）焊嘴过热　焊嘴受热膨胀，增加了气体流动的阻力。当焊嘴温度超过 400℃时，一部分混合气体流不出来，于是在焊炬内燃烧。

（2）焊嘴堵塞　混合气体不能畅通流出，不清理焊嘴，反而开大氧气阀想吹掉堵物，结果使氧气倒流入乙炔管内。

（3）乙炔气不纯　乙炔管路内有空气，形成乙炔-空气混合气体，一点火产生放炮或回火。

（4）乙炔压力不足　由于乙炔阀开得太小，乙炔接近用完或胶管阻塞等，使气体流速减少，火焰倒入焊炬内。

（5）接头漏气　焊炬的阀门不严密，使氧气倒流入乙炔管内。

33. 胶管使用时应注意什么？

胶管使用时应注意：

（1）氧气胶管为红色，乙炔胶管为黑色，不允许混用；

（2）胶管长度一般不应短于 5m；

（3）胶管两端用卡子卡紧或用细铁丝扎紧；

（4）胶管不准沾染油脂。

第十章

电力焊接技术标准

一、技术标准的识别

1. 我国技术标准分为几级？

我国技术标准分为国家标准、行业标准、地方标准和企业标准等四级。

2. 国家标准由哪个部门制定？

国家标准由国务院标准化行政主管部门制定。

3. 为什么制定行业标准？由哪个部门制定？注意什么？

对没有国家标准而又需要在全国某个行业范围内应有统一技术要求时，可以制定行业标准。行业标准由国务院有关行政主管部门制定，并报国务院标准化行政主管部门备案。请注意，同一内容的标准，当公布国家标准之后，应执行国家标准，而该行业标准即行废止。

4. 为什么制定地方标准？由哪个部门制定？注意什么？

对没有国家标准和行业标准而又需要在省、自治区、直辖市范围内统一的工业产品的安全、卫生要求，可制定地方标准。该标准由省、自治区、直辖市标准化行政主管部门制定，并报国务院标准化行政主管部门和国务院有关行政主管部门备案。请注意在公布国家标准或行业标准之后，该项地方标准即行废止。

5. 为什么制定企业标准？注意什么？

企业生产的产品如没有国家标准和行业标准时，应制定企业标准，作为组织生产的依据。请注意，如已有国家标准或行业标准，国家也鼓励企业制定严于国家标准或行业标准的企业标准，在企业内部应用。

6. 技术标准的作用和基本要求是什么？

技术标准是同一工作的统一技术要求，是共同的技术标准。基本要求是：凡经审批、发布的标准，出版时需附正式批文或发布文；任何技术标准都有其确定的编号。

7. 各级技术标准的编号有何规定？

所有的技术标准均由一定的编号组成。以汉语拼音前两字的第一字母为编号的首项，以三位或以上的阿拉伯数字表示标准的顺序号，以两位或四位阿拉伯数字表示颁布年份号，在顺序号与年份号之间以"——"短横隔开。举例如下：国家标准 GB×××—××××，"GB"为国家标准代号；电力标准 DL×××—××××，"DL"为电力行业标准代号。但地方标准除上述编号外，还有区分我国地区的特殊编号，如 DB××——×××——××××，"DB"为地方标准代号，前两个"××"为地区区分号，并以"——"短横与顺序号隔开。

8. 标准修订时，其编号是否也需变动？

所有标准的编号一经确定，如经修订重新发布时，其代号、顺序号固定不变，只须将原标准年份改为重新发布年份即可。

9. 从标准性质看分为几类？

分为强制性标准和推荐性标准两类。

10. 什么标准属于强制性标准？

凡涉及人体健康、人身财产安全的标准及法律、法规规定强制执行的标准，均属强制性标准。

强制性标准是必须执行的，不允许以任何理由或方式加以变更、违反。对违反者将追究其法律责任。不符合强制性标准的产品，禁止生产、销售和进口。

11. 什么标准属于推荐性标准？

除强制性标准以外的标准都是推荐性标准，标准的内容，具有普遍指导作用，又叫指导性文件。国家鼓励企业自愿采用，允许使用单位结合自己实际情况灵活加以选用。

推荐性标准一旦经法律、法规或经济合同采纳被引用，则在规定的相应范围内强制执行。

为区别于强制性标准，其编号的首项中加"/T"，"T"为汉语拼音"推"字的第一字母。

12. 电力行业标准有几类？其编号有何特殊规定？

电力行业标准分为产品标准和工程建设标准两类。其编号规定如下：

（1）产品标准编号从 DL400—1991 开始编写。

（2）工程建设标准编号从 DL5000—1991 开始编写。此外，仍有一特点是在标准本左上角标注"P"以资区别。

13. 电力技术标准的内容由哪几部分组成？

由前言、范围、引用标准、正文、附录等几部分组成。

14. 标准的前言包括哪些内容？

前言一般包括专用部分和基本部分。

（1）专用部分

1）指出制定标准任务来源、目的和主要工作过程。

2）说明本标准的位置和与其他标准或文件的关系。

3）如标准为修订者，应对重要技术内容改变情况和废止、取代其他标准作出说明。

4）对引用标准应指出采用程度、版本和采用情况以及与采用对象的主要技术差异及简要理由。

5）所有附录均应指明其性质。

6）指出实施过渡期的要求以及其他需要说明的事项等。

（2）基本部分

1）指出标准提出的部门、归口单位、起草单位和主要起草人。

2）标准首次、历次修订的确认日期。

3）受权负责解释标准的单位。

15. 引用标准的作用是什么？共有几类？

标准中的部分内容与相关标准的规定一致者，均可列入本标准，不必重新编制出新的内容，该列入部分，即可以引用标准指出。按引入涉及的范围和程度，引用标准可分为普遍性引用标准、惟一性引用标准和提示性引用标准等三类。

16. 哪些引用标准属普遍性的?

指引用一个特定机构或一个特定领域的所有标准,而不必逐个引用的标准为普遍性引用标准。如"有关安全要求应符合我国有关国家标准的规定"等。

17. 哪些引用标准属唯一性的?

指执行被引用标准是满足标准有关要求的唯一方式,其表示形式为:"应符合×××的规定","按×××规定进行检验"等。

18. 哪些引用标准属指示性的?

指执行被引用标准是满足标准有关要求的方式之一,其表示形式为:"可按 DL×××执行"等。

19. 应用引用标准时有何规定?

(1)引用标准的内容应与本标准的技术要求一致,不能互相矛盾。

(2)引用标准的内容应保证相对完整,不能任意取舍。

(3)行业标准可引用国家标准和其他行业标准,但不允许引用地方标准和企业标准。

(4)行业标准可直接引用国际标准或国外先进标准。

(5)引用标准内容过多,不宜在条文中列出时,为保证标准结构的匀称,可列为标准的附录。

20. 什么叫附录? 有几种?

凡标准中所涉及的技术规定是具体的、完整的,且较多时，可制定出专门的规定，一般均以附录形式另行列出，既保持其规定的独立特性，又保证与本标准的适应性。附录分为标准的附录和提示的附录两种。标准中所有的附录必须在正文中提及。

21. 什么是标准的附录？

标准的附录，亦称规范性附录。是指其内容较多，在正文中不易全部反映出来或其具有完整、具体的内容，且又应与正文一样执行者，均以标准的附录形式表达。这类附录，是强制性的或必须不折不扣执行的附录。

22. 什么是提示的附录？

提示的附录，亦称资料性附录。是指实施标准的某一部分时，应重视或推荐建议选用的规定。

23. 电力行业（产品）标准结构如何识别？

分为：部分、章、条、段和附录。条可以继续细分为第一层次、第二层次……直至第五层次。"部分"可省去。识别方法：

×（章）、×·×（条）、×·×·×（条的第二层次）、×·×·×·×、（条的第三层次）。……表示。所有"段"均不编号。

24. 电力工程建设标准结构如何识别？

分为：章、节、条、款、项和附录。如章内不分节，则以"×·0·×"表示。识别方法：

×（章）、×·×（节）、×·×·×（条）、×·×·×·1、

2、……（款），项的编号则以"1)、2)、……"表示。所有"段"均不编号。

25. 电力行业（产品）标准用词有何规定?

（1）表示对标准要严格遵从，不允许偏离标准要求的用词:

正面词采用"应"；反面词采用"不应"。

（2）表示在正常情况下，首先这样作的用词:

正面词采用"宜"；反面词采用"不宜"。

（3）表示在标准规定范围内，允许稍有选择的用词:

正面词采用"可以"；反面词采用"不必"。

（4）表示事物因果关系的可能性和潜在能力的用词:

正面词采用"能"；反面词采用"不能"。

26. 电力工程建设标准用词有何规定?

（1）表示很严格，非这样作不可的用词:

正面词采用"必须"；反面词采用"严禁"。

（2）表示严格，在正常情况下均应这样作的用词:

正面词采用"应"；反面词采用"不应"或"不得"。

（3）表示允许稍有选择，在条件许可时首先应该这样作的用词:

正面词采用"宜"；反面词采用"不宜"。

（4）表示有选择，在一定条件下可以这样作的用词:

正面词采用"可"。

27. 从标准的位置和作用看，电力焊接标准分为几种?

电力行业常用焊接标准依其位置不同，其作用和相互关系也不同，可分为主干（核心）标准、支持标准和专项标准等三种。

28. 什么是主干标准？

主干标准即核心标准。有 DL/T 678—1999 电站钢结构焊接通用技术条件和 DL/869—2004 火力发电厂焊接技术规程。前者为钢结构焊接规程，后者为管件焊接规程。这两本规程从两个方面，全面、系统地规范了火力发电厂焊接工作，是焊接工作开展的主要依据，而其他规程则从不同角度起着支持、保证作用和延续作用。

29. 什么是支持标准？

支持标准或"保证"标准，有 DL/T868—2004 焊接工艺评定规程、DL/T675—1999 电力工业无损检测人员资格考试规则、DL/T679—1999 焊工技术考核规程、DL/T820—2002 管道焊缝超声波检验技术规程、DL/T821—2002 钢制承压管道对接焊接接头射线检验技术规程等。这些规程从不同角度对主干规程的几个关键环节作出技术规定，起着支持和保证主干标准技术规定实现的作用。

30. 什么是专项标准？

专项标准包括：DL/T752—2001 火力发电厂异种钢焊接技术规程、DL/T819—2002 火力发电厂焊接热处理规程、DL/T734—2000 火力发电厂锅炉汽包焊接修复技术导则、DL/T753—2001 汽轮机铸钢件补焊技术导则、建质［1996］111 号火电施工质量检验及许定标准焊接篇等。这些标准是从主干标准中派生出来的专门技术规定。它们从焊接质量保证需要出发，对专项技术问题作了详细、具体的规定，尽管它们各有特点和相对独立性，但都属于主干标准技术规定的延续。

二、焊接技术规程

31. DL/T869—2004《火力发电厂焊接技术规程》编号的意义是什么？

"DL"是"电力"汉语拼音两个字母的编写，"T"为推荐性标准，"869"为该标准的顺序号，"2004"为新标准发布的年号。

32. 试述焊接技术标准的演变过程？

自1962年电力行业有了第一本焊接专业标准以来，经1977年、1982年、1992年直至2004年本次发布，已经历了四次修订，现在的"DL/T869—2004"是第五个版本，也是1982年以前焊接专业的二本规程之一。1982年制订了焊工技术考核规程、1983年制订了火电施工焊接质量验评标准、1989年制订了焊接工艺评定规程、钛材管板焊接技术规程。2000年以后根据焊接技术管理的发展和需要，又从各方面陆续制订了多本规程，健全和完善了焊接技术标准，现在已形成了一个较为完整的标准系列。

33. 焊接技术规程在焊接标准中处于什么位置？

几十年来在"电力焊接验收规范"的指导下，火力发电厂焊接技术管理工作有了很大的发展，焊接技术有了很大的进步，对提高焊接工程质量起到了重要作用，它在电力焊接工作者心目中已确立了牢固的核心地位，确认它是唯一开展焊接工作的技术依据、是一切焊接工作应遵循的技术准则。而其他标准是围绕着其技术规定制订的，起着支持、保证作用或延续其要求的专项技术规定。毫无疑义，焊接技术规程是电力行业焊接专业的主干标准。

34. 为什么将 DL5007—1992《电力建设施工及验收技术规范（火力发电厂焊接篇）》（以下简称"验收规范"）更名为 DL/T869—2004《火力发电厂焊接技术规程》（以下简称"规程"）？

原"验收规范"的技术规定，重点是为满足电力建设安装和电厂机组检修焊接工作而制订的，修订后的焊接技术规程，除根据标准化工作规定，使焊接专业的技术标准朝着全面发展的方向完善，达到以其为核心形成系列标准外，还将其适用范围扩大到电厂的技术改造和设备修复所涉及的焊接工作，更加全面地规范所有焊接工作，更名是"名符其实"，突出了其主干标准的地位。

35. "规程"为什么对火力发电机组容量不作限制？

过去电力行业焊接技术标准是以满足火力发电机组使用条件为基点，以不同容量的工况条件和用钢状况，作为焊接工艺条件和质量指标制订的依据，这一标准对机组焊接质量的保证起到了很大作用。为了提高火力发电机组的热效率，容量不断增大、相应的工况条件不断提高，应用钢材也逐步向着多元合金化方向发展，对焊接技术的进步和管理能力的提高，提出了更高的要求。因此，几十年来，尤其是近十几年电力行业广大焊接工作者在遵照循序渐进的原则和不断探索的努力下，在焊接新技术的应用和管理力度的增强上取得了可喜的进步，火力发电机组安装和运行质量的良好状况已充分地证明了这点。标准无论是以"容量"或以"工况条件"为准进行编制，其核心内容是一样的，并不矛盾，只不过以"工况条件"为准更直接些。

36. "规程"定为推荐性的，其含义是什么？

我国社会主义市场经济体制框架形成后，一些率先进入市场的企业开始重视和研究标准，对标准有了深刻的认识，企业自主的标准化意识开始萌生，不少企业采用了国际标准和国外先进标准，我国标准化主管部门也将我国的各级标准分为强制性和推荐性两类，除强制性以外的标准均属推荐性的，由于其规定具有普遍指导作用，故国家鼓励企业自愿采用。

推荐性标准随着标准化意识的增强，将会大幅度出现，本标准定性为推荐性的这给企业在应用标准上一定的裕度，允许使用单位结合自己的实际情况灵活加以选用。

37. 应如何看待"规程"？

本规程是遵照电力工业焊接技术标准化工作要求，在较为充分调查研究和考虑与国际、国内相应标准一致性以及借鉴了很多经验和资料的基础上修订的。但是，我国电力工业发展迅猛，各类机组工况条件差异很大，新型钢材不断地增多，焊接基础理论不断地更新，执行本规程中不可避免地会出现一些不适应或新的问题，必须处理得当，因此，除认真学习、准确理解和正确执行本规程外，还应为完善本规程规定积累实践经验，及时总结，以备本规程的主管部门及时改进和调整。

38. 试述"规程"的适用范围？

电力行业焊接标准的内容和规定是按电力工业特点及其条件制定的，其适用范围是按应用部门、部件及结构类型、适用的钢种、采用的焊接方法和工况条件等因素综合确定的。从焊接接头金属组织、力学性能、焊接缺陷、焊接残余应力和变形等五个指标的保证，明确焊接工艺条件和质量检验方法、标准。并覆盖所有的火力发电机组。

39. 如何理解"除相关合同中另有规定的部分外"的意义？

工程建设管理实行坚持项目法人制、工程招投标制、合同管理制、工程监理制和落实好工程建设资金等，作为工程建设管理总的原则。合同管理制作为其中重要内容和国家电网公司为规范和促进合同管理工作制定的专门管理办法看，合同在工程建设管理中位置十分突出，必须严格执行。本规程强调了以执行合同规定为主，同时也明确了合同规定以外的焊接工作应执行本规程规定，这充分体现了在"标准"上的"国家调控、行业自律、市场引导和企业为主"的原则。

40. 火力发电厂钢结构焊接工作应执行什么规程？

火力发电厂焊接技术规程的规定及标准，其适用对象是针对各类部件焊接工作制定的，主要是管子和管件，因钢结构焊接的技术规定有其特点，如在本规程中也作出具体规定，不但篇幅增多，且内容过于分散，为保证本规程的技术规定的完整性和统一性，故钢结构部分明确应执行 DL/T678—1999《电站钢结构焊接通用条件》。

41. 根据焊接工作的位置如何作好焊接管理工作？

在火电工程中焊接是一个小专业、是配角、但又是对工程质量影响很大的专业，具体上既被人们重视，总体上却又很难处理好相关的问题，所以，作好焊接技术管理难度很大，从事焊接工作的各类人员必须承认这一事实，在开展管理活动中，应针对焊接工作的位置和特点、规律以及工程阶段不同，积极合理地安排工作。

42. 焊接工程管理的基础工作有哪些？

根据几十年积累的经验，焊接技术管理的发展形成了"坚持以质量为核心、以贯彻技术标准为主线"的管理原则，尤其是企业经过认证，实行规范化、制度化、文件化管理后，更强调了除作好全过程管理工作外，必须作好基础工作。

焊接基础管理工作包括：焊接施工组织设计、焊接工艺评定和编制作业指导书、焊工技术考核、焊接工作程序编制、工程验评项目制定和必要的施工技术措施文件等。

43. 为什么规定进行焊接工艺评定和编制作业指导书？

焊接过程中影响质量的因素很多，其中尤以工艺规定是否合理、焊接规范参数选定是否正确影响最大，为保证焊接接头质量符合使用条件要求，对采用的工艺必须进行验证。焊接工艺评定就是采取严密地管理和科学的检测手段验证所确定的工艺和规范参数的正确性，将不合理、不适用的排除和改善，以合理、适用的工艺过程作为指导焊接实施的技术文件。

焊接作业指导书是指导焊接实际工作的主要文件之一，是焊工实行操作时不可少的技术依据。应以"焊接工艺评定报告"为依据，结合实际部件条件认真细致地编制。

44. 电力工业焊接工作应按什么程序开展工作？

（1）首先根据具体的焊接任务由焊接工程师（或相当的技术人员）进行焊接工艺设计。

焊接工艺设计应考虑被焊接对象母材的焊接性，收集相关的焊接性评价资料；具体结构的拘束度和施工条件等因素，并符合规程规定。

（2）根据"焊接工艺评定规程"规定进行焊接工艺评定，以经评定合格的"焊接工艺评定报告"结合工程具体情况编制"焊接作业指导书"和专项的焊接工程"技术措施"。

（3）以评定合格的工艺为依据，培训焊工，并组织考核，符合要求者发给相应证书，坚持持证上岗。

（4）施工和质量检验以及质量等级评定和验收工作按相关规程或规定进行。

45. 发电设备焊接接头质量检验为什么实行分类进行？

火力发电机组部件种类繁多，功能、工况条件和流通介质各不相同，故其工作状态是不同的，因此，规程对焊接接头质量检验规定了分类进行。

焊接接头分类是按下列因素综合确定的：工况条件、钢材特性、结构类型、对焊接质量要求的严格程度等。

46. 承担火力发电厂焊接工程的企业（或单位）应具备什么条件?

（1）具有国家认可的，与承担焊接工程相适应的企业素质，具备相应的质量体系。

（2）企业的质量体系中应对焊接工程管理有明确的规定，在焊接工程施工中，企业的质量体系应能有效运行，确保焊接工程的质量。

（3）企业从事焊接工作的各类人员，必须具备规程规定的资质条件。并应明确焊接专业的技术负责人，全面负责焊接工程的技术工作。

（4）具备与承担工程相适应的焊接装备和检验机构以及设备。

（5）承担焊接工程的企业和主管部门应经常组织各类焊接人员定期参加专业技术培训考核，不断提高专业技术水平和管理水平。定期培训考核的间隔时间不得超过三年。

焊接各类人员的资质条件和基本职能，请参见 DL/T869—2004《火力发电厂焊接技术规程》。

47. 在企业资质条件中为什么对焊接工作提出专门要求?

焊接是配合、特殊和重要的专业，它的位置又不像其他专业那么显赫，既被人们重视，又被人们忽视，其位置决定于企业领导者对焊接工作认识的深刻程度，但它对工程质量影响是非常突出的，工程质量的优劣取决于焊接质量又是被人们公认的，企业对这个专业必须给予足够的重视，按其特点和规律进行管理，因此，在企业资质条件和管理体系中突出焊接工作管理内容和重视对其人员的培养是十分必要的。

48. 为什么对焊接人员的资质条件和基本职能作出规定？

电力工业焊接技术管理经 50 多年不懈努力，目前正朝着科学化、规范化和制度化方向发展，已形成了较为完整的管理体系，该体系确立了以提高人员素质为基础、以质量管理为核心、以贯彻标准为主线和以完善各项管理制度为重点的全方位管理模式。为保证管理工作顺畅，有序地开展，人是重要因素，为此，规程为各类焊接人员的资质作了规定，并明确了基本职责。

49. 各类焊接人员指的是哪些人员？他们的考核工作如何进行？

焊接人员包括：焊接技术人员、焊接质量检查人员、焊接检验人员、焊工及焊接热处理人员。此外，还应包括：从事焊接行政领导和组织工作人员以及焊工培训管理人员等。

上述人员上岗工作前，均应按规定要求进行考核，取得相应资质证书，方可工作。

50. 企业为什么设置焊接专业技术负责人？该负责人应具备哪些条件？

为保证企业在施工、检验等环节中，能有效地管理与协调、统一组织与焊接有关的各项工作，要求企业应设置或明确焊接专业技术负责人。有条件的或焊接工作繁重的单位，可由焊接专责工程师任副总工程师，协助总工程师做好与焊接专业有关工作的协调。

焊接专业技术负责人必须由具有专业工程师（技师）以

上技术职称的人员担任，应有一定的专业理论知识、技术水平和较丰富的实践经验，全面负责焊接技术管理、质量管理和各类焊接人员管理等工作。

51. 企业对焊接人员为什么要经常地进行专业技术能力的培训？

焊接人员在电力工业生产活动中接触面广，处理存在或出现的问题要果断、准确和及时，对机、电、炉等与焊接有关的技术知识都应了解和掌握。一般说，经验丰富的焊接技术人员，对电力生产活动中各专业技术工作都应清楚，否则，将做不好焊接工作的管理。为满足整体工作的需要，对焊接人员必须经常地进行提高焊接专业和与其有关专业知识的培训。

52. 企业为什么必须设置专职焊接质量检查人员？

自《火电施工及验收评定标准》施行以来，工程质量检查及验收工作已普遍得到重视，焊接专业质量验评工作难度较大，它的一整套管理工作应有专人管理。尤其是对焊接工作质量要求严格的大机组，更应设置专业质量检查人员，将该项工作系统地、完整地管理起来，促进工程焊接质量的提高，保证质量目标的实现。焊接质量检查人员，应由具备初中以上文化程度和实践经验较丰富，且经过专业培训、具有资质证书的人员担任。

53. 焊缝质量检验结果为什么规定必须由Ⅱ级及以上人员判定？

据了解各单位对探伤人员的资格都较重视，但由于施工需要和工作面广，在探伤工作中不得不使用相当数量的合同工、临时工，给检验工作的管理带来了很多困难和质量判定的混乱。为确保检验工作质量，在"规程"中明确指出，对焊缝质量的认定，必须由具备Ⅱ级及以上资格人员担任。

54. 焊工经考核合格后允许担任的焊接工作为什么取消了原规定的 120℃温度的条件？

在火力发电厂的管道中，因一般中、低压管道焊接管理不善、质量不好而出现的泄漏现象十分严重，为改变这一状况，必须对焊工技术能力的要求重新限定，将这部分焊接工作包容于考核范围之内，故取消了 120℃温度的限定。

55. 为什么要求焊接人员对钢材应了解清楚？了解哪些内容？

焊接的主体是钢材，为获得符合使用性能要求的优质焊接接头，焊接工艺应以钢材特性和焊接存在的问题，有针对性地制定，并通过工艺评定验证，合格的、正确的工艺才能在实际工作中应用，为此，焊接人员必须对钢材充分地了解。内容有如下几方面：

（1）钢材材质必须符合设计选用标准的规定。

（2）进口钢材必须符合合同技术条件的规定。

（3）钢材必须附有材质合格证书。

（4）首次使用的钢材应收集焊接性资料和指导性的工艺资料。

56."规程"仅对不锈钢异类接头焊接做了规定，而对不锈钢材料本身焊接未做规定，应如何处理？

由于奥氏体不锈钢在焊接时有特殊的要求，故应制定专门的规程。在尚没有正式规程时，可先进行焊接工艺评定和可行的工艺指导书或参阅有关部委的规程，指导焊接作业，待专门规程制定后再遵照执行。

57."规程"为什么仍保留氧－乙炔焰焊接方法，其应用范围是什么？

保留氧－乙炔焰焊接方法，主要是因为它在中、小型火力发电机组的检修焊接工作中尚有一些用途。但本规范不推荐使用，特别是蒸汽压力为 4MPa 以上的机组安装焊接工作中，应禁止应用。

58. 为什么将碳素钢的含碳量范围扩大至 0.35%？

目前在部分机组中，应用了国外进口的钢材，有些钢管的含碳量标准值已超过原规定的 0.3%，一般均为 0.35%。另外，外国大部分规程中碳素钢管含碳量限定值为 ≤0.35%，为适应国内情况和与国外标准的一致，故将碳素钢管的含碳量限定为 0.35%。

59. 工程中遇到材料代用问题，应如何处理？

工程材料代用应根据具体情况处理。如属于"四大管道"者，应经过工地设计代表出具设计变更通知单；如属于制造厂设备者，应由驻工地代表出具材料代用单，以明确责任。凡材料代用问题，最后均由总工程师或工程技术负责人批准，方可执行。

60. 对钢材材质产生怀疑时，应如何处理？

如对钢材材质有怀疑时，应由主专业按专门规定进行复验，由于焊接与材料密切相关，要以其制定工艺，为此，需得到可靠的资料，故应关注、清楚和慎重。

61. 焊丝、焊条、焊剂选用的根据是什么？

上述焊接材料选用应根据钢材的化学成分、力学性能和其应用范围的工况条件综合考虑，并经焊接工艺评定确认合格后方可正式使用在实际工作中。

62. 同种钢焊接时，焊丝、焊条、焊剂选用应考虑哪些条件？

（1）焊缝金属的化学成分、力学性能应与母材相当；

（2）焊材熔敷金属的下转变点（A_{c1}）应与被焊母材相当，不低于 10℃；

（3）焊接工艺性能良好。

63. 异种钢焊接时，焊丝、焊条、焊剂选用应考虑哪些条件？

异种钢焊接接头选用焊材时，既要考虑两侧钢材的类级别，也要考虑同类级钢材之间合金成分差异。一般可按下列原则选用：

（1）同类级钢材仅为合金成分差异或除奥氏体不锈钢外的马氏体和珠光体的异种钢焊接接头时，以选用合金成分含量低侧或介于两者之间的焊材为宜。

（2）凡涉及到奥氏体钢的异种焊接接头，以选用镍基焊材为宜。

64. 鉴别焊材质量应考虑哪些条件?

（1）应用的各种焊材必须符合国家标准的规定，对于国外焊材则应符合设计要求的使用条件和供货方提供保证的工艺技术文件；

（2）焊材的厂家必须提供熔敷金属的化学成分和常温力学性能资料。应用在重要部件的焊材除满足前述要求外，还应提供高温力学性能（高温蠕变断裂强度和持久强度等）、熔敷金属的下转变点（A_{c1}）和指导性的焊接、热处理工艺参数等资料。

65. 焊接常用的气体有几类? 应符合哪些标准?

焊接常用气体共有两类，保护气体和作为热源的气体。保护气体有氩气、二氧化碳气；热源气体有氧气、乙炔气。各种气体应符合的标准是：

氩气应符合 GB/T 4872、二氧化碳气应符合 HG/T 2537、乙炔气应符合 GB 6819 的规定。氧气应强调其纯度应在 98.5% 以上。

66. 焊接设备包括哪些? 有何要求?

焊接设备包括：焊接、热处理和检验等三个方面所有的设备。对其要求是，除性能稳定、调节灵活外，从使用管理角度看应对设备和仪表进行定期检查，属于计量部分则应定期校验。

67. 焊口的布置和制备应考虑哪些问题?

焊接过程是一个局部加热的过程，承受各种因素影响，除焊缝周边金属在加热过程中有很大变化外，焊接后，其接头中还存在残余应力，因此，焊口的布置和制备对此必须妥善考虑。一般应遵循下列原则：

（1）为降低焊接接头残余应力和尽量减少附加应力，焊口布置应避开应力集中区。

（2）焊口的布置和制备应考虑为焊接、热处理和检验创造便利条件，以消除和减少焊接缺陷，保证质量。

（3）不可将焊口布置在焊缝和热影响区等薄弱环节处，以免在局部形成过大的叠加应力成为薄弱点。

68.局部或整体对口间隙过大时，为什么不允许采用加填塞物和热膨胀法进行？

恰当的对口间隙是保证焊缝根部焊透和边缘熔化良好的基础，是保证焊接质量的关键工艺环节，经验丰富的焊工对这个环节是非常重视的，坚持不符合要求的对口拒绝施焊。对口局部或整体间隙过大时，应要求其必须修复至标准的规定，绝不允许以加填塞物或热膨胀法来调整，加填塞物会产生严重的缺陷焊不透；热膨胀法即使当时能够焊接上，冷却后焊缝存有很大应力，这些均给质量带来不利影响。

如何对待对口问题，是考察焊工的理论水平和遵守工艺纪律严格程度，要求焊工一定要坚持按标准检查对口、认真施焊。

69.焊接接头形式和对口坡口尺寸应按什么原则确定？

焊接接头型式和坡口尺寸应按照设计文件和施工图纸进行组对和加工。一般应按能保证焊接质量、填充金属量少、减小焊接应力和变形、改善劳动条件、便于操作和适应热处理、检验要求等原则确定。

70. 为什么除冷拉口外，其余焊口不允许强力对口？

管道在运行工况条件下会产生膨胀，为防止膨胀受阻破坏管道整体结构，而预留一定尺寸的间隙叫冷拉口，其他焊口为正常焊口，没有平衡膨胀的功能，因此要求其对口组对的间隙必须与焊接方法相适应保持正常的尺寸，以保证焊缝根层质量和减少附加应力。

71. 焊件下料为什么强调以机械方法为宜？用热加工法下料为什么要留有余量？

利用热加工法下料后，其边缘容易产生淬硬层或过热金属，故以机械方法加工为宜。如用热加工法时，为消除淬硬层或过热金属，必须留有加工余量。

预留的加工余量宽度与淬硬层或过热金属形成量有关，而淬硬层或过热金属的形成又受切割工艺参数、预热措施及材料的可切割性等因素影响。以氧－乙炔焰切制为例说明如下：

（1）可切割性可按碳当量方法确定。

$$C_{eq} = C + 0.4Cr + 0.3(Si + Mn) + 0.2V$$
$$+0.16Mo + 0.04(Ni + Cu)(\%)$$

可切割性及是否增加预热条件见表10-1。

表 10-1 可切割性及预热条件

级　　别	含碳量（%）	碳当量 C_e（%）	切割性能	预热温度（℃）
1	<0.3	<0.6	良好	
2	0.3~0.5	0.6~0.8	一般	120
3	0.5~0.8	0.81~1.1	较差	200~300
4	>0.8	>1.1	很差	300~500

（2）切割热影响区宽度与厚度、含碳量及切割参数的关系见表 10-2。

表 10-2   切割热影响区宽度与厚度、含碳量及切割参数的关系

割件厚度（mm）		5	10	25	50	100	250
切割速度（mm/min）		420	330	250	185	150	100
热影响区宽度（mm）	C≤0.3%	0.1～0.3	0.2～0.5	0.4～0.7	0.6～1.0	0.8～1.5	1.5～3.0
	C=0.3%～1%	0.3～0.6	0.5～1.0	0.8～1.5	1.0～2.0	1.5～2.5	3.0～5.0

注   对淬硬性倾向较大的材料，切割后应进行消应力处理，以便于进行机械加工。

72. 焊口组对前应进行哪些检查？

（1）对淬硬倾向较大的钢材，凡经过热加工下料、制备坡口者，其表面应进行无损探伤检验，并合格。

（2）为消除隐患，坡口内及边缘 20mm 内的母材无裂纹、重皮、破损及毛刺等缺陷。

（3）坡口尺寸应符合图纸要求或"规程"的规定。

（4）为使整个对口应力水平较为平衡，管口端面与管道中心线应垂直，其偏差值应符合规定。

（5）为减少应力集中，焊件组对时，一般内壁应齐平，如有错口不得超过标准规定。

（6）对口间隙应尽量均匀，局部超差不可过大，一般应小于 1mm；直径大于 500mm 的管道超差不得大于 2mm 且不超过周长的 20%。

73. 不同厚度焊件对口时，应注意哪些问题？

应根据具体情况分别采取"降低应力集中的方法"，确

定对口加工形状。应注意下列问题：

（1）厚壁侧应加工成一定坡度形状，并注意不得出现尖角，以尽量减小应力集中点。

（2）应保持焊缝边缘与母材平滑过渡，不能形成过陡形状。

（3）便于焊接操作、焊后热处理和无损检验。

"规程"中的处理方法已被"DL/T5054—1996 火力发电厂汽水管道设计技术规定"所引用，施工中应遵照执行。

74. "规程"的表 1"焊接接头基本形式及尺寸"序号 1、2 中为什么没规定氩弧焊接方法，可否采用？

表 1 中对于 I 形和 V 形对接形式对口中应该规定有氩弧焊接方法，如在小径薄壁管经常采用的全氩弧焊接、氩弧焊打底加焊条电弧焊盖面，均在此范围内。氩弧焊接方法应该优先采用。

75. 焊接场所环境条件是根据什么确定的？

焊接场所环境是指：环境温度、雨、雪和风力等，焊接场所环境温度过低和防护设施不好，将对焊接过程和质量产生很大影响。焊接质量的保证条件之一，就是要获得纯净度较高的焊缝金属和尽量降低焊接接头残余应力，而环境条件直接影响着焊接的加热和冷却过程，尤其对冷却影响更甚，因此，环境是十分重要的客观条件，必须根据钢材热过程淬硬倾向程度作出合理的确定。

76. 为什么进行焊前预热？注意哪些问题？

焊前预热主要是减缓冷却速度改善焊接性、降低焊件结

构的拘束程度，减少加热区与其周边金属的温度梯度降低焊
接应力和避免氢致裂纹，获得符合要求的焊接接头。为此，
对预热参数的选定应给予足够的重视。

影响预热效果的规范主要是加热温度和宽度以及均匀程
度。预热温度对一般钢材来讲主要是以碳当量确定，而对于
中、高合金钢预热的温度不但考虑碳当量，同时，还应考虑
焊缝金属的纯净度和马氏体转变温度等综合确定。选择的加
热方法以对母材无损害和力求加热均匀为原则确定。同时，
预热过程中要求测温系统准确可靠。

所有的预热参数应经过工艺评定合格后，方可在实际工
作中应用。

77. 焊前预热的"特殊情况"如何理解？

当遇到低温条件、异种钢接头、接管座和承压件与非承
压件等属特殊情况和特殊部件施焊时，从保证焊接质量出
发，应制订具有针对性的焊接工艺。一般应以钢材特性和结
构特点为准，以改善焊接性和尽量减小焊接过程难度作为重
点，按规程提出的要求进行。

78. 多层施焊时，为什么强调要保持一定的层间温度？

多层焊中，施焊后续焊道时，其前一相邻焊道所保持的
温度叫层间温度。在连续进行多层焊时，预热仅对首层焊道
而言，当首层焊道施焊后，再焊后续焊道时，预热的概念已
消失，取而代之的则是包括预热温度余热在内的层间温度。

层间温度对焊接质量影响很大，对其上、下限值均应加
以控制，控制上限值的目的是防止金属处于1100℃以上区
域内的停留时间过长易引起焊接接头晶粒严重粗化，使塑

性、韧性降低；控制下限值的目的是为了防止冷却速度过快，而形成淬硬组织和影响扩散氢的逸出。

层间温度视钢材品种确定，一般应控制在与预热温度等同程度，最大不超过400℃；当焊接中、高合金钢或厚度大的焊件时，更应与钢材特性相适应，一般为200～250℃为宜。

79."规程"表4"承压管道焊接方法"中的核心内容是什么？

大力推广和采用氩弧焊技术。自1974年5月在望亭召开"大机组焊接技术座谈会"后，为推广氩弧焊技术，于1975年2月在上海、1979年10月在天津，先后举办了三期氩弧焊技术培训班，培养了大量人才，氩弧焊接方法在电力工业得到了广泛地应用，对提高火力发电机组安装质量起到了很大的作用。

氩弧焊具有对电弧和熔化金属保护效果好，能获得纯净度高的焊缝金属和焊缝根部焊透、光滑、无焊渣，且焊接过程容易实现等优点，目前已被广泛应用，规程表4除对各种焊接方法应用范围作出规定外，强调了氩弧焊接方法应用越广泛、越好，并成为主要的焊接方法。

80.管子内壁充气保护的目的是什么？保护效果如何判定？

在管子对口内壁两端一定尺寸范围内，以可溶物质隔离形成密闭的气室，从管子预置的无损检验探伤孔或对口间隙处，将一定压力的保护气体注入其空间，将气室内空气排尽，只存在保护气体，然后引弧焊接，即为焊缝根部充气保护，其目的主要是防止熔化金属根层氧化和过烧求得熔化良好的焊缝金属。

保护气体有氩气或混合气体。保护效果可以肉眼观察焊缝根部熔化金属表面状况，如只有一层薄膜而无严重氧化现象即认为保护良好。

81. 高素质焊工为什么强调应自觉地遵守工艺纪律？

"规程"中的"严禁在被焊工件表面引燃电弧、试验电流或随意焊接临时支撑物以及高合金属钢材料表面不得焊接对口卡具等"规定，是保证焊接质量的关键环节，同时也是工艺纪律范畴内的问题，高素质焊工对此应有充分地认识，不能把保证焊接质量仅停留在焊口内部无缺陷上，焊缝表面质量和保持焊件完整性都是与质量关系极大的因素，必须认真执行"规程"中的相关规定。

82. 大径厚壁管采用临时填加物点固焊时，对填加物材质有何要求？注意什么？

大径厚壁管多采用临时填加物方式进行点固焊，填加物的材质以采用含碳量 $\leqslant 0.25\%$ 的低碳钢为宜。点固焊时注意应实施预热，在焊接过程中当去除临时填加物时，不应损伤母材，并将其残留的焊疤清除干净，打磨修整后继续施焊。

83. 多层多道焊为什么要逐层检查？

大径厚壁管一般均采取多层多道焊。由于径大壁厚焊接层数多，如对每层焊缝不认真进行检查，将存在的缺陷遗留在焊缝中，则给以后的返修焊补带来困难，因此，强调要逐层检查及时消除缺陷。

逐层检查应从焊缝根层开始，检出缺陷越早越好，同时，注意对隐蔽焊缝更应严格执行，每层检查必须合格后，方可焊接次层。

84. 焊接大径厚壁管和中、高合金钢时，为什么对焊层厚度和焊缝宽度作出规定？

为获得综合性能良好的焊接接头，在焊接过程中应尽量减少对性能不利的因素，以降低脆性和提高韧性、塑性，故对热输入量，予以控制，标志是控制焊接线能量。一般钢材对其控制没有严格规定，但对于散热条件差的大径厚壁管和对热敏感性强的中、高合金钢则必须予以控制。

控制焊接线能量一般是控制焊接电流和焊接速度，但不直观也难测定，故一般以控制焊层厚度和焊道宽度来实现，焊层薄、焊道窄则热输入量小，反之则大。在总结积累经验的基础上，规程针对不同钢材作了限定。一般钢材厚度≥35mm时，焊层厚度为焊条直径＋2mm，焊道宽度为焊条直径的5倍；对于中、高合金钢的所有厚度，焊层厚度为焊条直径，焊道宽度为焊条直径的4倍。

85. 铬含量≥5%或合金总含量≥10%的耐热钢焊缝，焊层厚度和宽度的控制是否只限于≥35mm的焊件？

不是。应是所有厚度的焊件均应控制。

86. 为什么对于外径大于194mm的管子和锅炉密集排管的对接接头宜采取二人对称焊？

首先应该说明该类部件具备对称施焊的条件。二人对称焊主要特点是在施焊过程中可使环缝整体焊接应力保持较为均衡，避免因局部应力过大而开裂，是有利于保证焊接质量的一项有效的措施。

87. 为什么要特别注意焊缝的起头、收弧和接头的质量？

焊接过程中较为薄弱的环节、最容易产生焊接缺陷的部位就是这些部位，因此，操作过程中应特别注重这些部位的质量状况，采取必要的措施防止焊接缺陷的产生，这也是保证焊接接头质量的重要措施之一。

88. 如被迫中断焊接过程，应采取哪些必要的措施？

除工艺上和检验上要求需分次焊接外，一般焊接过程应连续完成，如因意外原因被迫中断，必须采取缓冷、保温和后热等有效措施以防止裂纹的产生。继续施焊前应仔细检查并确认无裂纹后，再按照工艺要求直至整个焊口施焊完成。

89. 为什么对公称直径≥1000mm 的管子或容器的对接接头应采取双面焊接？

双面焊接无论从焊接缺陷产生的机率或焊接接头的应力状态都是比较小的，优点特别明显，而采取单面焊接是指不能实现双面焊接的一种特殊工艺，凡有条件者均应实施双面焊接，对于直径≥1000mm 的管子或容器具备双面焊接的条件，故应采取。

实行双面焊接者，为保证封底焊接质量，应采取措施对根层焊缝进行"清根处理"。

90. 焊接接头有超标缺陷时是否允许焊补？次数有否规定？

焊接过程中，如严格按照技术交底和作业指导书规定施焊，不应出现超标缺陷，超标缺陷的出现是因为焊工的疏忽或不遵守工艺纪律造成的，采取挖补焊接是不得已的事情，为此，应经常教育焊工认真遵守工艺纪律和焊接时精神集中，杜绝此类事情的发生。

在同一位置的焊缝挖补焊接次数越多，钢材反复受热越严重，不但容易损伤钢材，降低其使用寿命，同时也越不利于焊接质量的保证，故对挖补焊接的次数应有效地加以限定。除应查明产生缺陷原因外，挖补限定次数是：

（1）一般钢材不得超过三次。

（2）耐热钢材不得超过二次。

91. 处理焊接接头超标缺陷时，应注意哪些问题？

（1）彻底清除缺陷。

（2）补焊时，应制定具体的措施，并严格实施。

（3）需进行热处理者，应对焊接接头整体重作热处理。

（4）最后应再次进行无损检验，结果应合格。

92. 安装管道冷拉口所使用的加载工具，应在何时拆除？

焊接和热处理都经历加热和冷却过程，如冷拉口加载工具过早拆除，由于受热影响，焊缝容易开裂，并导致冷拉尺寸的改变，为此，冷拉口加载工具应于焊接和热处理完毕后拆除。

93. 为什么不允许对焊接接头进行热加工校正？

因设备制造缺陷、焊前对口装配、垫置重心选择不当或施焊顺序选定不合理等原因，导致焊后焊接接头不平直度过大甚至弯曲时，不允许在焊接接头处采取热加工法进行校正，以免产生更大的附加应力而损伤部件结构的稳定性和使用性能。出现此类问题时，应将焊接接头割掉重新焊接。

94. 为什么对中、高合金钢焊接接头处取消敲打钢印标记的作法？

为尽量减少人为因素损伤管子或管道表面的完整，避免造成局部应力集中而产生裂纹等缺陷，此类钢管焊接接头附近不可以传统的敲打钢印方法作出标记。一般采取可追溯性的记录图标方式实现焊接接头焊工责任标识。

95. 以什么原则确定焊接接头是否进行焊后热处理？

（1）淬硬倾向大的钢材、焊后有过高的焊接残余应力需要降低者；

（2）需以热处理方式改善或调整焊接接头性能者；

（3）以热处理方式降低焊接接头产生延迟裂纹机率者。

96. 什么是后热处理？规范如何确定？

对有产生冷裂纹即延迟裂纹倾向的焊件，当焊接工作完毕，若不能立即进行焊后热处理时，在焊缝冷却至室温或尚未冷却至室温（＞100℃），将焊件加热一定温度，并保持一定时间，缓冷至室温，这一过程称为后热处理。

由于其目的是加速焊缝金属中扩散氢的逸出，防止延迟裂纹，重点是消氢处理，故其加热温度一般应不低于预热温度，约为 200 ~ 350℃，保温时间视焊件厚度不同，可在 0.5 ~ 6h 范围内选定。

97. 焊后热处理的目的是什么？其规范有哪些？

焊后热处理的主要目的是降低焊接接头的残余应力、改善焊接接头的组织和性能，在电站用钢范围内的焊接接头，一般采取高温回火。其规范有：加热温度、恒温时间和升降温速度，如从加热均匀程度和效果看还应包括加热方法和加热宽度。

98. 可否将后热作为最终焊后热处理？

不可。后热只是一种临时措施，它不能有效地降低焊接残余应力和有效地改善焊接接头组织和性能，故不能代替焊后热处理。同时，还应注意，就除氢效果而言，后热一般应与预热配合更为有效。

99. 具备什么条件的部件，其焊接接头可免作热处理？

如选定的焊接方法使焊接过程保护效果好，焊缝金属纯净度高和焊件拘束程度小，以及钢材淬硬倾向不大，焊缝金属含氢低，可保证焊接接头性能达到使用条件要求者，焊后均可免作热处理。因此，只要满足规程要求者免作是可行的。

100. 根据什么原则确定焊后热处理的加热温度？

焊后热处理的加热温度应按以下原则综合考虑：

(1) 不能超过钢材和焊材的下转变点 A_{c1}，应按两者较低者为准确定。

（2）对于调质钢，应低于调质处理时的回火温度。

（3）对于异种钢，以两侧钢材金属成分低侧和焊材的 A_{c1} 选定。

101. 异种钢焊接接头焊后热处理加热温度和恒温时间应如何选定？

应分清异种钢类别，其焊接接头一侧为奥氏体钢而选用焊材为不锈钢焊丝或镍基焊条者，一般不进行焊后热处理；若焊接接头为其他异种钢组合时，则加热温度按低侧钢材的 A_{c1} 确定，而恒温时间则按高侧钢材恒温时间的下限确定。

102. 焊后热处理恒温的目的是什么？恒温时间应如何理解？

恒温的目的一是为了均温，使整个焊件被加热部位达到规定的温度；二是使焊接残余应力充分松驰。为此，从升温开始直至达到需要的加热温度有两个过程，都需要一定的时间，一为升温至需要温度的时间，二为使整个截面都达到加热温度的均温时间（规程规定的恒温时间即为均温时间），这两个时间的相加即为恒温时间。

103. 焊件表面与心部的温差在升温段为什么是难于避免的？

目前使用的加热方法均为单侧加热，均需通过热传导的方式向焊件深层传热。常采取的加热方法共有两类，一为辐射加热，最常用的为柔性陶瓷加热器，即使带有"远红外涂料",但穿透能力也是有限的;另一为感应加热,虽然利用焊件本身的电磁感应加热,但受到电流透入深度和有效加热层深度的限制以及居里点的影响,其仍是层状式加热,所以,焊件表面与心部的温差在升温阶段是难于避免的。

104.为什么控制焊后热处理的升降温速度?

升、降温速度直接关系到焊件上各点间的温差,而温差会造成热应力,严重时可能导致焊缝金属或热影响区变形甚至开裂。为了减小焊件上尤其是厚度上的温差,必须对升、降温速度加以限制。

105.为什么以焊件厚度计算热处理的升温速度?

由于临界升温速度受最大允许应力的限制,而焊件的最大允许应力取决于材料的成分、形状、尺寸和截面温差及所处的状态。所以,焊件的升温速度对特定的材料,与焊件的形状和尺寸有关。对管件,则只取决于其厚度。因此,通常均以管壁厚度为依据计算热处理的升温速度。

106.有再热裂纹倾向的焊件,焊后热处理时应注意哪些问题?

进行焊后热处理时必须慎重,在温度控制过程中关键是不可在敏感温度区停留时间过长,若实在不能避开此区,则可不作焊后热处理或考虑更换材质。

107.热处理中的实际加热速度与哪些因素有关?

实际加热速度是指技术上可行的加热速度,它与加热器在单位时间内所提供给焊件的热量或比功率大小有关。进一

焊工技术问答（第二版）

步讲应与采取的加热方法、加热规范、保温状况、加热功率等有关。

108. 热处理中的加热区宽度、保温区宽度和加热器宽度是否一样？

加热区宽度、保温区宽度和加热器宽度三者宽度是不一样的。有资料介绍为保证加热范围内焊件热透，其加热区宽度至少为 1～1.5 倍焊件壁厚（一般规程规定为 3 倍焊件厚度，目的是使加热区不致过窄，造成更大的温度梯度影响热处理效果和产生附加应力）而加热区宽度应以一定的保温区宽度来实现，保温区宽度又依靠一定的加热器宽度来保证。

109. 对马氏体类钢（如 F12$_W$ 钢或 Pq1、Pq2 钢）后热时机应如何选择？

应在焊后冷却至规定温度（一般为 80～120℃）保温，马氏体转变结束后进行。

110. 奥氏体类钢的焊接接头是否采取热处理？

规程对这类焊接接头采用不锈钢焊条时，一般不进行热处理。从工艺上也未进行专述，是否进行焊后热处理应根据实际需要决定。

111. 奥氏体钢焊接接头如有要求进行焊后热处理，应如何进行？

可根据进行热处理的目的确定。如主要是为了提高奥氏体不锈钢焊接接头的抗晶间腐蚀能力时，可进行固溶处理或稳定化处理；如主要是为了提高屈服强度和疲劳强度或以消除对应力腐蚀敏感性时，可采取去应力处理。

112. 什么是固溶处理或稳定化处理？

（1）固溶处理工艺为：加热至 1050～1100℃，按 1～2min/mm 进行恒温，然后快速冷却，以保证完全固定高温得到奥氏体组织状态。多采用水冷。

（2）稳定化处理工艺仅用在含 Ti、Nb 的 18－8 型奥氏体不锈钢的焊接接头，其工艺为：加热至 850～900℃，恒温 2～4h，然后空冷。

113. 什么是去应力处理？

（1）当以提高屈服强度和疲劳强度为主时，可进行较低温度的去应力处理，一般加热温度为 300～350℃，恒温 1～2h；对不含 Ti、Nb 的 18－8 不锈钢，不应超过 450℃，以免引起晶间腐蚀。

（2）当以消除对应力腐蚀敏感性为主时，加热温度一般为 850～880℃，恒温为 2～3min/mm；对于不含 Ti、Nb 的 18－8不锈钢应水冷到 540℃后再空冷，对含 Ti、Nb 的 18－8 不锈钢，可直接空冷。

114. 焊接质量实行三级检查验收制度、自检与专检相结合方法，有何特点？

其他专业注重的是部件的位置和尺寸等整体质量，而焊接专业注重的是每个焊口的质量，在质量检查的概念上有很大的区别，实行三级检查验收制度和自检与专检相结合的方法，作到层层把关显得更为重要，同时，在焊接质量检查上更显得其非常严格。

115. 焊接质量检查为什么实行按阶段进行?

焊接质量检查按焊接前、焊接过程中和焊接后等三个阶段,焊接质量检查是以每个焊口为单位,按检查项目和程序进行。由于电力工业焊接工作采用手工焊接,强调的是焊工技艺的稳定性,质量受人为因素影响很大,故在焊接的每个阶段都必须严格认真地检查,严防失控,否则造成质量隐患,要求每个焊工在各个阶段都应严格遵守工艺纪律,达到质量标准,保证焊接质量。

116. 重要焊接部件为什么实行旁站监督?

所谓旁站监督,就是将焊接全过程置于严格监控之下。焊接是复杂、且细致的工艺过程,焊接前、焊接过程中和焊接后都应设定明确、具体的检查项目。

实施旁站监督,首先应有缜密的计划,设定监控环节,作好监控过程的各项记录,对焊接过程状况了如指掌,能够及早发现问题、解决问题,是保证焊接质量的最有效地手段。

117. 焊接接头检查包括哪些项目?

焊接接头检查项目有:外观检查、无损检验、焊缝金属光谱分析、焊后热处理硬度测定等,如有特殊要求者,再按要求项目增作检查。

118. 为什么外观不合格的焊接接头,不允许进行其他项目检验?

外观检查是以肉眼并借助低倍放大镜和检测尺的方法进

行，将可发现的缺陷尽早消除，故确定其为检查的第一个环节，确认其符合质量标准后，再进行以后的检查项目，可避免因焊接接头外部缺陷的存在，影响以后各项检查结果的判断和给后续的检查增加难度和次数。

119. 火力发电设备焊接接头的检查范围、数量和方法是如何确定的?

火力发电设备焊接接头的检查范围、数量和方法是按下列原则确定的：范围是所有部件的各类焊接接头均为检查对象，其比例或数量则以不同的工况条件对质量要求的严格程度来确定，而所采取的检查方法则从不同角度以最大可能检出焊接缺陷来选定。DL/T 869—2004 规程中表 6 所有规定，均以上述原则确定的。

120. 电力工业对焊接接头分类的根据是什么?

电力工业发电机组部件种类很多，工况条件差异较大，输送着各种介质，故技术条件对焊接接头质量要求的严格程度也不相同，焊接接头分类可体现出有效地、合理地管理和质量的保证。

焊接接头分类是以部件所处的工况条件、应用钢材的特性、结构形式和对焊接接头质量要求的严格程度为原则划分的。

121. 无损检验与焊后热处理的顺序是否有规定?

有规定。产生延迟裂纹的原因主要是焊后接头内残余应力过大和焊缝金属内含氢量过高造成的。而再热裂纹则主要是金属晶粒内强化或晶界结合力减弱造成的。为此，规定对容易产生延迟裂纹和再热裂纹的钢材，其焊接接头必须先经焊后热处理，再进行无损检验。而对于一般淬硬倾向小的钢材，其顺序没有严格规定，但仍以先进行焊后热处理，再作无损检验为宜。

122. 为什么硬度检验必须在焊接热处理后进行？

本规定主要是强调不要求进行热处理的焊接接头，不必进行硬度检验，而经焊后热处理的焊接接头，在热处理过程自动记录曲线图不正常时，必须进行硬度检验。同时，也强调了如应进行焊后热处理的焊接接头，如在热处理进行之前进行硬度检验，无论结果正常与否，均视为无效。

123. 为什么取消锅炉受热面管子焊接接头割（代）样检查项目？

从割（代）样检查目的看，主要是考核焊接工艺的执行状况和焊工技能稳定程度，是检验焊接质量的一个手段，取消这项检查是基于下述原因：

焊接技术管理经过几十年的发展，已形成了一个健全、完整的模式，在企业质量管理体系完善和正常运作的情况下，执行的焊接工艺经过评定、重要部件编制技术措施、焊工技能进行严格考核、焊前进行技术交底、强调焊工按作业指导书施焊和严格工艺纪律，以及焊接接头按比例进行无损检验等各项制度，焊接质量是从多方面保证的。质量是可靠的，取消这项检查对质量监督并无影响，是可行的。

124. 为什么强调焊接变形的监视和测量？

焊接变形的监视和测量是制定焊接技术措施的重要内

容，历来被重视，如锅炉钢结构组合、主厂房屋架组装、复水器、除氧器等部件焊接过程的监控已成为焊接技术管理的一项重要内容。

焊接变形的监控和测量按部件类型分共有两类，一类为上述的组合件；另一类为管子焊接的弯折。前者除制定专项技术措施、进行技术交底外，还应对焊工施焊资格进行考核，这已被从事焊接工作的各类人员熟知。管子焊接接头处的弯折，对大管采取了二人对称焊、分段焊等措施，以防止变形；而小管弯折较为多见，究其原因大多属设备"先天"缺陷造成。在规程中对焊接变形作出规定，是要求应巩固已有成熟作法，并对小管弯折上应加强监督。

125. 电站常用的无损检验方法有几种？其应用范围依据什么确定？

电站常用的无损检验方法有四种。用于检测部件内部缺陷的有射线（X、γ射线）和超声波等两种方法；用于检测表面或近表面缺陷的有磁粉和渗透等两种方法。

上述四种检验方法主要是依据材料特性、部件结构尺寸、焊接接头类型和对缺陷检出的灵敏程度确定的。

126. 为什么射线检验不能确认的面积型缺陷需以超声波检验方法确认？

射线检验是以射线对物质密度变化的敏感程度和对能量吸收的程度呈现的不均匀性，以胶片上显示不同黑度判定缺陷，故适宜探测体积型缺陷，如气孔、夹渣等，当出现面积型缺陷不能准确判定时，可以利用声波反射原理对面积型缺陷如裂纹等特别敏感的超声波检验方法制定，以避免出现误判。

127. 为什么对厚度≤20mm的汽水管道采用超声波检验时，还应进行射线检验？检验数量（比例）的规定应如何理解？

射线照相检测与超声波形检测都是检验部件内部缺陷的方法，但其检测原理和评定标准不同，其对缺陷的判定不可能一一对应，故不应把两者直接对比。两种检验方法都采用的目的，主要是利用各自对各种缺陷的灵敏性，可以较全面地发现焊接接头中存在的缺陷，从而避免漏检现象。

"规程"对于厚度≤20mm的汽水管道采用超声波检验时，还应进行射线检验的数量为超声波检验的20%的规定，应理解为：如超声波检验为100%时，射线检验为20%；超声波检验为50%时，射线检验为超声波检验数量的10%；超声波检验为10%时，射线检验为超声波检验数量的2%。不能理解为焊口的总量，应以超声波检验数量为准确定。

128. 角焊缝以哪种检验方法进行？为什么？

"规程"对需进行检验的角接焊缝规定可采用磁粉或渗透检验方法，这主要考虑到这类型焊接接头以射线或超声波检验实施难度较大，对缺陷判断的准确性有影响，但又应检验而规定的。应注意的是：磁粉和渗透检验由于其检测原理所限，如磁粉检验由于集肤效应透入表面深入仅为1~2mm（直流磁化时为3~4mm）而渗透检验仅以缺陷开口程度确定渗透深度，故只适用于部件表面或近表面的缺陷检验。

129. 同一焊接接头采用射线和超声波两种检验方法检测时，其结果如何评定？为什么？

两种检验方法应分别评定，但均应合格，如有一种检验结果不合格时，应判定该焊接接头不合格。

两种检验方法分别评定，主要是因为其检测原理、特性和评定标准不同，所以应各自评定。

130. 管子或管道焊接接头无损检验不合格时，如何处理？为什么？

当管子或管道焊接接头检验不合格时，应在同一焊工、同一日所焊的焊接接头中按不合格焊口数量加倍检验，如加倍检验仍不合格时，则对该焊工同一日所焊的全部焊口评为不合格，并对这部分焊口作 100% 检验，同时，将不合格的焊口返修处理和重新检验，直至合格。

这样处理不单是技术问题，也是管理问题，主要是限定不合格焊口范围的一种方法，因为多个焊工连续作业，以时间段和焊工个体划分是合理的，否则涉及范围过大没有实际意义，并造成过大浪费。

131. 容器焊接接头检验不合格时如何处理？为什么？

"规程"规定："以存在缺陷的焊缝长度两端（即缺陷两端）延长部位为准，按该条焊缝长度的 10%，且不少于250mm（注意不是容器所有焊缝长度的总和），以增加检验长度的方法进行。这一规定与原劳动部颁发的"压力容器规程"的规定是一致的。这一规定的理由是：因为容器焊缝与管子或管道焊缝不同，管子或管道可以一个接头为单位计算，而容器只能以焊缝长度限定比较合理。

132. 返修后的焊接接头为什么进行100%检验？

焊接接头存有超标缺陷时才进行返修，为对焊接缺陷消除状况进行确认，故必须对返修的每道焊口均应进行重新检验。

133. 统计无损检验一次合格率的目的是什么？

焊接工程质量优劣，一般以焊接工程优良品率、焊接接头无损检验一次合格率和焊口泄漏状况等三个指标综合判定。焊接工程优良品率通过焊接工程质量验收评定得到，焊口泄漏状况从锅炉水压、系统管道水压和机组启动前的水压作出统计，而焊接接头无损检验一次合格率则以规程规定的统计方法得出，目的是得出比较统一和准确的数据来，以真实地反映焊接质量状况。

134. 如何正确理解"超临界机组锅炉 I 类焊接接头 100%无损检验"的规定？

火力发电机组锅炉的 I 类焊接接头数量巨大，范围极广，流通介质和工况条件也不一样，为对质量有效地、合理地控制，一般均以"一次门"作为监控严格程度的界限，对一次门内的焊接接头应按规程规定的检验比例和数量进行检验，而一次门外的焊接接头不作规定。DL/T 869—2004 规程提出的"超临界机组锅炉 I 类焊接接头 100%检验"的规定是指一次门内的焊接接头。

135. 焊缝金属进行光谱分析的目的是什么？范围如何划定？

焊缝金属进行光谱分析的目的是为了验证焊材应用是否

正确，如有错用以便纠正。其范围为耐热钢的焊接接头，检验比例规定如下：

对于锅炉受热面管子，由于焊口量大、且成批焊接，可按 10% 检验，如发现错用焊材时，应对全部焊口进行检验；对于管道焊口应进行 100% 检验。

136. 高合金钢焊缝金属进行光谱分析后，其灼烧点为什么磨去？

制作各类部件的材料为中高合金钢者，因其淬硬倾向大，光谱分析灼烧点，因温度高、热量集中，局部易产生细微裂纹，故应将灼烧点磨去，并仔细检查确认无裂纹后，此项工作方可结束。

137. 光谱分析确认材质不符时，如何处理？

光谱分析检出错用焊材时，检出一个返修一个，应将原焊口割掉，以符合要求的焊材重新焊接。

138. 为什么焊后热处理自动记录曲线图正常，可免作硬度检验？

采用的焊后热处理工艺和规范应于正式应用前进行评定，得出标准的自动记录曲线图，并进行硬度测定，符合要求即为标准的曲线图。焊后热处理实施中以标准的自动记录曲线图为准判定所有的曲线图，因此，经工艺评定确认的曲线图即认为正常，故可免作硬度检验。

139. 焊后热处理自动记录曲线图异常时，如何处理？

焊后热处理自动记录曲线图异常时，首先应对被处理的焊接接头进行硬度测定，同时，应查明原因，采取有针对性的措施解决。

如硬度值超标说明热处理温度和时间不足，应重新进行热处理；如因热处理温度过高导致过热时，有条件者可采取正火加回火热处理工艺重作热处理，如不可能时，则应将焊接接头割掉重新焊接，并重新进行热处理。

140. 异种钢焊接接头硬度应如何判定？

异种钢接头焊后热处理硬度值应以低测母材合金总含量为准，按 DL/T 869—2004 规程规定判定。但焊缝金属硬度值最低不得低于母材。

141. 在什么条件下，对焊接接头作金相检验？

当合同或设计文件规定需作该项检验，以及在特殊情况下根据某些要求需对焊接接头金相组织进行验证时，均应进行该项检验。并以规程标准判定。

142. 经检验不合格的焊口，如何处理？

对检验不合格的焊口，一般应查明原因及时进行返修。但对某些部件批量不合格的焊口，除查明原因，还应进行事故分析，制定专门的返修措施，再行返修焊补，返修后的焊口必须重新检验。

143. 发电机组中不同类型部件的无损检验，为什么执行不同的标准？

电力行业火力发电设备处于高温、高压工况条件，且主要为输送汽、水、油、气等介质管道，有其特殊性，因此制定了与主干规程技术要求相适应的专门检验规程（DL/T 820、DL/T 821）。而钢结构和压力容器，因无特殊技术要求，与其他行业状况基本相同，故检验焊接接头内部的标准和表面检验的标准分别执行相应的国家标准和机械工业标准（GB 3323、GB 11345 和 JB 4730）。

144. 什么叫焊接修复？其包括哪些范围？

利用焊接方法将设备或管道焊接接头存在的缺陷进行清除焊补，使其满足在该工况条件下使用性能要求的一种工艺方法。包括发电设备缺陷的修复和管子、管道焊接接头缺陷的焊补等。

145. 按焊接修复性质可分为几类？

按焊接修复工作性质可分为永久性修复和临时性修复等两类。永久性修复应按照规程规定程序进行；临时性修复是在特殊情况下，所采取的方法应尽早改为永久性修复。

146. 焊接修复工作的基本要求有哪些？

（1）制定专门的修复技术措施和施焊工艺。

（2）施焊工艺应以模拟方式进行评定。

（3）焊接操作人员应经过专门培训，并根据部件的工况条件分类考核合格。

（4）有变形测量要求的部件，其需用的设备、工具和人员均应准备齐全。

147. 制定修复技术措施时，应考虑哪些内容？

（1）首先应查明缺陷的位置和尺寸，其次找出产生缺陷的原因，经认真分析，找出症结后，再行制定。

（2）技术措施应根据部件的特点和工况条件有针对性地制定。对焊接修复有专门规定者应执行该规定，对无专门规定者制定工艺时，应全面综合考虑。

（3）对不同材质的部件选定焊接材料时是否进行预热和焊后热处理等技术条件分别考虑。当进行预热和热处理时，选用的焊材应与母材相近为宜；如不能进行预热和焊后热处理时，应选用塑性高的焊材，如镍基焊条等。

（4）修复后的焊接接头应保证在运行工况条件下，其组织和性能的稳定性。

148. 修复后焊缝检验应注意什么？

（1）采取的检验方法必须与部件相适应。

（2）制定质量的标准，可按 DL/T 869—2004 规程规定进行。

（3）有测量变形要求的部件，其变形量应在规定范围内，如有怀疑时，可针对存在问题，采用专门设备器具进行验证。

149. 焊接技术文件以哪类人员为主编制？其他人员如何配合？

焊接技术文件应由焊接技术人员主持编制，为使编制的资料能全面和完整的反映焊接工程状况，其他人员应从不同角度积极提供编制中需用的各项资料。

150. 向建设单位移交资料中为什么增加"焊接工艺评定项目和应用范围统计表"？

自颁发焊接工艺评定规程以来，以评定合格的工艺为依据编制作业（工艺）指导书，指导实际施焊工作已成为焊接专业工艺自律的管理重要内容。向建设单位移交"焊接工艺评定项目和应用范围统计表"的目的，主要是电厂在运行、检修中需以焊接方法修复、更换部件时便于焊接工艺的查询和借鉴而规定的。

151. 移交资料中为什么增加了锅炉范围内管道的记录图？

锅炉范围内管道与"四大管子"所处条件基本一样，如出现意外，其影响程度是非常严重的，将会造成人体伤害，故加强对其管理是必要的。尤其是在施工单位焊接技术管理中，记录图均以单个焊口记录，出现问题便于查询，同时，增加这一内容，也增强了焊工施焊的责任心，以确保焊接质量。

152. 为什么规定要编写焊接工程总结和专题技术总结？

编写焊接工程总结和专题技术总结是积累经验和查找不足的最好方法，同时，也是改进工程管理的重要手段。

通过总结资料还可以与相关单位进行交流、互相沟通，以便取长补短、共同进步。

153. 电厂检修和技改工程为什么也强调编制焊接技术文件，并移交？

电厂检修和技改工程与施工单位安装工程性质是相近的，只不过在量上有些区别，但其积累的技术资料有很大实用价值，也应进行全面、系统地整理和向主管部门移交，作为工程档案保存，以备以后工作需要时查询。同时，对工程状况也应进行工程总结和专题技术总结，从中吸取经验和教训，不断改进检修和技改工程的管理以及提高其质量。

三、焊接工艺评定规程

154. DL/T 868—2004《焊接工艺评定规程》（以下简称本规程）编号的意义是什么？

"DL"是"电力"汉语拼音两个字母的缩写，"T"为推荐性标准，"868"为该标准的顺序号，"2004"为新标准发布的年号。

155. 本规程在焊接标准体系中所处的位置和作用是什么？

目前电力焊接标准已形成了较为完整的体系，围绕着DL/T 678 和 DL/T 869 两本主干标准，在各方面制定了许多起着支持、保证作用的规程，并以其为核心对专门的技术要求，制定了有针对性、具体的专项实施标准。DL/T 868 焊接工艺评定规程就是对主干标准在工艺方面起着支持、保证作用，且相对独立的专门规程。

156. 焊接工艺评定目前执行哪个版本的规程？

电力行业焊接工艺评定规程是 1989 年编制颁发的"SD 340—89 火力发电厂锅炉压力容器焊接工艺评定规程"，其应用范围限定在锅炉、压力容器和压力管道所采用的焊接工艺验证上。执行 15 年来，它对完善焊接技术管理、规范操作过程和严肃工艺纪律等多方面起到了很大作用，从原电力部、国家电力公司对焊接质量状况的报导中，"焊接无损检验一次合格率逐年升高"、焊接质量良好，就已说明问题。

　　该规程随着火力发电机组单机容量不断增大、运行参数不断提高、新型钢材的大量应用和焊接方法、工艺上的更新和调整，SD340 规程已显现出许多的不适应。经 2 年多的调研、总结，对其进行了修订，于 2004 年颁发了新的规程定名为"DL/T 868—2004 焊接工艺评定规程"，此版本即为现行的标准。

157. 新规程修订的基本原则是什么？

　　以"评定"目的，即验证所拟定焊接工艺的正确性为基点，确立规程的构架、内容和所有"评定"参数和规定之间的关系。

158. 本规程从哪些方面对"评定"作出规定？

　　"评定"是涉及到焊接质量的问题，必须规范地、严肃、认真地进行。规程从"评定"的组织、规则、文件的编制、试件焊制、检验方法、合格标准和资料的应用等多方面作出具体规定。

159. 试说明"评定"规程的适用范围？

　　（1）电力行业锅炉、管道、压力容器和承重钢结构等钢制设备。

　　（2）制作、安装、检修等各个部门。

　　（3）采用的焊条电弧焊、钨极氩弧焊、熔化极气体保护焊、药芯焊丝电弧焊、气焊、埋弧焊等焊接方法。

　　（4）工程焊接和焊工技术考核。

160. 为什么以焊接性评价资料作为"评定"基础？

　　为使焊接接头性能得到保证，对应用的工艺应进行验证。验证从结合性能和使用性能两个方面进行，而验证的基础首先是解决结合性能，即抗裂性试验，将试验结果与材料的基本资料进行汇总，即为焊接性评价资料。然后以此资料为依据进行使用性能试验，即焊接工艺评定。应用经过这一系列验证的焊接工艺，才能保证焊接质量。

161. 为什么必须熟悉各项评定参数的规定？

工艺评定是以钢材为核心、以焊接方法为首要因素，将影响焊接接头力学性能的各项因素，即应评定的各项参数作出规定，因此，对评定参数所涉及的焊接工艺条件和规范参数的规定，必须了解清楚，以保证"评定"正确进行和得到的结果准确。

162. "评定"中对焊接方法作了哪些规定？

（1）由于各种焊接方法的工艺条件和冶金反应不同，因此，每种焊接方法，均应单独评定，不得互相代替。

（2）评定中允许采用一种以上焊接方法进行，每种焊接方法可以单独"评定"，亦可组合评定。

（3）凡采取组合焊接方法的评定，应用时，其焊缝金属厚度应在各自"评定"适用范围内。

（4）采用组合形式评定合格的工艺，其所包括的焊接方法在应用中允许省略其中的一种或多种。

163. 钢材类级别划分的目的是什么？如何划分的？

电力工业火力发电设备所涉及的钢材有 100 多种，如每种钢材都进行工艺评定，数量是巨大的，况且很多钢材应用的焊接工艺是相近的，为了减少评定数量，而又使应用的工艺满足要求，故按一定的条件进行类级别划分。

本规程钢材类级别划分是按用途、组织类型、化学成分和力学性能和焊接工艺相近等确定的。

164. 钢材类级别划分的原则是什么？

火力发电设备主要用钢为碳素钢、普通低合金钢、低合金耐热钢和中、高合金热强钢，不锈钢较为少见。部件的制作，主要为碳素钢、普通低合金钢和低合金耐热钢，而中、高合金钢仅用在高温部件上。规程对钢材类别主要以用途划定的；而级别则按化学成分、力学性能和金属组织类型划分。详细情况，请见 DL/T 868—2004 焊接工艺评定规程的表 2。

165. 首次应用的钢材为什么必须评定？

由于各种钢材的成分、组织和特性有差异，采用的焊接工艺也不同，加之首次应用的钢材没有使用的经历，拟定的焊接工艺对该钢材是否适应，其焊接接头是否满足使用性能要求，未经"评定"得不到验证，而又不应以实际产品当成试验件，去摸索、调整工艺条件和规范参数，故必须经过工艺评定验证，使该钢材所确定的工艺取得可靠的结果，再应用在产品上，这样既体现了"未经验证的工艺，不得应用"的原则，也为保证焊接质量奠定了基础。

166. 钢材类级别在应用中的代用原则是如何规定的？

由于各种类型钢材的特性有差异，应用工艺的规范程度要求不同，电力工业所涉及的钢材类级别代用原则有如下规定：

以金属组织类型和化学成分为准确定代用原则。

（1）凡属珠光体、贝氏体组织的钢材划为一个区段，这些钢材的焊接工艺相近，基本上没有特殊要求，故确定了"高代低"的原则。同时，属于该范围的异种接头，也按此原则对待。

（2）属于中、高合金的马氏体热强钢，由于其工艺过程复杂，必须有效控制，焊接工艺规定要求严格，规定除不能代替比其类级低的 B I、B II 和 A 类钢外，其与 A、B 类组合的异种钢接头，亦不得代用，均应单独评定。但请注意属于 B III 类级的同类、同级钢材，可执行"高代低"的原则。

（3）C 类钢为不锈钢，因化学成分组成含量的不同，有马氏体、铁素体和奥氏体等三种不锈钢，尽管焊接较少，但其焊接工艺有其特殊性，尤其在焊接材料选用和焊后冷却控制上区别较大，故三种不锈钢及其与 B、A 类钢的异种接头，均应单独评定，不可代用。

167. 评定试件有几种类型？应用的原则是如何确定的？

产品焊缝是多种多样的，而工艺评定试件类型是选定的，选定应从实际焊缝型式中选择具有代表性、且全面的典型焊缝型式，才能覆盖产品所有型式的焊缝。为此，规程确定了板状、管状和管板状的对接、角接等，作为工艺评定的典型试件和焊缝型式。

由于规程的各项检验项目是依工艺评定目的设定的，核心是考核力学性能，因此，规定了对接接头的评定可以适用角接接头；全焊透的评定可适用于非全焊透的焊缝；板状和管状的对接接头评定可以互相通用等原则。

168. 评定试件和焊缝金属厚度划分的目的是什么？如何理解？

为避免重复进行工艺评定和减少评定数量，在钢材方面作了类级别的划分，但在试件和焊缝金属的厚度也确定一个通用范围，也是一条重要的途径，为此，在分析试件特性和焊接条件的基础上，从发电设备结构、焊接工艺和冶金过程等特点以及相关焊接加热、冷却条件等因素，按三个档次规定了试件和焊缝金属的厚度及其适用范围。详细见规程的表4、表5。

169. 应如何理解角焊缝试件厚度的计算原则？

无论板与板、管与管或管与板的角焊缝，其评定试件厚度的计算原则，都关系到评定结果应用范围问题，从焊接工艺适应程度和焊后接头应力状态考虑，将其限定在评定厚度范围之内是可靠的，规程规定的计算方法是合理的。

170. 相同厚度试件的评定，应用在不同厚度时的规定含义是什么？

规定在评定厚度范围内应用，是考虑了焊接工艺条件和热输入量，当焊接接头两侧材料厚度不同时，只有不改变焊接过程原来的条件，才能确保评定厚度范围内焊接接头的质量，因此，应坚守此规定。

171. 焊接方法组合应用时，在厚度方面注意什么？

各种焊接方法单独评定后，各自应用范围已有明确规定，而组合应用时，其厚度应控制在各自允许的应用范围之内，需指明的有二点：

（1）焊接方法组合应用时，每种焊接方法厚度的允许应用范围，可按规程表4、表5的规定。

（2）组合应用的每种焊接方法允许厚度必须单独计算，并不可以二种或多种方法的厚度叠加计算。

这样才能将确定的试件（焊缝）厚度与应用的原则保持一致。

172. 气焊方法在厚度适用范围上为什么作出不同的规定？

由于气焊的热源、受热状况和冶金特点等均不同于其他焊接方法，且突出的缺点是受热范围广、金属晶粒粗大，对性能影响极大，此种情况随着厚度的增加而趋于严重，为此，规定适用范围应与评定试件厚度一致，不可扩大。

173. 评定的任一焊道厚度大于 13mm 时，适用于焊件的最大厚度为何与一般规定不同？

在电站设备焊接中对于厚度较大部件，均采取多层多道焊接，而重要部件还限定其焊层厚度和横向摆动幅度，主要目的是控制焊接热输入量，使焊接接头的综合性能符合使用条件要求。规程的"任一焊道厚度"应专指埋弧焊接方法，由于该方法保护效果、焊材选定范围广和施焊效率高，一般焊层都较厚，焊接热输入量大，对金属组织和性能都有影响，厚度限定在大于 13mm（即 1/2 英寸）是与 ASME 标准一致的，凡任一焊道厚度超过 13mm 时，其适用厚度不得大于 1.1 倍评定厚度。

174. 评定试件焊后热处理超过临界温度（A_{c1}）其适用范围如何规定？

焊后热处理加热超过临界温度（A_{c1}），被加热段金属将发生组织和性能的变化，而化学成分和组织类型不同的钢材，其变化又有很大区别，而厚度越大，其加热和冷却过程又加剧了变化的程度，故凡焊后热处理加热超过临界温度（A_{c1}）其应用范围限定更应严格，规程规定适用于焊件的厚度应接近评定试件厚度，只能为其 1.1 倍。

175. 遇有直径小、厚度大的管件时，其评定与应用范围如何处理？

规程对于直径 ≤ 140mm、壁厚 > 20mm 的管状对接接头评定试件，规定其适用焊件的厚度与评定试件厚度相同。这种刚性强、拘束应力大的特殊接头，必须针对具体情况，采取特殊的工艺方法和工艺措施进行施焊，故规程规定其适用焊件厚度与评定试件厚度相同是合理的。

火力发电设备中常见的"接管座"即属此种类型，在焊接工艺评定时，应重点予以考虑。

176. 管径的评定及应用范围是如何划定的？

焊接工艺评定一般对管子直径没有严格规定，电力工业由于应用管子的规格繁多，考虑焊接工艺上的差异和应用焊接方法多等因素，故作了比较宽松的规定。由于氩弧焊保护效果好、焊缝金属纯净度高和易于控制焊缝成型等，采取了大力推荐的作法，规定了其适用范围更宽些。而其他焊接方法和直径大于 60mm 的管子，则作了具体的规定。

177. 评定中强调焊接材料应与母材匹配的目的是什么？

焊条、焊丝、焊剂等焊接材料随着焊接过程进行熔化，与母材熔合形成焊缝金属，是焊缝金属的重要组成部分，其化学成分与母材是否匹配是影响焊接接头组织和性能的重要因素，只有准确选定，才能保证接头满足使用条件要求。

178. 焊接材料为什么划分类级别？依据是什么？

焊条、焊丝、焊剂在工艺评定中划分类级别的目的，是为减少工艺评定数量。为保证焊接接头的组织和性能与母材相匹配，焊接材料类级别的划分原则与母材是对应的。

179. 未列入规程焊接材料类级别表中的焊条、焊丝、焊剂、如何处理？

当需用某种焊接材料而表中未列入时，应查询有关资料或试验验证，如其化学成分、力学性能、工艺性能（包括焊条药皮类型）与表中某种相似，可划入相应类级别中。如不能对应时，则该材料应另行评定。

180. 焊条为同一型号，但牌号或厂家不同时，可否互换应用？

焊条型号为同一类级别而牌号或生产厂家不同时，当满足下列条件时，可以互换应用。

（1）经熔化工艺性能试验，特性良好；

（2）验证质量，所作的化学成分分析和常温力学性能试验结果相近；

（3）焊条生产厂家提供的完整资料包括：化学成分、常温力学性能和高温力学性能以及熔敷金属温度转变点（A_{c1}）等资料数据相近；

（4）厂家提供焊接、热处理工艺参考资料齐全，可对照并相近。

181. 焊接材料类级别代用原则是什么？

焊条、焊丝、焊剂类级别划分遵循与钢材匹配的原则进行，其代用原则也应相类同。同时注意下列问题：

（1）珠光体、贝氏体类级钢应用的焊材实行高类别代替低类别；高级别代替低级别的原则。

（2）马氏体热强钢和各级不锈钢以及其异种钢接头应用的焊材代用原则应与钢材一致。

182. 为什么经酸性焊条评定合格的工艺，可免作碱性焊条的评定？

碱性焊条即低氢型焊条，其熔敷金属纯净度高、杂质含量少，因此综合力学性能，尤其是冲击韧性高；而酸性焊条，由于熔敷金属含氧量高，冲击韧性较差，如以酸性焊条评定合格，改成碱性焊条，只能提高熔敷金属的性能，而不会降低，故经酸性焊条评定合格者，可替代碱性焊条，反之则不可。

183. 为什么增加或取消填充金属或改变成分，应重新评定？

增加或取消填充金属或改变填充金属成分，都使焊接冶金过程发生变化，影响焊接接头的组织和性能，焊接接头性能有变化就应重新评定。

184. 填充金属以实芯焊丝或药芯焊丝互换，为什么重

新评定？

实芯焊丝为纯金属，而药芯焊丝则含有一定辅助焊丝的有益物质，在焊接熔化过程中，其冶金反应是完全不同的，形成的焊接接头性能会发生变化，故应重新评定。

185. 为什么改变焊接用可燃气体种类应重新评定？

各种可燃气体与助燃气体混合后形成火焰，但各种可燃气体的组成物不同，燃烧后，除发热量有区别外，还存在着对金属氧化和碳化的程度不同，对焊接接头性能产生影响，故改变其种类应重新评定。

186. 为什么改变焊接用保护气体种类应重新评定？

保护气体可使电弧或火焰与空气隔离，是防止侵害熔化金属和稳定焊接过程的有效措施，但保护气体的种类不同或混合保护气体的比例不同，其保护作用机理和操作过程控制程度不同，改变后效果不同，故应重新评定。

187. 取消背面保护为什么重新评定？

焊接过程采取背面保护是防止焊缝根层氧化和管子内壁清洁的有效措施，经背面保护的评定，一旦取消保护，焊缝根层失去保护将严重氧化，故应重新评定。

188. 本规程对评定的焊接位置在应用时为什么作了限定？

从工艺评定角度看，一般情况下，经一个焊接位置评定合格的工艺，认为对各种焊接位置均可适用。电力行业对评定的焊接位置在应用时作了限定，主要是针对发电设备工况条件和结构环境给焊接带来的难度增大而作的专门规定，并将其列为重要参数。评定中应执行规程表 9 的规定。

189. 为什么直径 $D_0 \leqslant 60mm$ 管子的气焊、钨极氩弧焊，对水平固定焊进行评定可适用于焊件的所有位置？

这主要是针对电力工业对气焊、钨极氩弧焊应用范围决定的，直径 $D_0 \leqslant 60mm$ 管子水平固定焊位是最具代表性的位置，评定合格后，在该范围内选用所有焊接位置在工艺上无太大区别，规定是合适的。

190. 管子全位置自动焊为什么必须采用管状试件进行评定？

管状全位置自动焊，焊接过程热源所处的空间位置不断变化，其操作运行轨迹是曲线，而板状试件焊接过程热源所处的空间位置是不变的，其操作运行轨迹是直线，运行轨迹的不同使其焊接过程稳定程度有很大区别，故管子全位置自动焊的工艺评定必须以管状试件进行。

191. 改变预热温度和层间温度为什么应重新评定？

预热是对焊接首层焊缝而实行的加热，以后各焊层温度的保持即为层间温度，两者有着密切承继关系。实行与不实行预热关系到焊接性能的改善问题，是重要参数；层间温度保持则主要是调整焊接热输入量问题，改善焊接接头缺口韧性，其为附加重要参数。一般预热温度和层间温度根据钢材及焊接特性有一定的极限值，且有一定范围，故在限定范围内选定是不会影响性能的，规程将这一数值定为 50℃，应认真执行。如预热温度超过此值时，应重新评定；层间温度超过此值时，应进行补充冲击韧性试验。

192. 为什么实行与不实行焊后热处理均应进行评定？

焊后热处理是降低焊接残余应力、改善金属组织和去氢影响的重要工艺，是评定的重要参数，影响焊接接头的力学性能，实行与不实行结果是完全不同的，只要有变化就应进行评定。

193. 焊后热处理规范应如何执行？

一般焊后热处理规范有：加热最高温度、恒温保持时间和升降温速度，它们都涉及到焊接接头力学性能，属重要参数，其中恒温保持时间更对缺口韧性有影响，又属附加重要参数，为保证焊接接头质量，进行焊后热处理时，对这些规范均应准确地、严格地进行控制。

194. 为什么要严格掌握焊接与热处理的间隔时间？

钢材特性不同，焊接接头焊后热处理在何时进行要求也不一样，但原则上焊接与热处理两工序之间的衔接时间越短越好。

对于淬硬倾向较小的钢材，如 12Cr1MoV、10CrMo910 等钢材，其间隔时间可长些，但不应超过 24h；对于淬硬倾向较大的钢材，因其存在着容易产生延迟裂纹的危险，更应缩短其间隔时间，对于马氏体热强钢的焊接接头，其衔接时间和工艺必须符合特殊规定。

195. 改变焊接电特性，为什么应作冲击试验？

焊接电特性一般包括：焊接电源特性（如直流电与交流

电、正极与负极、直流电有否脉冲等）、熔化极自动焊的熔滴过渡形式等，这些工艺参数与焊接热输入量关系极大，改变这些参数对焊接接头缺口韧性影响很大，故应补作冲击试验。

196. 为什么改变焊接规范参数应补作冲击试验？

焊接规范参数包括：焊接电流、电弧电压、焊接速度等，它们都是影响焊接热输入量的工艺参数，属附加重要参数，如超过规定范围时，将影响缺口韧性，故应补作冲击试验。

197. 为什么改变操作技术有的应重新评定，有的只需修订作业指导书？

由于焊接各项操作技术的改变，对焊接接头影响不同，故应按其影响程度加以区分，在分析各项焊接操作技术特点的基础上，规程规定按下列要求进行：

（1）气焊改变火焰性质，焊条电弧焊立向上焊改为立向下焊或反之，手工焊改为自动焊或反之，均属重要参数，应重新评定。

（2）焊接电流变化超过±10%，单层焊道厚度超过规定值，焊接摆动幅度、频率和两侧停留时间超过10%，自动焊中单丝焊改为多丝焊或反之，单面焊改为双面焊或反之等，均对缺口韧性有影响，属附加重要参数，应补作冲击试验。

（3）改变对口尺寸（角度、间隙、钝边等）；保护气体流量超过规定值±10%；焊接速度变化范围比评定值<10%；气焊左向焊改为右向焊或反之；改变焊前和焊层间

清理方法等，对焊接接头力学性能没有影响的工艺参数，属次要参数，只需修订作业指导书即可。

198. 为什么焊接工艺评定用于焊接接头返修焊和补焊时，可不重新评定？

焊缝返修焊和补焊是指焊缝表面缺陷的补焊和无损检验发现的焊缝内部缺陷的返修焊，由于这些焊接是在母材、焊材和焊接方法等重要参数不变的情况下进行的，因此不需要重新进行评定。但对于拘束性较大的焊件，返修焊或补焊，在编制焊接作业指导书的同时，还应编制专门的焊补措施。

199. 焊制评定试件应具备哪些基本条件？

评定试件的焊制是一项重要的工作，应在具备一定条件的基础上进行。

（1）评定需用的技术文件（工艺评定方案、评定过程监督、记录表格等）已审查、批准完毕。

（2）评定试件的质量证明资料已齐全，并按要求加工完毕。

（3）评定应用的焊接材料、设备等按要求准备齐全，质量符合要求保持完好。

（4）试件焊制的焊工资质条件符合规程要求。

（5）参与评定组织和管理的人员，资质符合要求，并已到位，可正常开展工作。

200. 评定试件焊制和检验为什么要监督和记录？

评定试件的焊制和检验是工艺评定过程的两个重要环

节，只有在有效监督和认真记录的状态下进行，才能得出真实的结果，对所拟定的工艺得到准确的验证。没有监督和记录的评定是无效的，其结果不能作为实际焊接工作的依据。

201. 焊制评定试件时，如何记录？

应严格按工艺评定方案设定的内容对焊制全过程认真进行记录，所有数据必须真实可靠，不得弄虚作假、任意编造。对下列问题应重点记载：

（1）按焊道设计逐层、逐道记录焊层厚度、宽度等尺寸。

（2）施焊中焊缝的各层各道采用的焊接电流、电弧电压和焊接速度等规范参数一一记录清楚。

（3）施焊完毕的焊接接头应作外观检查，对焊缝成形、尺寸和存在的缺陷逐项进行记录。

（4）详细记载施焊试件时的环境温度。

202. 评定试件的检验项目包括哪些内容？

按对接接头和角接接头试件分别确定检验项目。

（1）对接接头

检验项目：外观检查、无损检验（射线探伤）、常温力学性能试验（拉伸、弯曲、冲击和硬度等）。

（2）角接接头（T型接头）

检验项目：外观检查和金相检验（宏观和微观）。

203. 检验项目确定的原则是什么？

满足焊接接头使用性能要求和尽可能地减少焊接缺陷是

保证发电设备焊接质量的基础，而焊接接头的力学性能是各部件设计的基础、是基本使用性能。规程修订中焊接接头的检验项目、试验方法和条件以及评定质量标准，都是围绕着焊接接头使用性能确定的。

本规程对检验项目以必须进行的和有特殊要求才进行的，划分为基本项目和补充项目等两类。

基本项目有：外观检查、无损检验、拉伸试验和弯曲试验等。

补充项目有：冲击试验、金相检验、高温力学性能试验等。

由于硬度测定仅在有焊后热处理的部件进行，故也列入补充项目之中。

204. 电力工业为什么没有完全按照发电设备工况条件确定检验项目？

电力工业焊接工艺评定规程对力学性能检验项目是按常温状态确定的，没有与发电设备工况条件对应确定，主要从两方面考虑的。一个方面是 50 多年在焊接工艺上已积累了丰富的经验，应用的工艺是经过长期实践考验的成熟的工艺，对于一般常用钢材来讲，可以满足发电设备工况条件下的使用性能要求；另一个方面，电力工业各企业的现有检验设备都是按常温性能检验需要而设置的，如在规程中加入高温性能检验项目，则需添置新的检验设备，这会增加很大的资金投入。因此，将两者综合考虑，仍保持现状。但对于新型钢材，如技术条件要求进行高温性能试验者，可按要求增加必要的检验项目。

205．评定试件为什么进行外观检查和无损检验？

外观检查和无损检验与焊接接头力学性能没有直接关联，但通过外观检查和无损检验可对焊接接头的缺陷状况进行了解，这也是非常必要的，一方面可以对存在的焊接缺陷进行分析，调整焊接工艺规范参数，趋于合理，消除焊接缺陷；另一方面，可在试件切取各项力学性能试片中避开缺陷区，减少其他因素的干扰，真正达到验证焊接接头力学性能的目的。

206．无损检验为什么规定以射线探伤方法进行？

采用射线探伤检验方法对评定试件焊接接头进行检验，主要是由于射线探伤检验具有直观性、可追溯性和重复性以及不易受人为因素干扰等特点，与其他方法比较其最优越、最合适。

207．为什么规程取消了断口检查项目？

断口检查的主要目的是检查焊缝金属断面宏观焊接缺陷的，而焊接缺陷属于鉴定焊工操作技能水平和焊接基本知识范围的，不是测定焊接接头力学性能的手段，且与无损检验项目重复，故予以取消。

208．在什么条件下应进行冲击试验？有何要求？

具备下列条件之一时，应作冲击试验：

（1）产品技术条件有要求者；

（2）AⅢ、BⅢ类级钢；

（3）建设单位按有关规定提出补充要求者。

需作冲击试验时应考虑下列要求：

（1）试样切取部位及数量：

同种钢接头：焊缝区及钢材一侧的热影响区各取 3 片；

异种钢接头：焊缝区及钢材两侧的热影响区各取 3 片。

（2）采用组合焊接方法的接头，冲击试样中应包括每种焊接方法。

（3）当试件无法制备标准试样时，可以制成小尺寸试样（5mm×10mm×55mm），如仍不足取样，可免作冲击试验。

209. 为什么修订弯曲试验的条件和标准？

弯曲试验的目的是评价焊接接头弯曲塑性变形时不产生裂纹的极限延伸能力，同时，还可揭露焊接缺陷。

影响弯曲试验的三个主要因素是：试样的宽与厚之比、弯轴直径和弯曲角度。SD 340—1989 规程的弯曲试验除试样的宽厚比作了规定外，对弯轴直径的规定采用了不同钢材及接头结构，分别为 2、3 倍的试样厚度，弯曲角度分别为 50°、90°、100°、180°，试样支座间距也依弯轴直径和试样厚度而不同。但这种试验方法和相关的规定未与材料本身延伸率相对应，对部分钢材其弯曲试样外表面伸长程度已超过了该钢材伸长率规定的下限值，故不尽合理。

为使弯曲试验对塑性测定更趋合理，依据弯曲角度与延伸率相对应，新规程从试样规格、试验条件和质量标准等方面作出了新的规定。此规定与国内相关规程的规定基本一致。

210. 焊接接头两侧试件之间或焊缝与试件之间弯曲性能有显著差别时，为什么由横向弯曲改为纵向弯曲？

组成焊接接头两侧试件或焊缝与试件之间的弯曲性能有

显著差别时，试验中弯轴很难准确位于焊接接头中心部位，易滑动而压偏，使结果很难准确失去测定意义。此时，可以纵向弯曲试样对焊缝金属塑性进行测定，能取得准确结果。

211. 为什么对各项试验的试样切取部位作出规定？

由于试件焊接方向和受热状况的差异和各项试验目的不同，对试样切取部位应有要求，一般应以最具代表性、最能准确验证该项性能的部位切取。本规程规定的切样部位，即以这一原则确定的。

212. 评定试件各种试验的试样切取部位、加工和试验方法，应遵守哪些规定？

（1）力学性能试验

1）试样切取部位：

拉伸、弯曲、冲击等试验应执行"GB/T 2649 焊接接头机械性能试验取样方法"标准，同时还应执行本规程的规定。

2）试样加工及试验方法应分别执行下列标准：

拉伸试验：GB/T 2651 焊接接头拉伸试验方法；

弯曲试验：按本规程的规定进行，并应符合"GB/T 2653 焊接接头弯曲及压扁试验方法"的规定；

冲击试验：GB/T 2650 焊接接头冲击试验方法。

硬度测定：执行 GB/T 2654 焊接接头及堆焊金属硬度试验方法。

（2）无损检验

1）管状试件的射线探伤，执行 DL/T 821 钢制承压管道对接焊接接头射线检验技术规程；

2）板状试件的射线探伤，执行 GB/T 3323 钢熔化焊对接接头射线照相和质量分级；

3）试件的表面磁粉及渗透检查，执行 JB 4730 压力容器无损检测。

213. 为什么对试验的环境温度作出规定？

焊接接头的力学性能试验，有常温、高温和特殊条件等不同情况，其标准也是不一样的。规程规定的各项力学性能试验的标准，都是按常温状态下提出的，常温是指正常的室内环境温度，一般规定均在 10～35℃ 范围内。本规程强调这点，正是使试验结果与标准规定的一致，才能准确验证性能是否符合使用条件的要求。

214. 评定试件试验结果判定应执行什么标准？

（1）外观检查

应符合焊接工艺文件和本规程的规定。

（2）无损检验

按执行的 DL/T 821 和 GB/T 3323 两本规程进行，其焊缝质量不低于 Ⅱ 级。

（3）拉伸试验

1）同种钢接头：每个试样的抗拉强度不应低于母材抗拉强度规定值的下限；

2）异种钢接头：每个试样的抗拉强度不应低于较低一侧母材抗拉强度规定值的下限；

3）在同一厚度上切取的每组试样抗拉强度的平均值亦应符合上述规定；

4）当产品技术条件规定焊缝金属抗拉强度低于母材时，

其接头的抗拉强度不应低于熔敷金属规定值的下限；

5）试样如断在熔合线以外的母材上，强度不应低于母材规定值下限的 95%。

（4）弯曲试验

除按规定的试验条件、且弯曲角度达到 180°外，其每片试样受拉伸侧的焊缝和热影响区内任何方向上不得有长度超过 3mm 的开裂缺陷（试样棱角上的裂纹除外，但由于夹渣或其他内部缺陷造成的开裂缺陷应计入判定）。

（5）冲击试验

每组三个试样（标准型、V 型缺口、截面 10mm × 10mm^2）的冲击功平均值不应低于相关技术文件规定的母材的下限值，且不得小于 27J，其中，有一个试样的冲击功允许低于规定值，但不得低于规定值的 70%。

原国电公司电源建设部曾对 T/P91 钢焊接接头的冲击功值规定最低为 41J，可供评定中参考。

（6）金相检验

1）宏观检验：以同一切口不得作为两个检验面为原则，每块试样只取一个面进行宏观金相检验，并在取样时尽可能取到焊道接头处。其合格标准为：

应符合 DL/T 869 规程的规定，判定时注意：角焊缝两焊脚差不大于 3mm；要求焊透的各类焊缝及钨极氩弧焊打底的焊接接头不得有未焊透。

2）微观金相检验：检查面上不得有裂纹，无过烧组织、无淬硬性马氏体组织；高合金钢试样不得有网状析出物和网状组织。金相组织应符合有关技术要求。

（7）硬度测定

1）同种钢接头，一般焊缝和热影响区的硬度应不低于母材硬度值的 90%，最高不超过母材布氏硬度加 100HB 且按合金含量，不得超过下列规定：

合金总含量 < 3%时，硬度 ≤270HBW；

合金总含量 3% ~ 10%时，硬度 ≤300HBW；

合金总含量 > 10%时，硬度 ≤350HBW。

2）异种钢接头：由于 DL/T 869 规程选定焊接材料的原则为低匹配，因此，异种钢接头硬度测定标准以钢材合金总含量低的一侧为准，评价该接头的硬度值是否合格。

3）奥氏体焊缝的硬度值不作规定。

对于焊接接头硬度测定还应注意产品技术条件的要求，以其要求为准评价测定结果，并不超过上述规定。

215. 如何确定焊接工艺评定项目？注意什么？

焊接工艺评定项目的确定，应根据工程图纸、技术文件和本规程规定，于施工准备阶段，编制焊接专业施工组织设计，统计焊接工程量时提出。这样才能较为准确地、有针对性地，以满足实际需要列出。

焊接工艺评定项目应按钢材品种、规格、接头状况（同种钢或异种钢接头）、焊接材料选定和焊接工艺设计等内容综合后一一列出。由于焊接工艺评定资料的应用是可延续的，本单位原有评定合格的资料是可以继续应用的，所以，还需查阅工艺评定资料档案，将已有的资料与确定的项目对应，可不必重新评定。但如出现缺项或重要参数、附加重要参数有变化时，则应进行补项评定，直至缺项完全补齐。

216. 进行焊接工艺评定的基本文件是什么？如何编制？

为规范工艺评定过程，达到预定目的，首先编制好"评

定任务书"和"评定工艺方案"等工艺评定技术文件,并在实施评定中认真执行。这些工艺评定技术文件编制中应考虑下列内容:

(1) 焊接工艺评定任务书

主要内容应包括:评定项目、目的和应用范围;评定钢材品种、规格;该评定项目焊接接头性能的基本要求;拟定评定任务书的部门和责任人等四个部分。

在上述内容中,重点是评定目的,所以,首先对钢材的化学成分、力学性能以及钢材温度转变点必须提供;其次是使用性能的要求必须明确;第三,应提供完整的焊接性评价资料,并与任务书一并下达给接受评定任务的部门。

(2) 焊接工艺评定方案

评定工艺方案是进行焊接工艺评定的主要技术文件,应根据评定任务书的要求,在复核钢材成分、性能符合标准和确认钢材焊接性,明确执行标准(规程)后,详尽准确地编制焊接工艺评定方案。

工艺评定方案主要包括:工艺条件、试件检验项目、编制方案人员及资质等三大部分。

1) 工艺条件:根据评定任务书的评定项目、钢材和对焊接接头的基本要求,在明确钢材焊接性和以该钢材制作的部件的工况条件后,进行焊接工艺设计。主要内容有:焊接方法;焊接材料;接头型式及对口要求;焊道设计、焊层数、单层焊道厚度和宽度;焊接线能量和工艺规范参数(焊接电压、电流和焊接速度);焊接过程的特殊保护方式;预热、后热和焊后热处理等。

2) 试件的检验项目:焊制的试件需采用多种检验手段,

以其综合结果进行验证是否符合有关规定要求，因此，在工艺方案中应详细列出应进行检验的项目。

一般检验内容应包括：外观检查；无损检验；力学性能试验；金相检验等。

3) 编制人员资质条件：参与焊接评定工艺方案编制的人员，应对焊接工艺评定的目的有深刻的认识，对评定的钢材性能、特性和应用状况有充分地了解，才能编制出与评定目的相符的、切实可行的评定方案。因此，对参与编制人员的资质应有一定的要求，一般编制者必须由焊接专业有丰富经验的工程师担任；方案的审核人员除符合编制者条件外，还应由焊接专业知识方面造诣较深的焊接工程师担任，该人员对评定工艺方案作出补充和纠正，并对评定方案负有重大责任；方案批准者，应为企业的总工程师，以确认方案的法定有效性。

217. 工艺评定焊制试件应注意哪些问题？

(1) 焊制试件的焊工、资质条件必须符合要求。

(2) 试件焊制应认真按工艺方案的工艺条件和规范参数认真施焊。

(3) 施焊试件过程中应设专人监督。

(4) 试件准备、焊制应设专人进行测定和记录。

(5) 试件焊制过程的所有原始资料均应收集、保存、不得遗失。

218. 试件检验应注意哪些问题？

(1) 按工艺方案设定的项目逐项检验。

(2) 各项检验均应严格按确定的标准进行。

(3) 各项检验报告均应由符合资质条件的人员签发。

（4）无损检验的底片和力学性能试验后的试件应妥善保存。

219. 焊接工艺评定的各种资料应如何评价？

焊接工艺评定编制的工艺评定文件和积累的试件焊制记录、各项检验报告、无损检验底片、力学性能试验后的试片等均为评价的内容。评价时应以焊接接头使用性能要求或合同确认的有关标准为依据、由焊接专业人员对被评定的工艺进行评价，写出综合性的结论，并编制焊接工艺评定报告。

220. 焊接工艺评定报告有何作用？ 内容是什么？ 如何编制？

焊接工艺评定报告所示的各项技术规定，对保证焊接质量起着关键作用，它是编制焊接作业指导书的依据，是实际施焊工作和焊工技术考核的技术基础，是焊接技术管理工作中规范操作工艺过程的重要技术文件，必须认真、详细地进行编制。

焊接工艺评定报告的内容一般包括：评定的基础条件、确定的焊接工艺条件和施焊参数、各项检验结果、综合评定结论和参与编制人员及资质条件等。

编制焊接工艺评定报告是为了规范焊接过程，使焊接接头质量符合使用性能要求，因此，应由符合资质条件要求的人员，按设计的报告表格，将施焊过程的各项记录和各种检验结果逐一填入表格中，然后对所有数据进行分析，写出综合评定结论，最后经具备资质条件的专业人员审核、批准，即形成"焊接工艺评定报告"。

221. 完整的焊接工艺评定资料应有哪些内容?

焊接工艺评定工作进行完毕后,应将所有的原始资料收集齐全,并进行系统整理,作为建立"焊接工艺评定档案"的主要内容,集中保存。

评定资料应包括:评定任务下达指令书、评定任务书、评定编号法、评定钢材焊接性评价资料、评定工艺方案(或叫评定工艺指导书)、评定应用焊接材料质量证明书、焊接设备质量鉴定证明书、评定工作实施计划、评定工作组织成员及资质证明、焊制试件的所有原始记录、评定试件各项检查、检验、试验的报告、无损检验底片、试验后的试片、评定工艺报告、评定结果审查报告等。

上述评定资料均为焊接工艺评定的正式资料汇总后,才能成为焊接工艺评定的完整资料,缺少任何资料,都说明评定过程的不规范,可认为,其最后形成的"焊接工艺评定报告"是无效的。

222. 为什么规程强调,对焊接工艺评定的原始资料要汇集,并妥善保存?

焊接工艺评定的原始资料是编制焊接工艺评定技术文件的依据,没有原始资料或缺少项目的评定技术文件是不可应用在指导焊接工作的。为避免工艺评定技术文件的任意编造或弄虚作假,要求必须将在工艺评定中涉及的各项原始资料收集齐全,随同工艺评定正式文件归档保存。

223. 为什么对焊接工艺评定的结果进行审查及评价?

焊接工艺评定是制定施焊工作指导性文件的依据,其进行过程的规范性和结果的正确性,都涉及到实际应用中焊接接头质量的保证，为此，对其过程和结果进行审查，并予以准确的评价。

审查和评价由工艺评定实施单位的焊接工程师主持，可在企业内部进行，如必要时，尚须聘请企业以外的焊接专家或用户参与审查和评价。只有通过审查确认的焊接工艺，才能成为正式的工艺，可形成本单位的焊接工艺评定技术文件，以其为依据编制具体施焊工作的焊接作业指导书。

224. 为什么制定评定资料应用方案？如何制定？

为合理和充分地应用评定资料，最有效地办法是制定应用方案。通过制定应用方案，可以切实地与焊接工程需用相结合，并可查出有否缺漏项，以便及时予以补充，使评定资料与焊接工程需要相适应。

应用方案以规程规定为依据，可以两种方式编制。一为以工程钢材牌号、规格为准与评定项目相对应，另一为以评定项目排序与钢材牌号、规格对应列入。无论哪种形式应注意下列问题：

（1）设计专用表格，清晰地反映评定项目与工程应用钢材牌号、规格的关系。

（2）列表时，除列出钢材与评定项目对应关系外，还应明确各项评定资料的适用范围及其覆盖程度。

（3）应用方案中，应将同种钢、异种钢焊接接头，按钢材组合及规格分别列出，并以规程规定的代用原则与评定项目相对应。

（4）制定的应用方案，经总工程师批准后，作为焊接技术管理文件严格执行，同时，应向上级主管部门备案和相应部门发送。

225. 焊接作业指导书的作用是什么？如何编制？执行中注意什么？

焊接作业指导书是焊工实行操作时必不可少的指导性技术文件之一，应以焊接工艺评定资料为依据认真、细致地编制。

编制时，应按施焊项目（如部件名称、类型、钢材、规格、焊接位置等）分别编写，文字应简捷明了，不宜过繁。具体编制时，可根据一份评定资料编写多份作业指导书；也可以多份评定资料编制一份作业指导书，依需要而定。

使用中应注意，应在工程施焊前发给焊工，并以技术交底形式与焊接施工技术措施同时向焊工讲解清楚，强调认真执行，并经常检查执行状况。

焊接作业指导书仅限于编制单位应用，如属于同一质量管理体系内的其他单位需用时，应根据焊接工艺评定资料结合本单位的具体情况，另行编制。

226. 焊接工艺评定资料应用时应注意什么？

从焊接工艺角度考虑，"评定"较为全面地规范了焊接过程，执行中使焊工养成了自觉遵守焊接工艺纪律的良好习惯，但从全面考虑仍有其局限性。工艺评定只是解决了在具体工艺条件下焊接接头使用性能问题，而不能解决消除焊接应力与变形、防止焊接缺陷产生等涉及整理质量问题。另外，从电力工业焊接工艺评定规程规定的检验项目看，仅限于常温力学性能试验，这与火力发电设备所处的工况条件是不符的。所以，不可把焊接工艺评定当成是万能的、代替一切的，而夸大其作用。

　　如果完全按照实际使用条件设定检验、试验项目（列入高温性能项目），由于大多数单位设施条件的局限，必然要增添新的设备，完善设施将会有很大的资金投入，目前尚有困难，但是我们有多年积累的经验和火力发电设备应用的绝大多数钢材，没有太大的变化，维持现状是可以的。但如技术条件有特殊要求或有条件进行高温性能项目试验，让工艺得到进一步验证的，应予鼓励。

　　在焊接管理工作中，一般应将焊接工艺评定资料（焊接作业指导书）与焊接技术措施（重要部件应专门制定）相结合应用。